工业和信息化普通高等教育“十三五”规划教材

21世纪高等教育计算机规划教材

计算思维与算法设计基础

Computing Thinking and Algorithm Design Foundation

肖晓霞 彭荧荧 主编

人 民 邮 电 出 版 社

北 京

图书在版编目（CIP）数据

计算思维与算法设计基础 / 肖晓霞，彭荧荧主编
. -- 北京 : 人民邮电出版社，2020.9
21世纪高等教育计算机规划教材
ISBN 978-7-115-54424-7

Ⅰ. ①计… Ⅱ. ①肖… ②彭… Ⅲ. ①计算方法－思维方法－高等学校－教材②电子计算机－算法设计－高等学校－教材 Ⅳ. ①O241②TP301.6

中国版本图书馆CIP数据核字(2020)第140434号

内 容 提 要

本书以丰富的生活实例和成绩管理系统的简单工程项目为内容编排基础，从简单到复杂，引导读者了解和逐步熟悉如何利用计算解决实际问题，帮助读者理解算法和计算思维，达到培养计算思维的目的。

计算思维是一个抽象概念，培养计算思维需要反复实践和反思。本书立足于计算思维的培养，在概述之后每章都以问题为驱动，主要阐述问题的抽象、算法设计及其实现，并具体采用C语言作为实现算法的计算机语言，通过问题求解反复训练，培养读者的算法设计基础能力和计算思维。本书在问题求解过程中只阐述问题求解所需的知识点，使读者利用有限的知识就能求解该问题。

全书共8章，按照问题求解所需，涵盖了C语言的3种基本结构、函数、数组、指针、结构体和文件等知识。

本书既可作为高等学校各专业计算思维和算法基础课程的教材，又可作为C语言程序设计的自学参考书。本书有配套辅助教材《计算思维与算法设计基础实验教程》。

◆ 主　　编　肖晓霞　彭荧荧
责任编辑　邹文波
责任印制　王　郁　陈　犇
◆ 人民邮电出版社出版发行　　北京市丰台区成寿寺路11号
邮编　100164　　电子邮件　315@ptpress.com.cn
网址　https://www.ptpress.com.cn
北京虎彩文化传播有限公司印刷
◆ 开本：787×1092　1/16
印张：15.5　　2020年9月第1版
字数：309千字　　2024年8月北京第5次印刷

定价：49.80元

读者服务热线：(010)81055256　印装质量热线：(010)81055316
反盗版热线：(010)81055315
广告经营许可证：京东市监广登字20170147号

本书编委会

主　编：肖晓霞　彭荧荧

副主编：杨　平　任学刚　穆　珺

编　委：（按姓名的拼音先后排序）

陈兴华　梁　杨　刘东波　穆　珺

彭荧荧　瞿昊宇　任学刚　肖晓霞

杨　平

前言

为顺应信息技术的快速发展，培养高信息素养的从业人员，本书编者在多年计算机基础教育和计算思维研究，并广泛吸收国内外有关计算思维培养经验的基础上编写了本书。本书以问题为驱动，从问题分析和抽象出发启发读者对生活实例进行建模、构建算法，最终通过 C 语言设计、实现算法，以此来帮助读者理解计算机是如何自动求解现实问题的。

全书以逐步丰富学生成绩管理系统为主线，以多领域问题求解为辅助，深入浅出地阐述了从问题抽象到自动求解的过程，以达到培养读者计算思维的目的。本书主要特点如下。

1. 以问题为驱动，以启发式推理寻求问题解答

计算思维并不是最近才有的思维方式，其由来已久，但并不是所有人都能够天生就如计算机科学家那样思考和求解问题。本书以问题为驱动，通过逐步探究问题解决的思路到自动求解的过程，启发读者思考如何像计算机科学家那样思考问题、解决问题，以此培养计算思维。

2. 以问题抽象为核心，深入理解算法构建

计算思维的核心问题有两个：问题抽象和自动求解。其中问题抽象是非常复杂的，它要求读者具备宽广的知识面和较强的数学能力，问题抽象的最终目的是对实际问题构建算法，使问题最终能够被计算机处理。计算思维的培养并不仅仅是对计算机语言的学习，而是一种思维能力的培养。本书以问题抽象为核心，让读者能够通过多个相似问题的解题思维过程来培养计算思维。

3. 以 C 语言为实现工具，深入探究计算机自动求解

C 语言是面向过程的计算机语言，尽管有丰富的库函数可以使用，但其处理问题的方式仍然是要求细化到足够简单的步骤。本书以 C 语言为问题求解的实现工具，可以让读者充分理解计算机自动求解的细节，从而能深刻地理解问题抽象的意义。

4. 以成绩管理系统为例，培养工程思维

计算思维起源于数学思维和工程思维，生活小实例可以让读者很容易理解算法及其实现，却无法更深入地理解工程思维。本书以成绩管理系统为例，阐述工程思维。通过实例了解问题的求解可以先有总体设计再逐步细化，也可以先从底层和小的方面做起，边做边丰富。以此警示不要因为问题的复杂而不敢动手，也不要因为问题的简单而忽略不做。

5. 以多领域问题为实例，理解无处不在的计算

计算思维并不只用于计算机领域，就像计算机早已不只是用于科学计算一样，计算是无处不在的，计算思维是可以运用在各个领域的。本书实例来源于生活的各个领域，如教学管理、医学、金融等，问题领域的多样化更有利于理解无处不在的计算和计算思维。

6. 以统一问题求解模式为基础，强化计算思维过程

对于一种思维的培养，最好的方式就是不断地在实践中运用，并反思。本书通过丰富的实例采用统一的问题求解模式，强调问题的抽象和自动求解过程，以此来强化计算思维培养。

7. 以学习心理为导向，简化知识表达

在思维训练过程中，若先学习完所有知识点再来求解问题，很容易让人失去学习兴趣。本书在设计问题的时候，尽量包含较少的知识点，每一个问题的求解都只需了解问题求解必需的知识点。这种学习方式可以维持读者的学习兴趣，通过多个问题相关知识点的学习还能掌握 C 语言程序设计基础。

本书内容深入浅出，知识点覆盖面广，通过不同的问题不断强化算法设计基础和计算机自动求解的方法，以此培养读者的计算思维能力。同时，读者通过实际问题的求解也可以基本掌握 C 语言程序设计的基础知识，能够反复在做中学、学中思，从而提高实际问题求解能力。与本书配套的《计算思维与算法设计基础实验教程》给出了本书习题的全部参考答案和实验的内容，两本书结合使用学习效果更好。

由于编者水平有限，书中难免存在不足之处，敬请广大读者批评指正。请将宝贵意见发至邮箱 amily_x@hnucm.edu.cn，在此我们表示真诚的谢意。

本书和《计算思维与算法设计基础实验教程》中所有的源文件均在 VS2010 环境下调试通过。本书的源代码及其他相关资料可从人邮教育社区（www.ryjiaoyu.com）网站的本书页面下载，也可直接联系本书编者，联系方式同上。

编　者

2020 年 5 月

目录

第1章 概述 1

1.1 计算思维 1

1.2 算法 2

1.2.1 算法的定义 3

1.2.2 三种结构 4

1.2.3 算法设计和表示 5

1.2.4 学生成绩管理系统算法举例 7

1.3 计算机程序和计算机语言 9

1.3.1 计算机程序 9

1.3.2 计算机语言 9

1.4 算法实现和 VS2010 开发环境简介 13

1.4.1 算法实现 13

1.4.2 VS2010 开发环境介绍 14

1.5 本章小结 16

1.6 习题一 17

第2章 怎样与计算机对话 18

2.1 学生综合成绩问题求解 18

2.1.1 问题阐述 18

2.1.2 算法分析 19

2.1.3 算法实现 19

2.2 任意学生综合成绩问题求解 24

2.2.1 问题阐述 24

2.2.2 算法分析 25

2.2.3 算法实现 25

2.3 判断学生综合成绩是否良好问题求解 27

2.3.1 问题阐述 27

2.3.2 算法分析 27

2.3.3 算法实现 28

2.4 太阳质量问题求解 32

2.4.1 问题阐述 32

2.4.2 算法分析 32

2.4.3 算法实现 33

2.5 谁去参加拔河比赛问题求解 40

2.5.1 问题阐述 40

2.5.2 算法分析 41

2.5.3 算法实现 41

2.6 根据身高求标准体重范围问题求解 43

2.6.1 问题阐述 43

2.6.2 算法分析 43

2.6.3 算法实现 44

2.7 大小写字母转换问题求解 48

2.7.1 问题阐述 48

2.7.2 算法分析 48

2.7.3 算法实现 49

2.8 本章小结 50

2.9 习题二 50

第3章 怎样解决生活中的选择问题 53

3.1 各门课程不及格人数问题求解 53

3.1.1 问题阐述 53

3.1.2 算法分析 53

3.1.3 算法实现 55

3.2 各门课程最高分问题求解……57
3.2.1 问题阐述……57
3.2.2 算法分析……57
3.2.3 算法实现……58
3.3 判断野山参品质问题求解……61
3.3.1 问题阐述……61
3.3.2 算法分析……61
3.3.3 算法实现……62
3.4 中药房药材归类问题求解……64
3.4.1 问题阐述……64
3.4.2 算法分析……64
3.4.3 算法实现……65
3.5 本章小结……67
3.6 习题三……67
第 4 章 怎样解决生活中的重复问题……71
4.1 *n* 个连续自然数求和问题求解……71
4.1.1 问题阐述……71
4.1.2 算法分析……72
4.1.3 算法实现……72
4.2 多个学生成绩输入问题求解……75
4.2.1 问题阐述……75
4.2.2 算法分析……75
4.2.3 算法实现……76
4.3 多个学生学号输入问题求解……81
4.3.1 问题阐述……81
4.3.2 算法分析……81
4.3.3 算法实现……83
4.4 课程成绩平均分计算问题求解……89
4.4.1 问题阐述……89
4.4.2 算法分析……89
4.4.3 算法实现……89
4.5 学生成绩查询问题求解……94
4.5.1 问题阐述……94
4.5.2 算法分析……94
4.5.3 算法实现……95
4.6 累计吃香蕉问题求解……99
4.6.1 问题阐述……99
4.6.2 算法分析……99
4.6.3 算法实现……100
4.7 快速列出指定日期问题求解……101
4.7.1 问题阐述……101
4.7.2 算法分析……102
4.7.3 算法实现……102
4.8 销售员月平均话费问题求解……103
4.8.1 问题阐述……103
4.8.2 算法分析……103
4.8.3 算法实现……105
4.9 分数排名问题求解……106
4.9.1 问题阐述……106
4.9.2 算法分析……106
4.9.3 算法实现……107
4.10 本章小结……109
4.11 习题四……110
第 5 章 怎样使用工程思维解决复杂问题……118
5.1 学习小组的最高分问题求解……118
5.1.1 问题阐述……118
5.1.2 算法分析……119
5.1.3 算法实现……122
5.2 班级成绩的最高分问题求解……128
5.2.1 问题阐述……128

5.2.2 算法分析 129
5.2.3 算法实现 130
5.3 阶乘求和问题求解 134
5.3.1 问题阐述 134
5.3.2 算法分析 135
5.3.3 算法实现 135
5.4 用递归函数求阶乘问题求解 137
5.4.1 问题阐述 137
5.4.2 算法分析 137
5.4.3 算法实现 137
5.5 家人储蓄记账问题求解 139
5.5.1 问题阐述 139
5.5.2 算法分析 139
5.5.3 算法实现 140
5.6 程序访问用户计数问题求解 144
5.6.1 问题阐述 144
5.6.2 算法分析 145
5.6.3 算法实现 146
5.7 花坛面积计算问题求解 151
5.7.1 问题阐述 151
5.7.2 算法分析 151
5.7.3 算法实现 152
5.8 两点之间距离计算问题求解 157
5.8.1 问题阐述 157
5.8.2 算法分析 158
5.8.3 算法实现 158
5.9 本章小结 160
5.10 习题五 161

第 6 章 怎样快速访问数据 169

6.1 学生基本信息录入后存放问题求解 169
6.1.1 问题阐述 169
6.1.2 算法分析 170
6.1.3 算法实现 170
6.2 学生成绩排序之数据交换问题求解 175
6.2.1 问题阐述 175
6.2.2 算法分析 175
6.2.3 算法实现 176
6.3 如何统计学生成绩等级问题求解 178
6.3.1 问题阐述 178
6.3.2 算法分析 178
6.3.3 算法实现 179
6.4 本章小结 182
6.5 习题六 182

第 7 章 怎样实现复杂的数据结构 185

7.1 兴趣小组成员基本信息初始化问题求解 185
7.1.1 问题阐述 185
7.1.2 算法分析 185
7.1.3 算法实现 186
7.2 新增小组成员基本信息问题求解 189
7.2.1 问题阐述 189
7.2.2 算法分析 189
7.2.3 算法实现 191
7.3 中医方剂中六君子汤的定义问题求解 194
7.3.1 问题阐述 194
7.3.2 算法实现 194
7.4 寻找成绩不及格的学生信息问题求解 195
7.4.1 问题阐述 195
7.4.2 算法分析 195

7.4.3 算法实现……196
7.5 挑选参赛选手问题求解……198
7.5.1 问题阐述……198
7.5.2 算法分析……198
7.5.3 算法实现……199
7.6 师生信息统计表问题求解……201
7.6.1 问题阐述……201
7.6.2 算法分析……201
7.6.3 算法实现……203
7.7 婴儿接种疫苗时间问题求解……205
7.7.1 问题阐述……205
7.7.2 算法分析……206
7.7.3 算法实现……207
7.8 本章小结……208
7.9 习题七……208

第 8 章 如何更好地管理数据……210

8.1 减少数据重复输入问题求解……210
8.1.1 问题阐述……210
8.1.2 算法分析……211
8.1.3 算法实现……212
8.2 保存数据问题求解……222
8.2.1 问题阐述……222
8.2.2 算法分析……223
8.2.3 算法实现……224
8.3 本章小结……232
8.4 习题八……233

附录 结构化程序的算法描述……235

第1章 概述

随着计算机技术的飞速发展及其在各行各业应用的深化，采用计算机科学家的思维方式思考和解决问题成为一种需求。本章旨在通过介绍计算思维和算法的关系为本书的学习做铺垫，同时还将介绍 VS2010 实现算法的过程。

1.1 计算思维

计算思维的概念产生已久，通常包含问题抽象、数据表达和逻辑数据组织等，这一思维通常也蕴含在科学思维、工程思维中。计算思维作为计算机科学教育中的一个概念是由周以真教授于 2006 年提出的。她在“Computational Thinking（计算思维）”中有如下描述：计算思维是一种被人类和机器都使用的普遍的推理隐喻，计算推理是现代科学（Science）、技术（Technology）、工程（Engineering）和数学（Mathematics）的核心。她对计算思维的描述是：计算思维是一种思维过程，是用计算机有效解决问题的方法、确切地描述问题及其解决方案的思维过程。这一定义包含了运用计算机科学的基本原理，对实际问题进行抽象、逻辑表达，最终能够利用计算机强大的计算能力和存储能力进行计算，甚至还能对问题进行预测。2008 年周以真教授再次发表了“计算思维和关于计算的思维”，更进一步阐述了计算思维及其教育理念，并强调每一个人都应具备计算思维能力，以适应信息化、智能化社会高速发展的需求。本书将以问题为导向，从分析问题、抽象描述、设计算法、编写程序 4 个方面培养学生的计算思维能力。

近年来，随着计算机在各行各业中的应用不断深化，“互联网+”、物联网、智慧地球、工业 4.0 等与计算机技术密切相关的概念层出不穷，从简单的信息管理到智能信息处理，无不体现着计算的魅力和计算思维的核心作用。充分理解计算思维的概念是培养计算思维能力的前提。通俗地讲，计算思维是指像计算机科学家那样思维，是关于计算的人的思维方式，它包含以下两个核心概念。

（1）问题抽象表达。如采用数学的语言将实际问题表示为可以计算的数学模型。

（2）自动求解。有了数学模型后，根据问题求解的先后顺序用计算机完成对应的计算。

这一思维模式是将人的智力集中在对问题的不同层次的抽象上，着重于问题抽象的数学模型建立、证明和实现，将重复的、机械的计算交给计算机完成，同时高度利用计算机超强的计算能力、存储能力和并行处理能力来提高计算的效率和准确度。

掌握计算思维不仅可以习惯将问题的求解尽力抽象，通过深入理解什么可以计算和如何计算，还能够感受到人文甚至哲学方面的魅力。因此，计算思维不是简单的数学计算，也不是程序编写，它是将数学思维、工程思维、系统思维、哲学思维融为一体的思维方式，是现代人的日常生活、工作、科学研究等方面都适用的思维方式。本书从第 2 章开始，每章都以一些生活问题实例的算法实现过程来训练计算思维，用问题分析和算法设计来训练读者的问题抽象思维，用 C 语言程序设计来训练读者利用计算机自动求解的动手实践能力，通过对不同类别实际问题求解反复训练读者的计算思维，达到培养计算思维能力的目的。下面以生活中的导航问题求解为例来简单描述采用计算思维解决实际问题的过程。

解决导航问题的第一步是对问题的抽象：首先，可以将每一个路口抽象为一个点，两个路口之间的路可以抽象为两点之间的线段，并且可以将两个路口之间的距离定义为线段的权值。这样导航问题就抽象为从一点到另一点的路线规划的数学问题——求最短路径问题。在数学领域，科学家们已设计了很多最短路径的计算方法，因此接下来选择或者设计最优的计算方法，最后选择某种计算机语言实现算法，实现让计算机自动为每一个用户导航。若将地球上所有的路都抽象在一张图中构建一个网络，在网络中求任意一点到另一点的最短距离的难度就随着经过的点的数量增加而加大。计算机科学家在处理计算难度非常大的问题时，通常会考虑计算的时效，有时为了在有限的时间内获得计算结果，会采用牺牲问题求解的精度、使用并行计算等方法来提高计算的速度。这样的处理方式也是人类处理无法预计的复杂问题时常用的方法，这也可以很好地解释人们在使用导航系统时，所走的路线不一定是所有可能路线中的最短路线。现代人工智能技术在导航中的应用，促使导航系统可以根据多次导航的结果进行学习，并最终自动优化路线，因此导航系统的路线规划精度会随着使用次数的增加而提高。导航系统的计算思维完全可以迁移到个人成长路线的规划中，确定好成长的每一个阶段的目标后就大胆实践、不断吸收经验教训，优化后续成长路线，完全不必纠结当前目标的选择是否最优（也无法预计哪种是最优）或后悔过去的选择。

1.2 算　　法

为了更好地理解计算机处理问题的方法，以及学习如何像计算机科学家一样将现实世界中的问题转化为计算机能够理解和处理的问题，算法的基本概念和相关内容是必须了解的。本节将从算法的定义、结构、设计和表示等方面进行讨论。

1.2.1　算法的定义

通俗地讲，算法是一种逐步解决问题或完成任务的方法。从这一角度来看，算法是独立于计算机系统和计算机语言的，它关注的是解决问题的步骤。下面以一个简单的例子来理解算法的这一定义。

【例 1.1】　某课程学习小组有 5 名学生，设计算法求该课程的最高分。

求解此题，可以采用逐个比较的方法求得最高分，具体步骤如下。

① 将第 1 名学生的分数设为最高分。

② 如果第 2 名学生的分数大于最高分，则将其设为最高分，否则最高分不变。

③ 如果第 3 名学生的分数大于最高分，则将其设为最高分，否则最高分不变。

④ 如果第 4 名学生的分数大于最高分，则将其设为最高分，否则最高分不变。

⑤ 如果第 5 名学生的分数大于最高分，则将其设为最高分，否则最高分不变。

通过以上 5 个步骤就求得最高分。对于一个能够解决实际问题的方法，需要更加严格的限制，因此，更为正式的算法定义如下。

算法是指求解特定问题的一组明确步骤的有序集合，它产生结果并在有限的时间内终止。

算法和程序设计技术的先驱者唐纳德·克努特对算法特征的描述很好地解释了算法，其描述如下。

① **有穷性**。算法必须在执行有限步后终止。如果所需步骤不能终止，说明它不是算法。在实际应用中，有穷性的限制还要求这些步骤的执行时间是人们可以接受的。如一个算法需要运行数百年，这是无法让人接受的。

② **确定性**。算法中的每个步骤都必须有清晰的、无歧义的定义。也就是说，对同一算法，给定同一个输入，算法无论执行多少次，其输出结果都是相同的。

③ **有 0 个或多个输入**。输入是指算法通过外界所获得的信息，可以是数值或者操作。如输入数字“0”或单击鼠标。算法也可以没有输入，如输出“Hello，world！”的算法。

④ **有一个或多个输出**。算法的输出是算法对输入数据加工处理结果的反映，通常有一个或多个输出，相同输入的输出结果也相同，没有输出的算法是没有意义的。

⑤ **有效性**。算法必须是正确的。它的每一个步骤都必须是基本运算，并能得到预期的结果。

利用计算机求解实际问题，求得解决该问题的算法的过程即为算法设计。具体问题能利用计算机求解的条件是：这个问题可以抽象为能用数学的符号和语言描述的模型，并且可以用有限的解题步骤求解。因此对于实际问题，算法设计一般包括以下步骤：首先必须分析、抽象问题并建立数学模型；然后确定解决问题的方法和步骤，再分析和证明算法的正确性；最后使用具体的计算机语言实现算法，即编写程序。

1.2.2 三种结构

算法有三种逻辑结构：顺序结构、分支结构、循环结构。这三种基本结构的组合就可以描述所有的实际问题。

1. 顺序结构

按照步骤先后顺序依次执行的算法结构称为顺序结构，顺序结构是任何算法都"离不开"的一种最简单的基本结构。例 1.1 中算法的描述是顺序结构，步骤①执行后再执行步骤②，依次顺序执行直到步骤⑤执行完才结束算法。顺序结构流程如图 1-1 所示，先执行语句 A 再执行语句 B，流程图的介绍见附录。

2. 分支结构

分支结构是指在算法中根据条件的真假决定执行哪一个步骤，如例 1.1 中的步骤②～步骤⑤，都是根据最大值是否大于当前值的条件来决定最大值是否需要改变。分支结构流程如图 1-2 所示。其中，图 1-2（a）所示为单分支结构流程，表示条件为真则执行语句 A，否则直接结束分支结构；图 1-2（b）所示为双分支结构流程，表示条件为真时执行语句 A，否则执行语句 B。

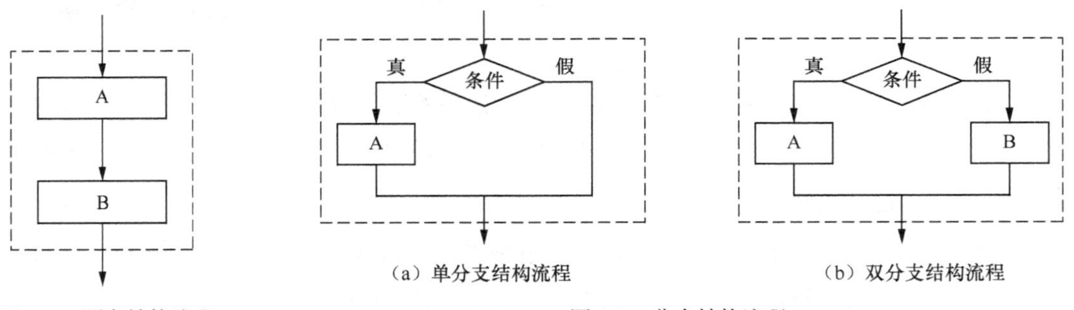

（a）单分支结构流程　　（b）双分支结构流程

图 1-1　顺序结构流程　　图 1-2　分支结构流程

3. 循环结构

在某些问题中，需要执行一系列相同的步骤，这时就可以采用循环结构来解决这个问题。循环结构是指根据循环条件决定是否重复执行一个或多个步骤。循环结构流程如图 1-3 所示。其中，图 1-3（a）所示为当型循环流程，当条件为真时执行循环体 A，条件为假时退出循环；图 1-3（b）所示为直到型循环流程，先执行循环体 A，直到条件为假时结束循环。

至此，再次分析例 1.1 中的算法描述，可以发现从步骤②～步骤⑤实际上是相同的步骤，都是将最大值与当前值做比较求出当前最大值，因此这 4 个步骤就可用如下循环结构来表示，也可采用图 1-4 所示的流程来描述。

① 将第 1 名学生的分数设为最高分。

② 若当前值大于最高分，则将其设为最高分，否则最高分不变。

③ 重复步骤②，直到所有分数都与最高分做完比较。

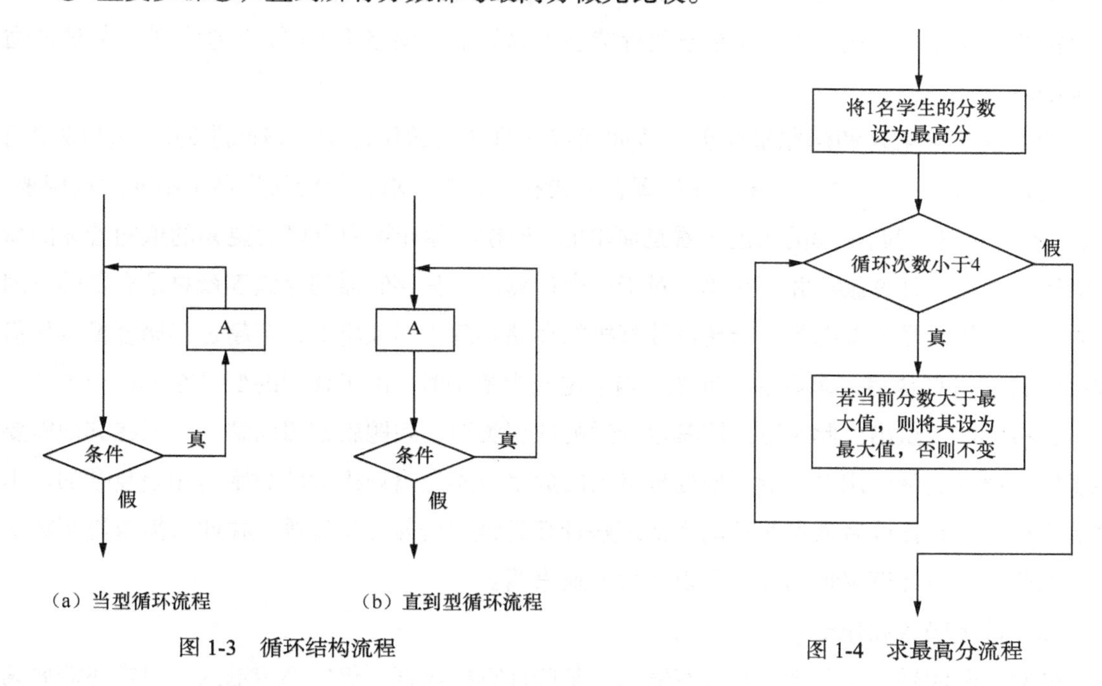

（a）当型循环流程　　（b）直到型循环流程

图 1-3　循环结构流程

图 1-4　求最高分流程

1.2.3　算法设计和表示

算法设计包括问题分析、问题抽象、数学建模、算法详细设计、算法正确性验证、算法分析、程序测试和相关文档资料的编制。需要解决的问题越复杂，算法设计的过程也越复杂，甚至一个复杂问题需要被分解为多个简单问题，再分别对多个简单问题设计对应的算法。本书只大概说明算法的设计和表示，并不会涉及详细的算法分析和并行算法，感兴趣的读者可以参考相关书籍。下面以求 $1!+2!+3!+\cdots+n!$（$n<21$）的值来大概说明算法设计和表示。

1. 问题分析

对具体的实际问题的求解，首先必须完全了解问题是什么。从具体问题“求 $1!+2!+3!+\cdots+n!$（$n<21$）的值”可以看出要求阶乘之和，那么什么是阶乘？如何求解？求解的步骤是什么？这就需要对问题进行分析，并考虑计算机的工作特点和存储特性，得到解决问题的算法。下面就此问题向读者介绍问题分析包含的几个重点。

（1）明确问题的求解目标

开始编写程序时，总是需要清晰地知道程序可以做什么，这一步无需计算机语言，只需明确求解目标，即程序的具体功能。如求 $1!+2!+3!+\cdots+n!$（$n<21$）的值，这个问题就非常明确地说明了程序要实现的功能是求 20 及以内整数的阶乘之和。

（2）定义算法的适用范围

明确问题的求解目标后，就要根据计算的步骤和可能结果来定义算法的适用范围是否满足求解目标。无论哪种问题采用计算机求解，都会遇到受制于计算机处理的能力、所得的结果可能会有误差、算法是否满足求解目标能够容忍的最小误差等问题，这些都涉及算法的适用范围。

下面就求阶乘之和问题来简单了解如何定义算法的适用范围。该问题的解题步骤很简单，就是求出 1～n 的数的阶乘，并计算它们的和。其中，求 n 的阶乘是将 1 到 n 的数相乘：$1\times2\times3\times\cdots\times n$。从问题求解的角度来看是简单的，但在实际计算中可以发现 $n!$的值随着 n 的增长而迅速增长，计算量却并不简单。对于一台计算机，其存储器的存储容量总是有限的，因此求 $n!$ 的值时需要考虑是否会超过计算机的存储容量（即溢出），若超过存储容量该如何解决？若采用 C 语言来求解这个问题，当 n 定义为整型时，由于整型的变量在内存中占 4 个字节，将会产生溢出。此时可改用其他合适的数据类型，问题就迎刃而解了。但在其他需要出现极大值的实际应用中，恰当地处理极大的数字或避免出现极大的数字是相当复杂的。本书的主要目的是让读者通过简单的实例理解计算思维和培养计算思维，在此只简单说明算法的适用范围，对此感兴趣的读者可以参考专业书籍。

（3）确定输入和输出

针对实际问题，需要确定是否有输入。某些计算机语言不仅要确定输入，通常还需要确定输入数据的类型和数值范围，由此来确定数据的准确性。根据此例的求解目标——求 20 及以内整数的阶乘之和，已经明确是求 1～20 整数的阶乘之和，虽然此时没有输入，但需要定义一个表示第几项的变量，如上所述可以定义为 n。

每个算法都会有输出，输出包括中间结果和最终结果两类，求 20 及以内整数的阶乘之和的中间结果是第 n 项的阶乘，此项结果用于计算最终结果。因此，该问题需要定义两个输出变量，但最终可以只输出阶乘和。

（4）定义常量、变量以及相关公式

采用计算机处理的实际问题，都需要对问题进行抽象，复杂问题在抽象之前通常还需要进行分解，分解后再根据实际问题进行不同层次的抽象。这个抽象包括将问题中值不变的量定义为常量，值可以改变的量定义为变量，然后对问题中所涉及的各个物理量构建一定的关系，最终能够表示为一个或多个数学公式，这一过程被称为数学建模。这些问题的抽象和关系的构建是算法设计的核心问题。

2. 算法表示

在完成问题分析、抽象和建模后，可以根据问题的限制条件等因素，设计问题求解的步骤，也就是要对问题进行算法表示。通常可以采用自然语言、流程图、N-S 图、伪代码、计算机语言等来表示算法，附录对这些表示方法做了概述。求 20 及以内整数的阶乘之和流程如图 1-5 所示。

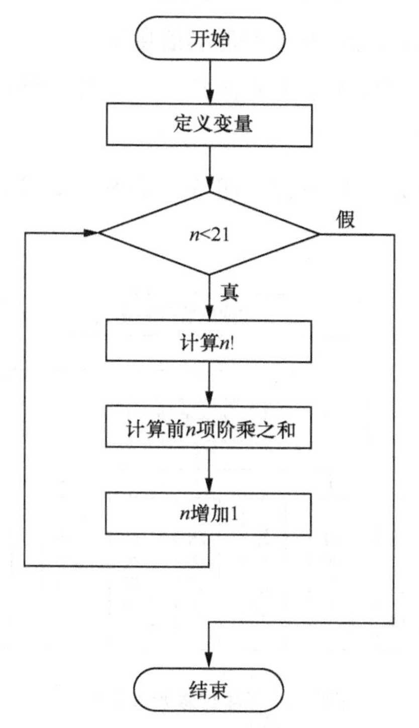

图 1-5　求 20 及以内整数的阶乘之和流程

3. 算法正确性验证、算法时间和空间效率分析

完成算法设计后必须验证算法的正确性。一般来讲，若对每一个合法输入，算法都能在有限的时间内输出满足要求的正确结果，则可以证明该算法是正确的，否则就证明该算法是错误的，需要重新设计算法。除了上述方法外，还有很多算法正确性的验证方法。完成算法正确性验证后，往往还需要对算法的时间和空间效率进行分析，以评价算法的优劣。算法正确性验证、算法时间和空间效率分析不是本书的重点，在此不赘述，感兴趣的读者可以参考相关专业书籍。

1.2.4　学生成绩管理系统算法举例

1. 模块设计

学生成绩管理系统是许多学校都在使用的信息管理系统，其具体模块主要包括成绩录入、成绩查询、成绩维护、管理统计、输出等。下面对各模块进行具体说明。

（1）成绩录入。成绩是成绩管理系统的管理对象，成绩录入模块实现成绩的录入。可以通过两种方式完成：一种方式是直接用键盘逐个输入每个学生的成绩；另一种方式是从存有学生成绩的文件（Excel 表格文件、文本文件等）中读取学生成绩。

（2）成绩查询。此模块实现通过学生的学号或姓名查询成绩，并反馈查询结果。

（3）成绩维护。此模块主要实现成绩的增、删、改、查、排序等功能。

（4）管理统计。此模块实现成绩统计和基本信息统计。

（5）输出。输出模块需要完成两个主要任务：一是将结果输出并显示到计算机屏幕上；二是将结果保存在数据文件中。

本书设计的学生成绩管理系统只包含上述 5 个模块，每个模块又可以细分为 2～5 个更小的功能模块，如图 1-6 所示。

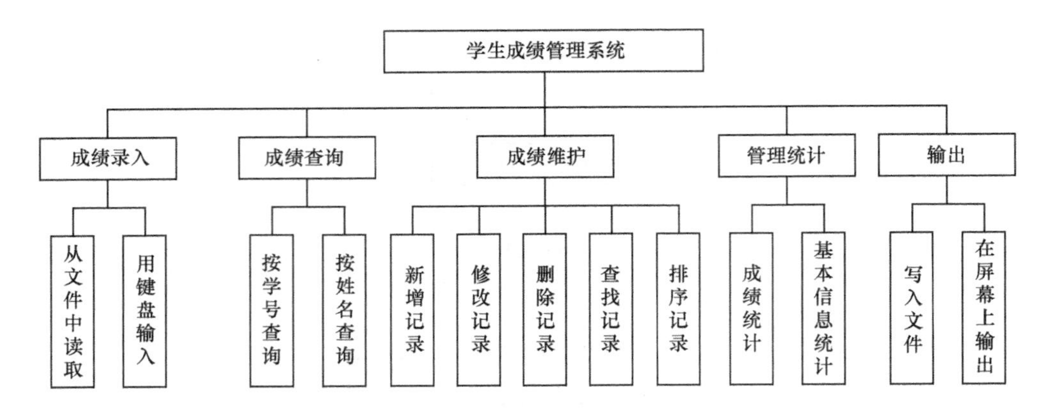

图 1-6　学生成绩管理系统

2. 算法设计

学生成绩管理系统的设计比较复杂，在具体算法设计的时候往往需要根据该系统的业务流程做总体设计，然后逐步细化。学生成绩管理系统完成相应功能的主要过程如下。

（1）打开数据文件。

（2）用户选择相应操作。

（3）判断是否选择“退出系统”：否，则执行第（4）步；是，则执行第（5）步。

（4）根据用户选择的功能，完成相应操作，返回第（2）步。

（5）判断处理结果是否已保存：否，则执行第（6）步；是，则执行第（7）步。

（6）保存所有操作。

（7）关闭系统。

对于第（4）步，系统可提供的功能有：新增记录、修改记录、删除记录、查找记录、成绩统计、成绩排序、输出结果。

学生成绩管理系统的总体执行流程如图 1-7 所示，可根据实际应用需要进一步细化。本书将以学生成绩管理系统为例，从简单的输入到整个系统的构建，由简入繁引导读者培养计算思维能力，从实践中理解计算思维的概念，从而掌握计算思维，并将其应用于自己的生活、工作中。

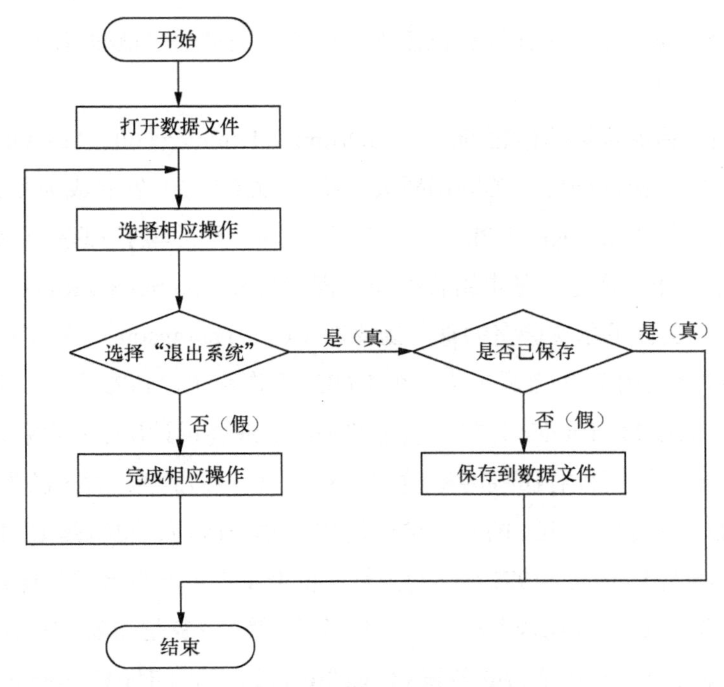

图 1-7　学生成绩管理系统的总体执行流程

1.3　计算机程序和计算机语言

1.3.1　计算机程序

计算机程序是一系列计算机能识别和执行的指令，利用计算机自动求解问题需要根据问题的求解方法编写程序。人工智能的广泛应用，很容易让人以为计算机具有人类思维；而实际上，计算机都是按事先编写好的程序，逐条执行指令后，得到最终结果。

1.3.2　计算机语言

计算机语言是指人与计算机通信的语言，人们可以采用某种计算机语言编写计算机能理解和执行的指令。C 语言是一种被广泛使用的高级程序设计语言，使用 C 语言编写的程序不能直接被计算机识别，必须通过 C 编译程序编译成二进制的机器代码才可以被计算机识别。一个用 C 语言或其他语言编写的程序都是利用计算机解决实际问题的抽象描述，是“有头有尾有顺序”的；并且程序必须严格按照计算机语言规定的拼写、语法、标点符号规则和字母大小写要求来编写；程序作为一个整体，是一个能正确表达实际意义的指令集合。总之，利用计算机解决实际问题，需要将实际问题抽象为一系列有序的指令集合，由程序控制计算机解决问题的每一个步骤，以达到让计算机按程序自动解决实际问题的目的。

1. C 语言发展过程

C 语言的发展要追溯到算法语言 60（ALGOrithmic Language 60，ALGOL 60）。1963 年，为了使 ALGOL 60 更接近硬件，英国剑桥大学将 ALGOL 60 发展成为复合程序设计语言（Combined Programming Language，CPL）。1967 年，剑桥大学的马丁·理察德（Matin Richards）对 CPL 进行了简化，于是产生了基本组合编程语言（Basic Combined Programming Language，BCPL）。1970 年，美国贝尔实验室的肯·汤普森（Ken Thompson）将 BCPL 进行了简化，推出了 B 语言，并且他用 B 语言写了第一个 UNIX 操作系统。1973 年，美国贝尔实验室的丹尼斯·里奇（Dennis M. Ritchie）在 B 语言的基础上最终设计出了一种新的语言，他取了 BCPL 的第二个字母作为这种语言的名字，这就是 C 语言。1973 年，肯·汤普森和丹尼斯·里奇合作将用汇编语言编写的 UNIX 的 90%的代码用 C 语言改写，也就是 UNIX 第 5 版。

为了推广 UNIX 操作系统，1977 年，丹尼斯·里奇发表了不依赖于具体机器系统的 C 语言编译文本“可移植的 C 语言编译程序”。1978 年，布赖恩·克尼希安（Brian W. Kernighian）和丹尼斯·里奇合著了非常有影响力的名著《C 程序设计语言》（The C Programming Language）（通常简称为“K&R”），这本书中介绍的 C 语言被称为标准 C。随着 C 语言的发展和更加广泛地应用于更多种类的系统上，程序员们意识到它需要一个更加全面、新颖和严格的标准。为了满足这一要求，美国国家标准学会（American National Standards Institute，ANSI）于 1989 年为 C 语言制定了 ANSI C 标准。ANSI C 标准定义了语言和一个标准 C 库。国际标准化组织（International Organization for Standardization，ISO）于 1990 年采用了一个 C 标准——ISO C。ISO C 和 ANSI C 都可以称为标准 C。

2. C 语言的特点

（1）代码简洁紧凑、运算类型丰富

C 语言一共有 32 个关键字（见表 1-1），9 种控制语句，程序结果简洁紧凑且书写自由。C 语言把高级语言的基本结构、语句与低级语言的实用性结合起来。C 语言的运算符包含的范围很广泛，共有 34 个运算符。C 语言把括号、赋值、强制类型转换等都作为运算符，从而使 C 语言的运算类型极其丰富，表达式类型多样化。灵活使用各种 C 语言的运算符可以实现在其他高级语言中难以实现的运算。

表 1-1　C 语言的关键字

auto	char	const	double	enum	extern	float	int
long	register	short	signed	static	struct	union	unsigned
volatile	void	break	case	continue	default	do	else
for	goto	if	switch	while	return	sizeof	typedef

（2）数据类型丰富

C 语言具有丰富的数据类型：整型、实型、字符型、数组型、指针类型、结构体类型、共用体类型等。C 语言能实现各种复杂的数据类型的运算，并引入了指针概念，使程序效率更高。另外，C 语言具有强大的图形处理功能，支持多种显示器和驱动器，且其计算功能、逻辑判断功能强大。

（3）C 语言是结构化程序设计语言

结构化程序设计语言的显著特点是代码及数据的分离化，即程序的各个部分除了必要的信息交流外彼此独立。C 语言有顺序结构、分支机构、循环结构 3 种基本结构，方便用户实现自顶向下的规划。结构化程序设计以及模块化设计，使程序层次清晰，便于使用、维护以及调试。

（4）可直接访问物理地址、直接对硬件进行操作

C 语言通常被称为中级语言，它既具有高级语言的全部功能，又具有低级语言的许多功能。它能够像汇编语言一样对位、字节和地址进行操作，而这三者是计算机最基本的工作单元，可以用来编写系统软件。UNIX 操作系统 90%的代码是用 C 语言编写的，很多语言的编译器和解释器也是用 C 语言编写的。

（5）生成代码质量高、执行效率高

C 程序代码紧凑、运行速度快。C 语言可以表现出只有汇编语言才具有的精细控制能力，以获得最大速度或占用最小内存。其生成代码质量高，一般只比汇编程序生成的目标代码效率低 10%～20%。

（6）可移植性好

C 语言的一个突出的优点是适用于多种操作系统，如 DOS、UNIX，它也适用于多种机型。C 语言是一种可移植性语言，即在一个操作系统上编写的 C 程序经过很少的改动或不经修改就可以在其他操作系统上运行，而且通常需要修改的也只是伴随主程序的一个头文件中的几项内容。

（7）C 编译器语法检测不严格，程序编写灵活

C 编译器对语法的检查并不严格，如 C 语言不对数组元素的下标做语法检测。对变量类型的使用非常灵活，如整型数据（以下简称“整数”）、字符型数据和逻辑型数据可以通用，因此程序员编写程序时具有较大的自由度。C 语言可以使用自由度非常高的跳转语句 goto，此语句几乎可以使程序跳转到任意地方。C 语言在表达方面的自由可以凸显程序员的编程技巧，同时也增加了程序设计中不必要的麻烦和风险。如过多使用 goto 会使程序难以理解，不恰当地使用指针很可能造成难以追踪的编程错误，这些都要求程序员提高警惕，养成良好的编程习惯，避免出错。

3. 简单的 C 程序及其结构

为了说明 C 程序的结构，在此介绍一个简单的程序。

【例 1.2】 求两个数的和。

```
/* p1_1.c */
/*以下两条语句被称为函数头*/
#include<stdio.h>
int main()    /*main 为主函数名，int 为 main 函数返回值类型*/
/*以下“{}”中的语句称为函数体*/
{                                 /*函数体以“{”开头，以“}”结尾*/
```

```
    int x,y,s;                          /*说明部分，定义了 3 个整型变量 x、y、s*/
    printf("\n 请输入两个整数：");
    scanf("%d%d",&x,&y);                //输入两个整数
    s=sum(x,y);                         //调用 sum 函数，并将函数返回值赋给 s
    printf("两个整数之和为：%d\n",s);    //输出两个整数之和 s
    return 0;                           //返回 0 作为 main 函数的函数值
}

int sum(int x,int y)                    //定义 sum 函数，函数值为整型，x、y 为两整型形参
{
    return x+y;                         //将 x+y 的值返回，由函数 sum 带回调用处
}
```

程序说明如下。

（1）main 表示主函数。C 程序都有一个主函数，并且程序的执行从 main 函数开始，在 main 函数中结束。

（2）适当使用注释可增强 C 程序的可读性。注释只对程序解释说明而不会参与程序的编译和执行。注释方法有两种：一种是将注释内容用"/*"和"*/"标注，另一种是用"//"标注一行注释，如例 1.2 所示。

（3）函数体的内容必须由"{"和"}"标注。

（4）C 程序一般包括一个主函数 main 和多个自定义函数，通常还会调用库函数。典型的 C 程序结构如图 1-8 所示。本例程序中有两个函数：一个主函数 main 和一个被调用函数 sum。main 函数通过调用 sum 函数，将 main 函数中的 x 和 y 赋给 sum 函数中的 x 和 y，在 sum 函数中求和的结果采用 return 语句返回给 main 函数。

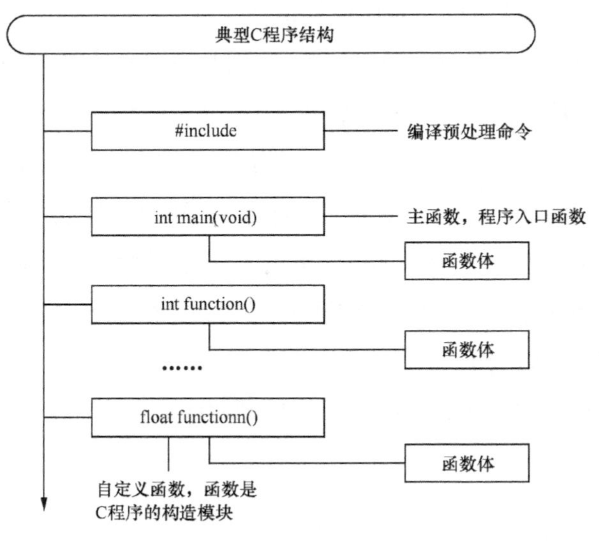

图 1-8　典型的 C 程序结构

（5）main 函数中使用了两个库函数：格式输出函数 printf 和格式输入函数 scanf。为了程序的简洁性和可移植性，C 语言不提供输入/输出语句，输入/输出功能由函数来完成。使用

printf 和 scanf 两个函数需在程序开头部分添加编译预处理命令：#include<stdio.h>。

（6）函数一般包括函数头和函数体两个部分，函数体包含变量、函数的说明部分和函数的执行部分。本例中说明部分定义了 3 个整型变量，无函数说明；说明部分之后的语句为执行部分，用于描述函数的功能。

1.4　算法实现和 VS2010 开发环境简介

算法是对问题求解的方法和过程的描述。要让计算机能够自动完成问题的求解，必须用一种计算机语言将解决该问题的算法编写成程序，计算机才会根据程序自动求解问题。虽然算法独立于计算机语言，但其实现却必须采用具体计算机语言来完成的。本书采用 C 语言来实现算法。C 语言的集成开发环境有很多种，如 Microsoft Visual C++ 6.0、Code::Blocks 等，本书采用 Microsoft Visual Studio 2010（VS2010）或 Microsoft Visual C++ 2010 Express 开发环境实现算法，由于两者开发过程相似，本章只介绍 VS2010 开发环境。

1.4.1　算法实现

算法是不依赖程序设计语言的，但算法的实现却需要采用一种具体的语言。算法实现的过程就是程序编写的过程，即采用某种计算机语言将算法中的每个步骤描述出来，并能正确执行，得到算法结果。在实现算法之前，是需要对算法进行详细设计的，例 1.1 求 20 及以内整数的阶乘之和的算法流程如图 1-9 所示，采用 C 语言描述，所得 C 程序如下。

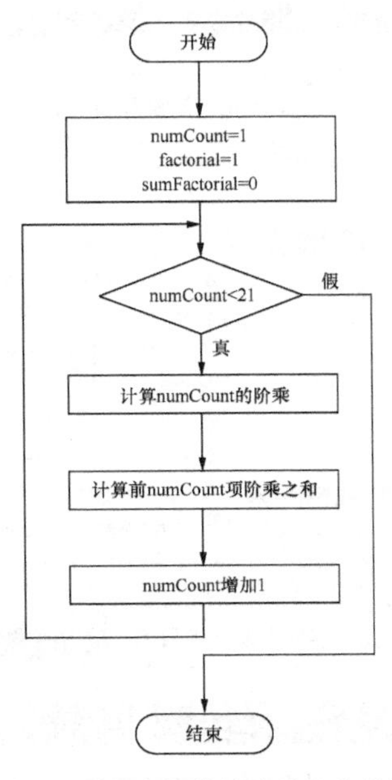

图 1-9　求 20 及以内整数的阶乘之和的算法流程

C 程序：

```
/* p1_2.c */
#include <stdio.h>
int main()
{
    double numCount=1;
    double factorial=1,sumFactorial=0;
    while (numCount<21)
    {
        factorial=factorial*numCount;
        sumFactorial=sumFactorial+factorial;
        numCount=numCount+1;
    }
    printf("sumFactorial=%lf\n",sumFactorial);
    return 0;
}
```

1.4.2　VS2010 开发环境介绍

1. 新建项目和程序文件

启动 VS2010，完成图 1-10 所示的步骤后单击“确定”按钮，将弹出“Win32 应用程序向导”对话框，之后单击“下一步”按钮，选择“空项目”，如图 1-11 所示。单击“完成”按钮后，在图 1-12 所示界面中右键单击“源文件”，选择“添加”→“新建项”后，打开图 1-13 所示的对话框，完成图中的步骤即可新建 C 源文件。至此，就可以在新建的程序编辑栏中编写程序了，如图 1-14 所示。

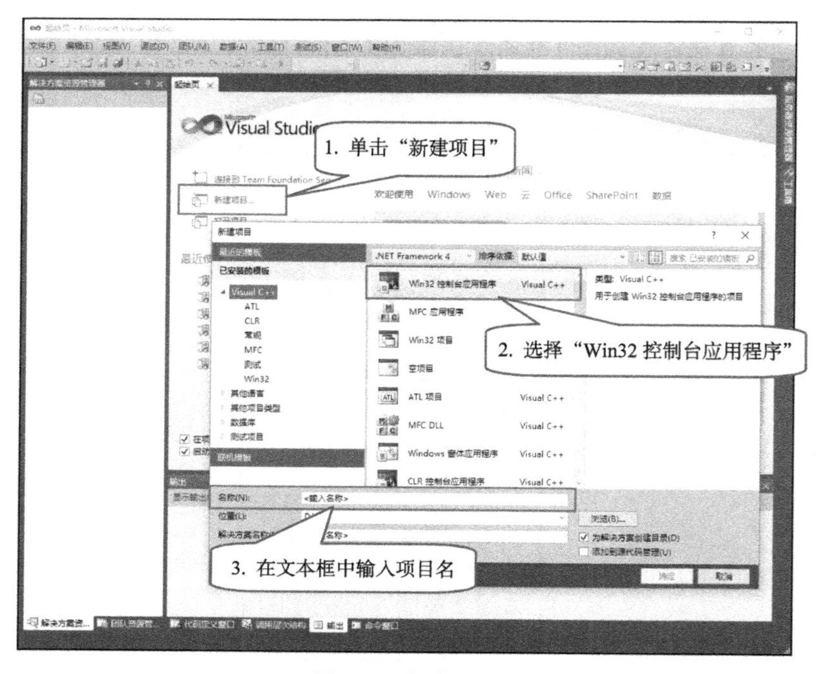

图 1-10　新建项目

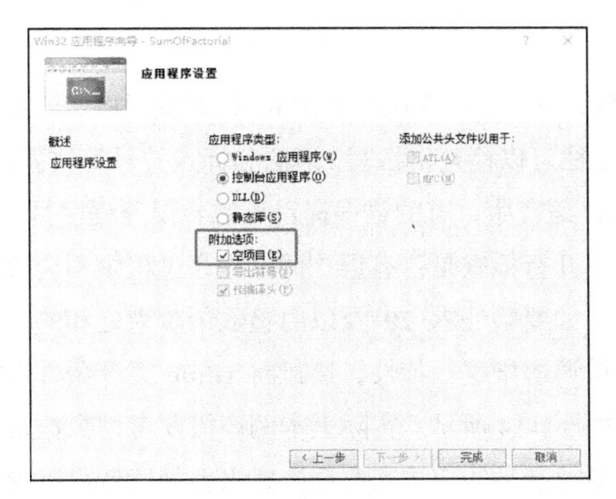

图 1-11　建立空项目

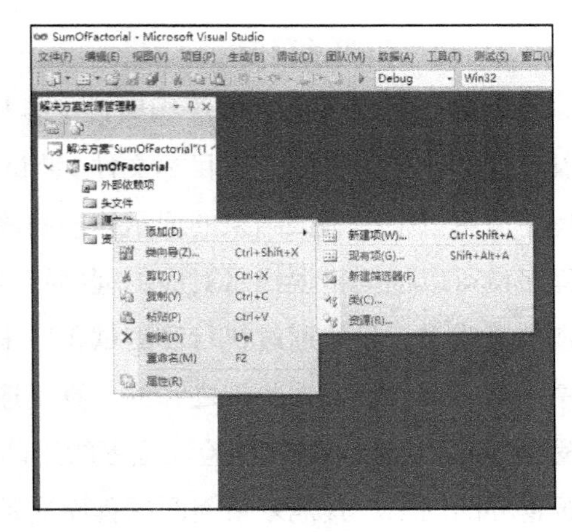

图 1-12　新建 C 源文件

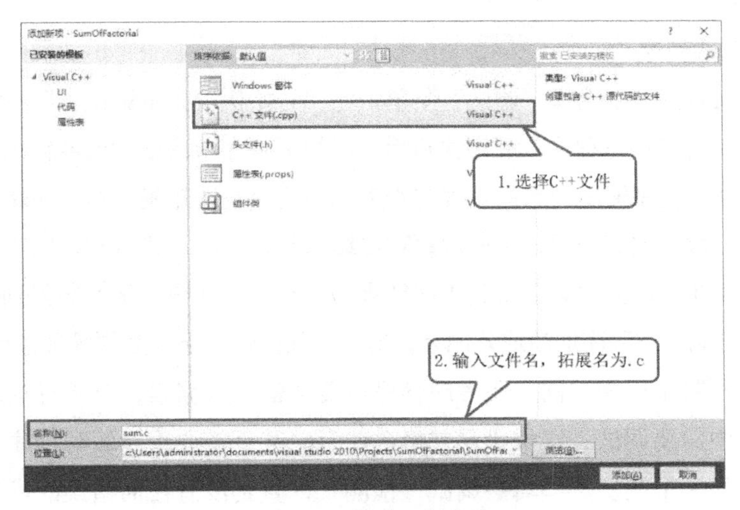

图 1-13　创建 C 源文件

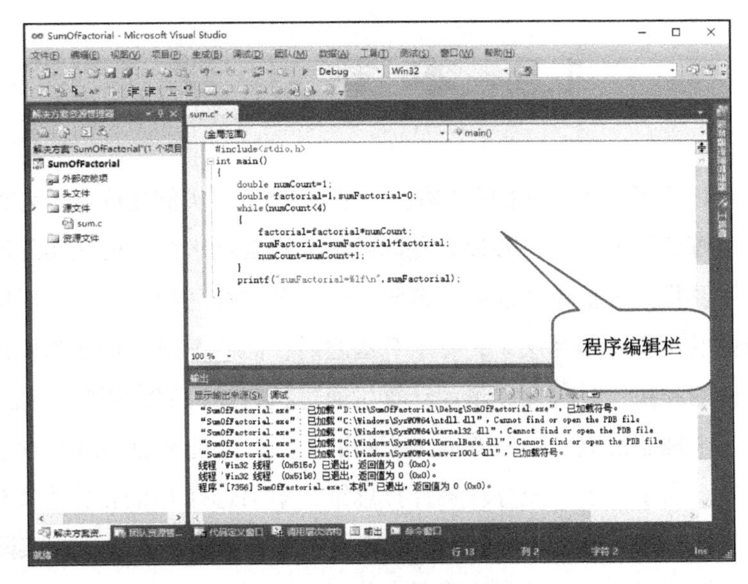

图 1-14　编写和编译程序

2. 编写和调试程序

创建C源文件并在程序编辑栏中编写程序后，单击 ▸ 按钮或者按F5键调试程序，如果没有任何错误就可以生成目标文件。调试程序往往可以检查出拼写、语法和标点符号等错误，程序员可以根据调试结果的提示修改程序。在C语言中，有的错误提示可能会误导程序员，程序员可以根据错误提示对应的程序行及其上下几行检查是否有误。调试程序过程中不会检查逻辑错误，只能通过执行和测试程序来检查。如要验证求20及以内整数的阶乘之和的程序正确与否，可根据阶乘之和的计算是连续且单调递增这一特性，通过将while循环条件设置为numCount<4来简单验证程序的正确性，如图1-14所示。实际上本例还需要考虑数据是否越界的问题，其他复杂问题的程序通常采用更加复杂的方式来验证，感兴趣的读者可以参考专业书籍。

3. 执行和测试程序

程序调试结束后就可以选择“调试”菜单中的“开始执行（不调试）”选项执行程序，也可以按Ctrl+F5组合键执行程序。程序执行后可以根据程序中的已知值或输入值验证程序的正确性，通常可以根据程序输出结果的正确与否来判断程序是否正确。检测逻辑错误的主要方法是使用不同的输入数据测试程序，然后观察输出结果是否正确。输入数据的不同可以产生不同的结果，有时程序在一些数据集上得到正确结果，而在另一些数据集上却得到错误结果，有时一个异常的条件可能导致程序崩溃或死循环，所以在任何情况下都必须验证输出结果的正确性。

通常在测试和验证程序之前，要考虑程序可能的输入数据集，对所有输入数据集进行检测。在修改过程中需要调试、定位错误并修改，有时甚至需要重新编写程序。

总之，编程是一个反复“编辑—调试—检测”，直到没有任何错误的过程。

1.5 本章小结

本章通过介绍计算思维和算法的基本概念，并通过生活实例让读者了解如何像计算机科学家那样思维。计算思维的两个核心概念是问题抽象和自动求解。要让实际问题通过计算机自动求解，首先需要将问题抽象为能够用数学符号、公式描述的形式；然后根据问题解决的方法设计解决问题的步骤（即算法）；有了算法之后，需要选择一种计算机语言，将算法转化为计算机能够读懂和执行的程序；最后计算机通过执行编写好的程序得到最终结果。

计算思维是一个抽象的概念，只有通过不断的实践，才能充分地理解它、运用它，使其为生活和工作服务。为了让读者充分理解计算思维，本书选择C语言作为算法实现的工具，每个生活实例从问题抽象、算法设计开始，最终采用C语言实现算法，将实际问题用计算机自动处理并呈现运算结果。这一过程让读者充分理解计算思维的两个核心概念：问题抽象和计算机自动求解。

1.6　习　题　一

一、简答题

1. 计算思维是什么？如何培养计算思维？

2. 什么是算法？算法设计的一般步骤包括哪些？

3. 算法有哪些特点？为什么说一个具备了所有特征的算法不一定就是适用的算法？

4. 简述计算思维和算法之间的关系。

5. 什么是程序和程序设计？算法和程序设计语言之间的关系是什么？

二、用流程图和伪代码分别写出下面各题的算法

1. 判断任意数 n 是否为素数。

2. 输入任意 3 个整数，按从小到大的顺序输出。

3. $s=1-\frac{1}{3}+\frac{1}{5}-\frac{1}{7}+...+\frac{1}{n}$，求当 n=999 时 s 的值。

4. 乒乓球队比赛名单。

甲、乙两个乒乓球队进行比赛，各出 3 人。甲队为 A、B、C，乙队为 X、Y、Z。已抽签决定比赛名单。有人向队员打听比赛的名单。A 说他不与 X 比赛，C 说他不和 X、Z 比赛。那么究竟谁和谁比赛呢？

算法提示如下。

A、B、C 用数字 1、2、3 表示，用 X=1 表示队员 X 和队员 A 比赛，如果队员 X 不和队员 A 比赛，那么写成 X!=1。用这种方法，根据队员的叙述得到如下的表达式：

X!=1，A 不与 X 比赛

X!=3，C 不与 X 比赛

Z!=3，C 不与 Z 比赛

题中还隐含着一个条件：同一队的 3 名队员不能相互比赛。则有：X!=Y 且 X!=Z 且 Y!=Z。用穷举法就可以得到结果。

第2章 怎样与计算机对话

采用计算机处理问题的过程中，用户通常需要与计算机进行交互，也就是与计算机对话。比如计算过程中用户需要提供数据给计算机；而用户要求计算机展示问题解决过程的中间结果和最终结果，有时还需要考虑这些结果展示的方式或格式。以上这些问题将在本章讨论。

2.1 学生综合成绩问题求解

2.1.1 问题阐述

学生的某门课程综合成绩由三部分构成：平时成绩占30%；期中测试成绩占10%；期末考试成绩占60%。如何利用计算机求解学生的综合成绩呢？

例如，某学生平时成绩92分，期中测试成绩89分，期末考试成绩95分，这位学生的综合成绩是92×30%+89×10%+95×60%。

计算机有强大的计算能力，像人计算一样，计算机首先需要明白计算的数据是多少，完成的运算是什么。但是计算机不能像人一样理解各种方式表达的数据。为了让计算机了解数据，必须以计算机约定的格式将数据输入计算机。

平时成绩92分是整数，在计算机中一般以补码形式存储。30%是人们一般约定的百分数的表达习惯，用小数表示是0.3，在计算机中一般以浮点数形式存储，在C语言中叫作实型数据，通常写作0.3。

计算综合成绩的表达式在C语言中可以写成92*0.3+89*0.1+95*0.6，将求综合成绩的表达式写在计算机中是否就解决问题了呢？

计算机严格执行指令。指令控制计算机计算表达式的值，计算机按照指令完成计算。用户希望看到计算结果，而计算机要执行输出计算结果的指令，才会将结果展示。

2.1.2　算法分析

每位学生的分数可能都不相同，而此课程的综合成绩求解方法相同，与数学中设置变量的方法类似，可以定义变量，给出综合成绩的求解表达式。

计算机中的变量定义方式与数学上的变量定义方式有所不同。计算机需要预先划分一段存储空间存储变量，而由于计算机底层都使用二进制，这些变量的编码方式也只能是二进制编码。计算机中通常用补码的方式存储整数。带小数的数值通常用类似科学记数法的方式存储，也就是小数部分、指数部分和符号位以一定的编码规则存储，这种数值存储方式通常被称为浮点数存储。具体的存储方式较为复杂，可参阅相关资料深入了解。

在计算机中，定义变量时要说明此变量的类型，计算机根据变量类型，给变量划分一定字节的存储空间，并确定变量的编码方式。

定义变量后，可以根据情况给变量赋值。若定义变量后，没有给变量赋值，不同的编程语言有不同的处理方法，其初始值也不同。

学生综合成绩问题求解可分为以下步骤。

① 定义变量。

② 给变量赋值。

③ 写出求综合成绩的表达式，并赋值给相应变量。

④ 输出综合成绩。

上述步骤的流程如图 2-1 所示。

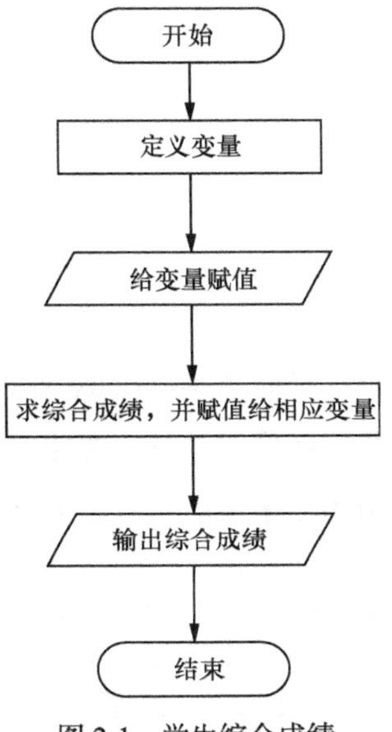

图 2-1　学生综合成绩问题求解的流程

2.1.3　算法实现

1. 程序设计相关知识

（1）变量的命名规则

定义变量前要给变量命名，要遵循变量的命名规则，计算机才能区分变量名、指令以及其他符号。在 C 语言中，除了变量，还有数组和函数等需要命名，其命名规则为标识符的命名规则。具体规则如下。

① 标识符必须以字母或者下画线开头。

② 标识符可以包含字母、数字和下画线。

③ 标识符不能与关键字相同。

现定义变量名如下：平时成绩为 daily_perf；期中测试成绩为 mid_test；期末考试成绩为 final_exam；综合成绩为 score。

（2）变量的类型

变量的值可以改变，在内存中占据一定的内存单元，内存单元的大小由变量类型决定，变量的值保存在此内存单元中。从变量取值或给变量赋值，实际上是通过变量名找到相应的内存单元，确定其数据类型，从内存单元中读取或写入数据。没有被赋值过的变量，仍然占用一定的内存单元，但其值不确定。变量在内存中的存放情况如图 2-2 所示。

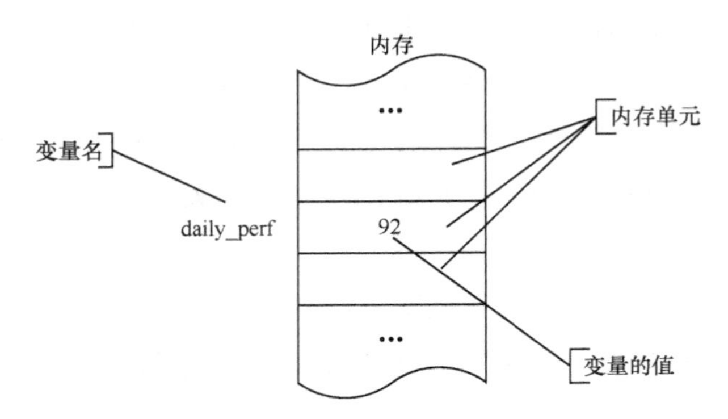

图 2-2　变量在内存中的存放情况

平时成绩（daily_perf）、期中测试成绩（mid_test）以及期末考试成绩（final_exam）这些变量都是整数，可定义为整型变量。int 是定义整型变量的关键字，在 Microsoft Visual C++ 2010 Express 中，占 4 个字节，即 32 位。其定义语句如下：

```
int daily_perf, mid_test, final_exam;
```

也可以分别定义：

```
int daily_perf;
int mid_test;
int final_exam;
```

各类成绩所占百分比是小数，可以直接写出数值（例如 0.3），也可以存储在实型变量中。这里直接给出数值，叫作实型常量。

综合成绩（score）不是纯整型，定义为实型变量。float 是定义实型变量的关键字，在 VS2010 中，占 4 个字节，即 32 位。其定义语句如下：

```
float  score;
```

还有一类变量，可以存储单个字符，叫作字符型变量。char 是定义字符型变量的关键字，在 VS2010 中，占 1 个字节，即 8 位。例如，定义字符型变量的变量名为 ch，给其赋值为大写字母 A，其定义和初始化语句如下：

```
char ch='A';
```

大写字母 A 要标注单引号。在 C 语言中，字符型常量都要标注单引号。

当一个字符型变量被赋值为某个字符时，字符型变量存放的是该字符的 ASCII。所以字符型变量可以作为整型变量来处理，并且可参与整型变量能参与的运算。

表 2-1 是 64 位计算机在 Windows 10 操作系统下，VS2010 编译环境所支持的部分数据

类型。

表 2-1　VS2010 所支持的部分数据类型

类 型 名 称	所占位数	精度/位	数 值 范 围
基本整型（[signed] int）	8×4	32	−2 147 483 648～2 147 483 647
单精度实型（float）	8×4	约 7	0 和 10^{-38}～10^{38}
字符型（char）	8×1	8	0～256（包含 ASCII 表的字符）

（3）给变量赋值

平时成绩（daily_perf）、期中测试成绩（mid_test）以及期末考试成绩（final_exam）已知，用赋值运算符“=”给其赋值。语句如下：

```
daily_perf=92;
mid_test=89;
final_exam=95;
```

也可以在定义变量的同时，给变量赋值。语句如下：

```
int  daily_perf=92, mid_test=89, final_exam=95;
```

还可以在定义变量时，给部分变量赋值。语句如下：

```
int  daily_perf=92, mid_tes, final_exam=95;
mid_test=89;
```

（4）算术运算符

计算综合成绩的表达式可写为：

```
daily_perf*0.3+mid_test*0.1+final_exam*0.6
```

其中运算符乘（*）和加（+）是 C 语言的算术运算符。

C 语言有以下 5 种算术运算符。

① +：加法运算符，双目运算符，即应有两个量参与加法运算，如 a+b、1+2 等。具有左结合性。结合性是指运算符在同级运算中的运算顺序。

② −：减法运算符，双目运算符，具有左结合性。但“−”也可作负值运算符，此时为单目运算符，如−x、−5 等。具有右结合性。

③ *：乘法运算符，双目运算符，具有左结合性。

④ /：除法运算符，双目运算符，具有左结合性。参与运算量均为整型时，结果也为整型，舍去小数。如果运算量中有一个数是实型，则结果为双精度实型。双精度实型将在 2.4 节介绍。

⑤ %：求余运算符，或称模运算符，%两边均应为整数，具有左结合性。

这 5 种运算符中乘（*）、除（/）和求余（%）的优先级相同，都比加（+）和减（−）优先级高。除了“−”被当作负值运算符时，这 5 种运算符都具有左结合性。

C 语言算术运算符的含义和数学上对应的算术运算符基本相同，但也有区别。

加减法运算中，若涉及溢出、不同数据类型运算，结果可能和数学上不同。

除法运算中，若参与运算的数都是整型，则商的小数部分将被舍弃。在编程时需特别注意。

求余运算中，参与运算的两个数只能是整数，否则编译将出错。负数求模后，结果为负，故求余运算中，无论%右边的数是正数还是负数，结果的正负与%左边的数相同。

C 语言中没有求幂运算，求幂运算只能通过函数或编写相应程序实现。

算术运算符的优先级高于赋值运算符（=）。给综合成绩（score）赋值的语句如下：

```
score= daily_perf*0.3+mid_test*0.1+final_exam*0.6;
```

（5）赋值运算符和复合赋值运算符

赋值运算符用来给其左边的变量赋值。在 C 语言中，赋值运算符的优先级低于大部分运算符，高于逗号运算符。赋值运算符的结合性是从右到左。用赋值运算符将变量和表达式连接起来的式子被称为赋值表达式，赋值运算符右边的表达式的值称为赋值表达式的值。其一般形式为：

变量=表达式

在赋值运算符前加上其他运算符可构成复合的运算符，称为复合赋值运算符。C 语言采用这种复合赋值运算符可以简化程序，还可以提高编译效率。有关算术运算符的复合赋值运算符有+=、-=、*=、/=、%=。复合赋值运算符的优先级与赋值运算符优先级相同，也是右结合性。

例如，a+=b 相当于 a=a+b。由于复合赋值运算符优先级低于算术运算符，有些表达式的运算顺序需要注意，例如 a/=b+c 相当于 a=a/(b+c)。

很多初学者不容易理解复合赋值运算符。复合赋值表达式可以转换成容易理解的赋值表达式，其过程如下：首先将原式中复合赋值运算符左边的变量写下来；接下来赋值运算符保持不变；然后将原式中赋值运算符左边的部分移动到赋值运算符右边；最后将原式中赋值运算符右边的表达式照搬，并用“（）”标注表达式。复合赋值运算符的示意如图 2-3 所示。

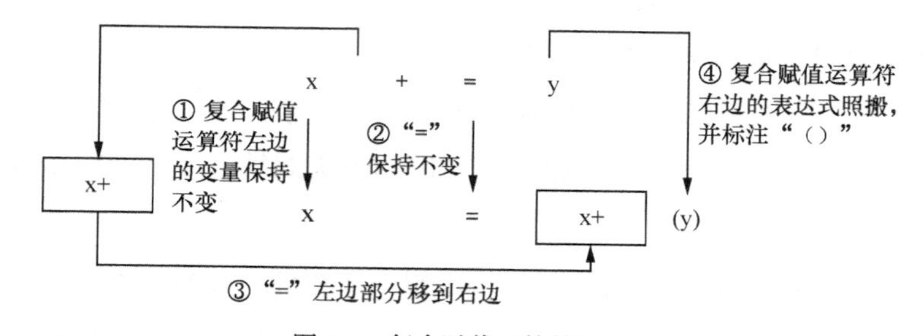

图 2-3　复合赋值运算符的示意

（6）格式输出函数

综合成绩（score）计算完成后，需要编写语句输出其数值。C 语言有很多库函数，每个函数可以完成特定功能，综合成绩（score）输出可以调用 C 语言库函数头文件“stdio.h”中的格式输出函数（printf 函数）。使用此函数，需要在代码中加入以下预处理命令：

```
#include<stdio.h>
```

printf 函数的功能是按用户指定的格式，向标准输出设备（一般指显示器）输出若干个各种类型的数据，并返回输出的字符数。printf 不是 C 语言的关键字。格式输出函数调用的一般形式如下：

```
printf("格式控制字符串",输出项表);
```

格式控制字符串可由格式字符串和非格式字符串组成。非格式字符串按照原样输出，格式字符串用于指定输出格式。格式字符串是以%开头的字符串，在%后面跟有各种格式字符，以说明输出数据的类型、形式、长度、小数位数等。例如，综合成绩（score）是实型变量，则格式字符串可以使用%f 的形式。

输出项表可以是 0 个、1 个或者多个输出项。每个输出项之间用逗号隔开，输出项可以是常量、变量或者表达式。例如，输出综合成绩（score）可以直接写出其变量名“score”。

输出综合成绩的语句如下：

```
printf("%f",score);
```

这种直接输出数值的方式不太友好，可以在双引号中添加说明文字，其语句如下：

```
printf("The overall score is %f\n",score);
```

上述输出语句中双引号标注的部分是格式控制字符串，格式控制字符串由两部分组成：格式字符串（%f 表示输出实数）；非格式字符串。此处非格式字符串有两部分：一部分“The overall score is”原样输出；另一部分是转义字符回车符（\n）。

若不想将%f 当作格式字符串，而是需要直接输出%f，要怎样表示呢？按照 printf 函数的规则，可用两个“%”表示需要输出一个“%”。不将%f 当作格式字符串，而直接输出%f 的语句如下：

```
printf("%%f");
```

格式控制字符串中的格式字符串除了%f 用来输出实数，还有%d 用来输出十进制整数，%c 用来输出单个字符，%s 用来输出字符串等。表 2-2 列出了部分 printf 格式字符说明。

表 2-2　部分 printf 格式字符说明

格式字符	说明
d	输出十进制整数
u	输出无符号十进制整数
f	输出实型数据（用小数形式）
c	输出单个字符
s	输出字符串

（7）转义字符

有些字符不方便在程序语句中直接表示，便换一种表示方法。例如回车符（\n）、制表符（\t）等。转义字符一般以反斜线符（\）开头，后面跟字母或者符号。部分转义字符的说明如表 2-3 所示。

表 2-3　　部分转义字符说明

格式字符	说　明
\n	回车换行符，将当前位置移到下一行开头
\t	横向跳到下一制表位置
\\	反斜线符
\'	单引号字符
\"	双引号字符

2. C 语言编程实现

将上述分析的 C 语言语句汇总在主函数 main 中，预处理命令通常写在主函数外，代码如下。

```
/*p2_1.c*/
#include<stdio.h>       /*预处理命令，表明需要使用 stdio.h 中的库函数*/
int main()
{
    int  daily_perf=92, mid_test=89, final_exam=95;  /*定义整型变量并赋值*/
    float  score; /*定义实型变量*/
    score= daily_perf*0.3+mid_test*0.1+final_exam*0.6;
         /*给变量赋值为算术表达式的值*/
    printf("The overall score is %f\n",score);       /*输出*/
    return 0;
}
```

运行程序，结果如图 2-4 所示。

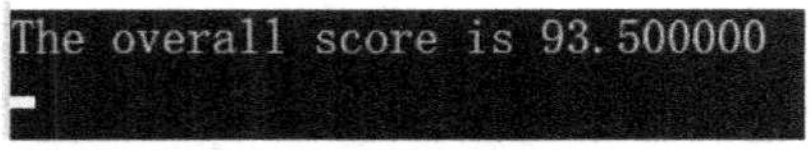

```
The overall score is 93.500000
```

图 2-4　求学生综合成绩问题的程序运行结果

2.2　任意学生综合成绩问题求解

2.2.1　问题阐述

2.1 节编写的程序解决了某学生综合成绩的求解问题，如何求解其他学生的综合成绩呢？其他学生的综合成绩的求法相同，只要在程序中修改变量平时成绩（daily_perf）、期中测试成绩（mid_test）以及期末考试成绩（final_exam）的值，再次运行程序，就能解决问题。但是这种方法需要修改程序，并不便捷。

计算机能输出结果，也能输入信息。对于本节的问题，变量平时成绩（daily_perf）、期中测试成绩（mid_test）以及期末考试成绩（final_exam）的值，可由用户输入，然后通过统一的计算公式求解综合成绩（score），计算机再输出结果，这样不必修改源程序就能求任何一位学生的综合成绩。

2.2.2　算法分析

本节算法与 2.1 节算法类似，只有一个步骤（变量赋值）有所不同。定义变量后，变量平时成绩（daily_perf）、期中测试成绩（mid_test）以及期末考试成绩（final_exam）由用户赋值。这些变量的赋值一定要在综合成绩（score）计算前完成，否则计算无意义。

程序运行时，用户一般不关心程序的源代码，只查看计算机的输出。若想要用户输入正确的数据，则应给用户相应提示，否则没有看到源代码的用户猜不出程序的目的。

求任意学生综合成绩问题可分为以下步骤完成。

① 定义变量。

② 提示用户输入。

③ 用户给变量赋值。

④ 写出求综合成绩的表达式，并赋值给相应变量。

⑤ 输出综合成绩。

上述步骤的流程如图 2-5 所示。

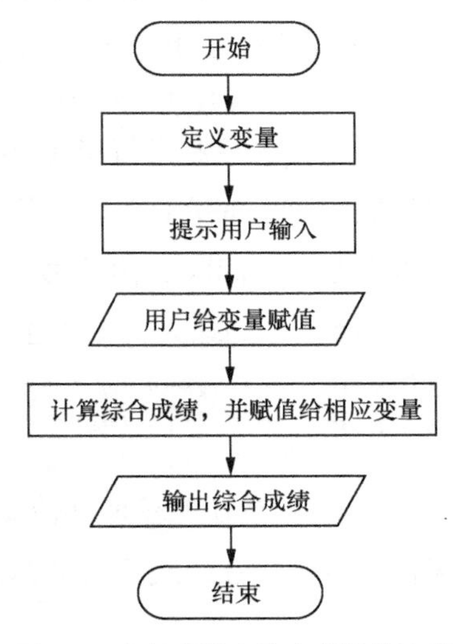

图 2-5　求任意学生综合成绩的流程

2.2.3　算法实现

1. 程序设计相关知识——格式输入函数

本节程序编写时，只要添加提示用户输入数据的语句，并且修改 2.1 节程序中变量平时成绩（daily_perf）、期中测试成绩（mid_test）和期末考试成绩（final_exam）的赋值方式即可完成。

获取用户输入的数值，并赋值给变量，在 C 语言中可以调用库函数中的 scanf 函数（格式输入函数）实现。格式输入函数（scanf 函数）的函数原型在头文件“stdio.h”中。使用此函数，需要在代码中加入以下预处理命令：

```
#include<stdio.h>
```

scanf 函数的功能是将键盘输入的数据赋值给指定的单元，并返回输入的数据个数。此函数的返回值很少使用。scanf 不是 C 语言的关键字。scanf 函数调用的一般形式如下：

```
scanf ("格式控制字符串", 地址列表);
```

地址列表用逗号（,）隔开，它是由若干个地址组成的列表，可以是变量的地址，也可以是字符串的首地址，还可以是指针变量。本章只掌握在地址列表中使用变量的地址，字符串和指针将在后续章节学习。

格式控制字符串可以包括普通字符、转义字符和格式说明。为了避免出错，一般格式控制字符串中只要包含格式说明即可。格式控制字符串中的普通字符和转义字符是在程序执行过程中需要用户原样输入的内容，不建议使用。格式控制字符串中的格式说明是以%开头，以格式字符结束的。

例如，本节中需要输入的变量——平时成绩（daily_perf）、期中测试成绩（mid_test）和期末考试成绩（final_exam）都是整型变量，则格式控制字符串使用%d。由于要从用户获取 3 个整型变量，因此需要使用 3 个格式控制字符串。地址列表中只要将 3 个变量名前添加&（取地址符），用逗号（,）隔开即可。输入语句如下：

```
scanf("%d%d%d",&daily_perf,&mid_test,&final_exam);
```

3 个格式控制字符串（"%d%d%d"）之间没有添加任何符号，即上述格式输入函数的格式控制字符串部分只包含了格式说明符。这样用户在输入 3 个数据时，可以用空格符、回车符或者制表符间隔。输入第 3 个数据后，需要按 Enter 键。

3 个变量的输入还可以 3 次调用 scanf 函数，分别输入。输入语句如下：

```
scanf("%d ",&daily_perf);
scanf("%d",&mid_test);
scanf("%d",&final_exam);
```

scanf 函数还能获取其他类型的变量，表 2-4 列出了部分 scanf 格式字符说明。其他格式字符的使用将在后续章节介绍。

表 2-4　　部分 scanf 格式字符说明

格　　式	说　　明
d	输入十进制整数
u	输入无符号十进制整数
f	输入实型数据（用小数形式）
c	输入单个字符
s	输入字符串

2. C 语言编程实现

本节程序在 2.1 节源代码上修改完成。提示用户输入数据，可以使用 printf 函数。将定义变量平时成绩（daily_perf）、期中测试成绩（mid_test）以及期末考试成绩（final_exam）时的赋初值去除，添加 scanf 函数语句。代码如下。

```
/*p2_2.c*/
#include<stdio.h> /*预处理命令，表明需要使用 stdio.h 中的库函数*/
```

```
int main()
{
    int  daily_perf, mid_test, final_exam; /*定义整型变量*/
    float  score;     /*定义实型变量*/
    printf("Input daily_perf mid_test final_exam:\n");
         /*提示用户输入信息*/
    scanf("%d%d%d",&daily_perf,&mid_test,&final_exam);
         /*使用格式输入函数，获取变量的值*/
    score= daily_perf*0.3+mid_test*0.1+final_exam*0.6;
         /*给变量赋值为算术表达式的值*/
   printf("The overall score is %f\n",score);  /*输出*/
   return 0;
}
```

此程序中有两条定义变量的语句，不能将 printf 函数语句或者 scanf 函数语句插入在定义实型变量综合成绩（score）语句前。编写 C 程序时，一般需要先定义所有变量，再编写其他语句，否则程序出错。

运行程序后，输入变量平时成绩（daily_perf）、期中测试成绩（mid_test）和期末考试成绩（final_exam）时，这 3 个变量之间可以用两个空格符、制表符或者回车符间隔，第 3 个变量输入结束需按 Enter 键。程序运行结果如图 2-6 所示。

```
Input daily_perf mid_test final_exam:
91      87      90
The overall score is 90.000000
```

图 2-6　求任意学生综合成绩问题的程序运行结果

2.3　判断学生综合成绩是否良好问题求解

2.3.1　问题阐述

2.2 节编写的程序，解决了让用户输入某学生各项成绩，计算机输出此学生综合成绩的问题。若规定学生综合成绩在 80 分和 90 分之间属于良好，90 分及以上属于优秀。输入某学生各项成绩后，如何判断此学生综合成绩（score）是否良好呢?

2.3.2　算法分析

与 2.2 节算法类似，定义变量后，提示用户输入各项成绩数据，计算此学生的综合成绩（score），再根据综合成绩（score）是否大于或等于 80 分、并且小于 90 分，判断此学生成绩是否良好。

2.1、2.2 节的算法都是顺序结构，本节算法包含单分支选择结构。

判断学生综合成绩是否良好问题可分为以下步骤。

① 定义变量。

② 提示用户输入。

③ 用户给变量赋值。

④ 写出求综合成绩的表达式，并赋值给相应变量。

⑤ 判断综合成绩是否良好。若是，则执行步骤⑥；若否，则执行步骤⑦。

⑥ 变量 ch 赋值为 'Y'，执行步骤⑧。

⑦ 变量 ch 赋值为 'N'。

⑧ 输出字符变量“ch”的值。

上述步骤的流程如图 2-7 所示。

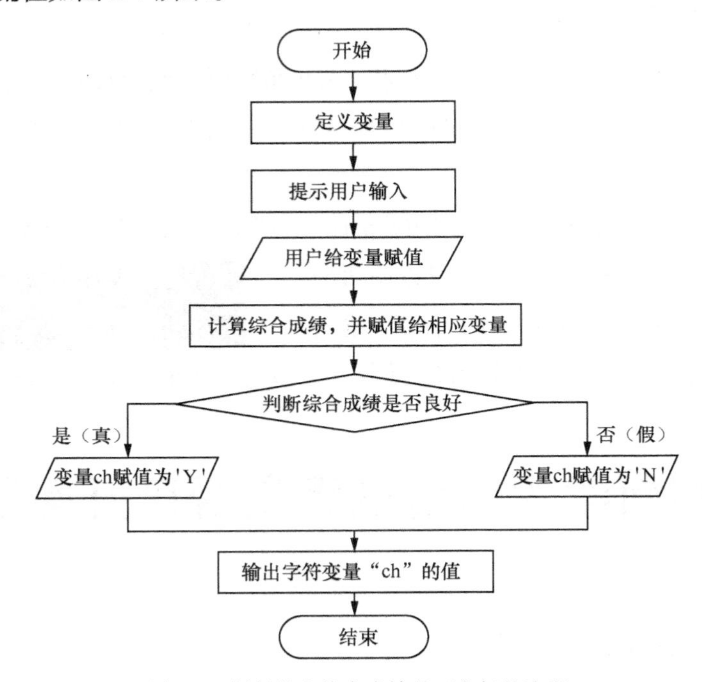

图 2-7　判断学生综合成绩是否良好的流程

2.3.3　算法实现

1. 程序设计相关知识

（1）关系运算符

在 C 语言中，判断综合成绩（score）是否良好需要用关系运算符。关系运算是比较运算。C 语言提供了表 2-5 所示的 6 种关系运算符。

表 2-5　C 语言中的关系运算符

关系运算符	运算符的意义
<	小于
<=	小于或者等于

续表

关系运算符	运算符的意义
>	大于
>=	大于或者等于
==	等于
!=	不等于

关系运算符都是双目运算符。关系运算符的优先级高于赋值运算符，低于算术运算符。关系运算符中“==”和“!=”优先级较低。关系运算符为左结合性（从左到右）。关系运算符“等于”是两个等号“==”，与赋值运算符有所区别。关系运算符的优先级如图 2-8 所示。

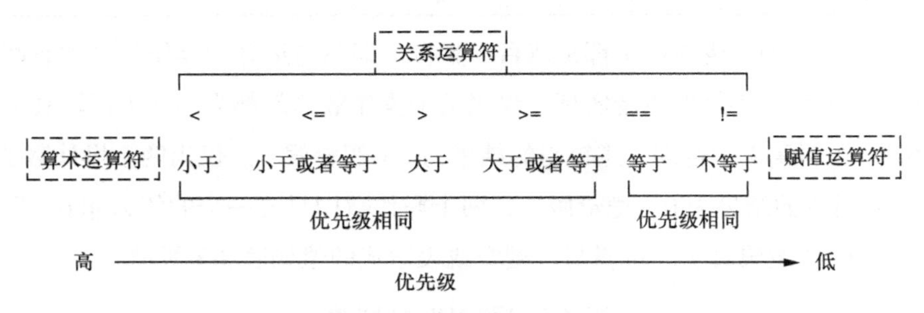

图 2-8　关系运算符的优先级

由关系运算符将表达式连接起来的式子称为关系表达式。被连接的式子可以是算术表达式、关系表达式、逻辑表达式、赋值表达式、字符表达式等。

关系表达式的值只有两种：1 或者 0。若关系表达式的值为真，则关系表达式的值为 1；若关系表达式的值为假，则关系表达式的值为 0。任意表达式若其值为 0，则为假；其值为非 0（例如表达式值为−1），则为真。

在连续使用几个关系运算符时，要注意其与数学关系运算符的区别。

判断综合成绩（score）是否良好，能否写成如下表达式呢?

```
80<= score<90
```

关系运算符小于或者等于“<=”的优先级与关系运算符小于“<”的优先级相同，其为左结合性（从左到右），故先计算表达式 80<=score 的值，此关系表达式的值不是 0（假）就是 1（真）。不论表达式 80<=score 的值是 0 还是 1，都小于 90，因此整个表达式 80<=score<90 的值恒为 1（真）。显然，这不是判断综合成绩（score）是否良好的表达式。

（2）逻辑运算符

判断综合成绩（score）是否良好需要使用逻辑运算符。

逻辑运算符有如表 2-6 所示的 3 类。

逻辑非（！）为单目运算符，即参与运算的操作数只有一个。操作数的类型可以是整型、字符型或者实型。当操作数的值为非 0（逻辑真）时，逻辑非的结果为 0（逻辑假）；当操作数的值为 0（逻辑假）时，逻辑非的结果为 1（逻辑真）。逻辑非表达式的值如表 2-7 所示。

表 2-6　　C 语言中的逻辑运算符

逻辑运算符	运算符的意义
!	逻辑非
&&	逻辑与
||	逻辑或

表 2-7　　逻辑非表达式的值

逻辑非表达式	!逻辑真	!逻辑假
逻辑表达式的值	假	真

逻辑与（&&）和||（逻辑或）都是双目运算符，即参与运算的操作数必须有两个。操作数的类型可以是整型、字符型或者实型。仅当两个操作数的值都为非 0（逻辑真）时，逻辑与的结果为 1（逻辑真）；否则，逻辑与的结果为 0（逻辑假）。仅当两个操作数的值都为 0（逻辑假），逻辑或的结果为 0（逻辑假）；两个操作数中只要一个的值为非 0（逻辑真），逻辑或的结果为 1（逻辑真）。逻辑与、逻辑或表达式的值如表 2-8 所示。

表 2-8　　逻辑与、逻辑或表达式的值

a	b	a&&b	a||b
0	0	0	0
0	1	0	1
1	0	0	1
1	1	1	1

用逻辑运算符将表达式连接起来的式子称为逻辑表达式。在逻辑表达式的求解中，并不是所有的逻辑运算符都被执行，只有在必须执行下一个逻辑运算符才能求出表达式的解时，才执行该逻辑运算符。

对于表达式 a&&b，若求得表达式 a 为逻辑假，则系统不计算表达式 b 的部分。因为逻辑与操作中，只要一个操作数为假，则整个表达式为假。同样对于表达式 a||b，若求得表达式 a 为逻辑真，则系统不计算表达式 b 的部分。因为逻辑或操作中，只要一个操作数为真，则整个表达式为真。

逻辑运算符中，逻辑非的优先级最高，逻辑与次之，逻辑或最低。逻辑非的优先级比算术运算符高，逻辑与和逻辑或的优先级比关系运算符低，比赋值运算符高，如图 2-9 所示。逻辑运算符具有左结合性。

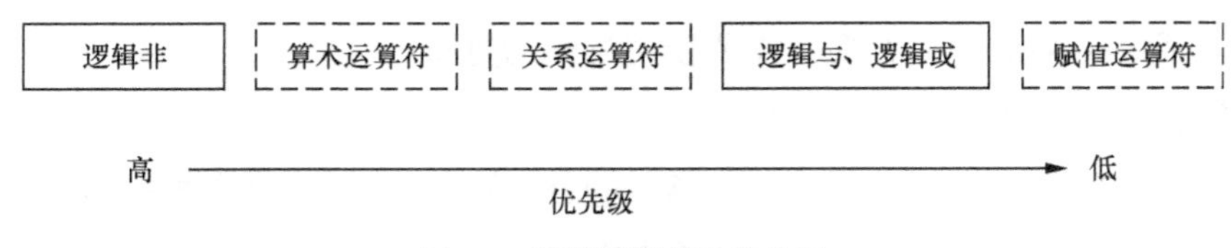

图 2-9　逻辑运算符的优先级

判断综合成绩（score）是否良好可表达如下：

```
80<= score &&score<90
```

（3）字符型变量和字符型常量

根据学生综合成绩是否良好，计算机输出字符 'Y' 或者 'N'。字符可以存储在字符型变量中，再使用格式输出函数（scanf）输出此字符。定义字符型变量 ch，语句如下：

```
char ch;
```

根据判断结果，可以给 ch 赋值为字符 'Y' 或者 'N'。在 C 语言中符号常量通常需标注单引号，赋值语句如下：

```
ch='Y';
```

或者赋值如下：

```
ch='N';
```

（4）if 和 else 语句

不同于前文的算法只包含顺序结构，本节算法包含分支结构。在 C 语言中，分支结构可使用 if 和 else 语句实现，if 和 else 是 C 语言的关键字。判断综合成绩（score）是否良好可用 if 和 else 语句表示如下：

```
if(80<= score &&score<90)
     ch='Y';
else
     ch='N';
```

若 if 后面的圆括号中的值是真，则执行 if 后面的语句；否则执行 else 后面的语句。后文将详细介绍 if 和 else 语句的使用方法。

2. C 语言编程实现

本节程序编写，在 2.2 节源代码上修改完成，代码如下。

```
/*p2_3.c*/
#include<stdio.h> /*预处理命令，表明需要使用 stdio.h 中的库函数*/
int main()
{
     int daily_perf, mid_test, final_exam;  /*定义整型变量*/
     float score;                          /*定义实型变量*/
     char ch;                              /*定义字符型变量*/
     printf("Input daily_perf mid_test final_exam:\n");
            /*提示用户输入信息*/
     scanf("%d%d%d",&daily_perf,&mid_test,&final_exam);
            /*使用格式输入函数，获取变量的值*/
     score=daily_perf*0.3+mid_test*0.1+final_exam*0.6;
            /*给变量赋值为算术表达式的值*/
     if(80<=score &&score<90)   /*判断综合成绩（score）是否良好*/
            ch='Y';             /*给字符型变量赋值为大写字符 Y*/
     else
            ch='N';             /*给字符型变量赋值为大写字符 N*/
     printf("%c\n",ch);         /*格式输出函数输出字符型变量*/
```

```
        return 0;
    }
```

运行上述程序，输入某学生平时成绩（daily_perf）85 分，期中测试成绩（mid_test）80 分，期末考试成绩（final_exam）87 分，则运行结果如图 2-10 所示。

再次运行上述程序，输入某学生平时成绩（daily_perf）91 分，期中测试成绩（mid_test）87 分，期末考试成绩（final_exam）90 分，则运行结果如图 2-11 所示。

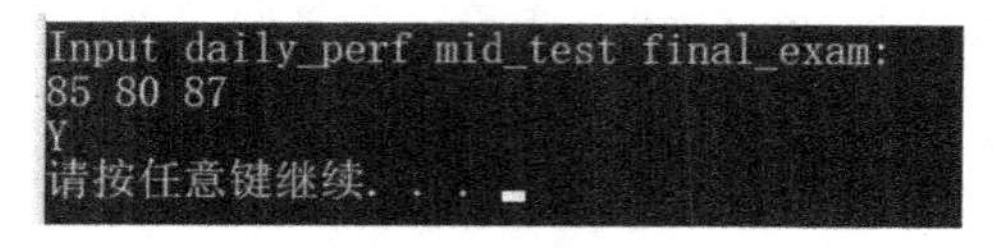

图 2-10　判断学生综合成绩是否良好的程序运行结果一

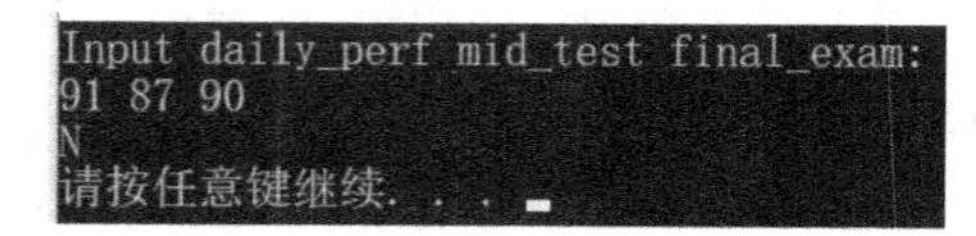

图 2-11　判断学生综合成绩是否良好的程序运行结果二

2.4　太阳质量问题求解

2.4.1　问题阐述

小明是天文爱好者，他有一本介绍太阳系的书籍，由于经常翻阅，在记录太阳质量的位置沾了污渍，看不清楚太阳的质量是几乘以 10^{30}kg。这本书记录了地球半径大约是 6.4×10^{6}m，地球质量约为 6.0×10^{24} kg，地球表面处的重力加速度约为 10m/s^{2}，日地中心的距离约为 1.5×10^{11}m，地球公转一周为 3.2×10^{7}s。如何利用计算机，根据万有引力定律和牛顿运动定律，计算太阳的质量呢?

为了方便计算，给变量命名如下：太阳的质量 sun_m；地球半径 earth_r；地球质量 earth_m；地球表面处的重力加速度 earth_g；日地中心的距离 dis；地球公转周期 t。

圆周率和万有引力常量是常数。通常圆周率用 π 表示，此处写为 PAI，万有引力常量用 G（其值为 6.67×10^{-11} N · m^{2}/kg^{2}）表示。万有引力等于离心力，列出其表达式如下。

万有引力：G*sun_m*earth_m/(dis*dis)。

离心力：earth_m*(2*PAI/t)*(2*PAI/t)* dis。

根据上述两个公式可求出如下的太阳质量表达式。

sun_m=(2*PAI/t)*(2*PAI/t)* dis* dis * dis /G。

2.4.2　算法分析

太阳质量问题求解采用顺序结构，其算法描述如下。

① 定义变量。

② 给变量赋值。

③ 写出求太阳质量的表达式，并赋值给相应变量。

④ 输出太阳质量。

上述步骤的流程如图 2-12 所示。

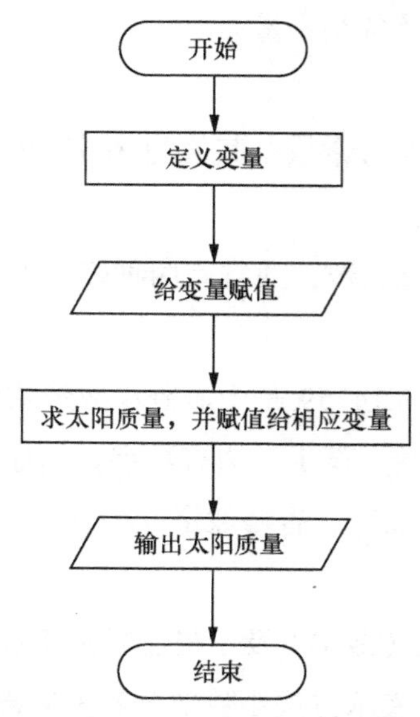

图 2-12　求太阳质量问题的流程

2.4.3　算法实现

1. 程序设计相关知识

（1）符号常量

圆周率和万有引力常量是常数，其数值固定，输入时容易出错。在 C 语言中，可以用一个标识符代表一个常量，这种常量叫作符号常量。符号常量的值是固定不变的，在程序中不能被重新赋值。例如，表达如下：

```
#define PAI 3.14159
```

用#define 命令定义 PAI 代表圆周率的近似值 3.14159。此处不能使用符号 π，这不符合 C 语言标识符的命名规则。符号常量一般采用大写字母，变量的命名一般用全小写字母，以便于区分。

C 语言程序在运行前要先编译，而编译预处理器先对 PAI 进行处理，将程序中所有 PAI 置换成 3.14159。因此，在程序运行过程中，符号常量 PAI 是 3.14159，其值不能改变。

在程序中使用符号常量对于有些数据是有好处的。上例中，从 PAI 就知道它代表圆周率，使用圆周率时不用每次都输入其数值，可避免输入出错。

不是只有恒定不变的数值才能用符号常量表示，有些相对不容易变化的数值也能使用符号常量，例如班级人数：

```
#define STU_COUNT 30
```

若班级人数有变动，可在定义符号常量的预处理命令中做修改，不用在程序中查找所有出现了班级人数的地方进行修改。

（2）实型常量、整型常量以及各类变量

① 实型常量

万有引力常量也可以定义成符号常量，其值为 6.67×10^{-11}，这个数值表示法是科学记数法，C 语言中也有类似的表示方法。

C 语言中，实型数据又称为浮点数，通常有两种表示方式。

a. 十进制小数形式

由数字和小数点组成。例如 3.14159 是十进制小数形式的实型常量。需要注意的是，这种表示方法必须带有小数点且小数点至少一边有数字。例如，数值 0.34 可写成“.34”，省略数字 0；数值 5.0 也可以写成“5.”，省略数字 0。

b. 指数形式

由十进制小数（或整数）、e（或 E）及十进制整数组成。例如，数值 6.67×10^{-11} 可表示为 6.67e-11。需要注意的是，这种表示方法小数部分和整数部分都不能省略，即字母 e（或 E）两边必须有数值。例如 3.14159 也可以表示为 3.14159E0，表示 3.14159×10^{0}。

万有引力常量是实型常量，可以用符号常量定义如下：

```
#define G 6.67e-11
```

② 整型常量

C 语言中既有实型常量和实型变量，也有整型常量和整型变量，整型常量通常有 3 种表示方法。

a. 十进制形式整型常量

这种整型常量就是数学上的十进制数。例如数值 92、数值 1。

b. 八进制形式整型常量

八进制数必须以 0（数字零）开头，即以 0 作为八进制数的前缀，数码取值为 0～7。八进制数通常是无符号数。例如，十进制数值 92，相当于八进制数 0134。赋值语句“daily_perf=92；”与赋值语句“daily_perf=0134；”等价。

c. 十六进制形式整型常量

十六进制数的前缀为 0X 或 0x，其数码取值为 0～9、A～F 或 a～f。十六进制数通常是无符号数。例如，十进制数 92，相当于十六进制数 0X5C。同样，赋值语句“daily_perf=92；”

与赋值语句“daily_perf=0X5C；”等价。需要注意的是 x 前面的是零，不是字母“o”。

③ 各类变量

整型、实型都是指数据类型，数据类型用来定义数据的逻辑结构（逻辑结构是指数据中各元素之间的逻辑结构关系）和物理结构（物理结构即存储结构）。

在 C 语言中，数据类型可分为：基本数据类型、构造数据类型、指针类型、枚举类型和空类型五大类。C 语言数据类型如图 2-13 所示。

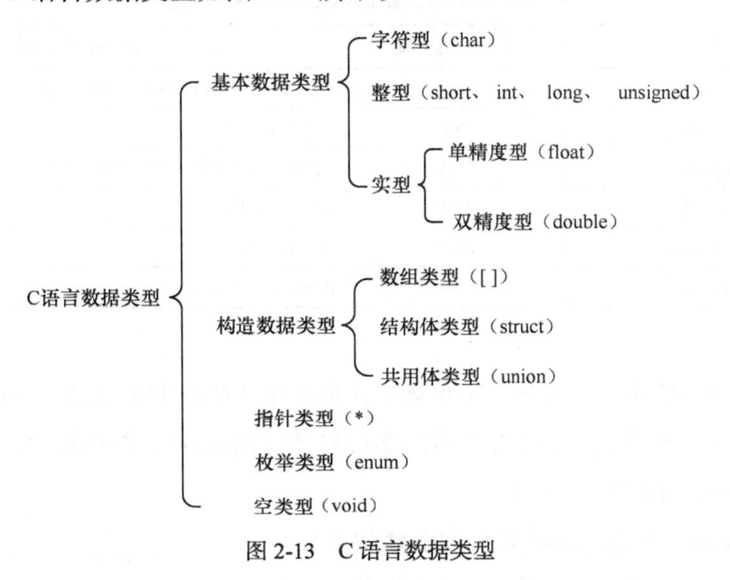

图 2-13　C 语言数据类型

其中，基本数据类型可分为字符型、整型、实型；按照其取值是否可以改变，基本数据类型又可分为常量和变量。例如，整型常量、整型变量、字符型变量等。

a. 整型变量

根据整型变量在内存中所占存储空间的大小，可将整型变量定义为基本整型（int）、短整型（short int）、长整型（long int）。

整型变量在内存中表示时，最高位为符号位。而在实际中某些数据的值常常是正的（如学号、年龄等），为了充分利用内存中的存储空间，此时可将变量定义为无符号型数据（unsigned）。若加上说明符 signed，则指定是有符号数，说明符 signed 可省略。

根据以上的分类，可组合出如下 6 种整型变量。

- 无符号基本型：类型说明符为 unsigned [int]。
- 无符号短整型：类型说明符为 unsigned short [int]。
- 无符号长整型：类型说明符为 unsigned long [int]。
- 有符号基本型：类型说明符为[signed] int。
- 有符号短整型：类型说明符为[signed] short [int]。
- 有符号长整型：类型说明符为[signed] long [int]。

方括号内的说明符可省略。

在不同的计算机、不同的编译环境下，整型变量占用的位数不同，其数值范围也有所不同。在实际使用时，要注意不同类型整型变量的数值范围，防止溢出。

表 2-9 说明了 64 位 Windows 10 操作系统下，VS2010 编译环境中整型变量的所占位数和数值范围。

表 2-9　VS2010 中整型变量的所占位数和数值范围

类型说明符	所占位数	数值范围
[signed] int	8×4	−2 147 483 648～2 147 483 647
[signed] short [int]	8×2	−32 768～32 767
[signed] long [int]	8×4	−2 147 483 648～2 147 483 647
unsigned [int]	8×4	0～4 294 967 295
unsigned short [int]	8×2	0～65 535
unsigned long [int]	8×4	0～4 294 967 295

b. 实型变量

在计算机操作系统中，一般为一个单精度实型变量（简称实型变量）分配 4 个字节的存储空间，即 32 位。实型变量在内存中按照类似科学计数法的形式存放，即分成小数部分和整数部分分别存放，如图 2-14 所示。

图 2-14 所示为以十进制数示意实型变量的存放。实际上在内存中存放的是二进制数据，并且指数部分是以 2 为底的幂来表示的，指数部分一般采用移码。如果想深入了解这部分知识，可参阅其他计算机书籍。

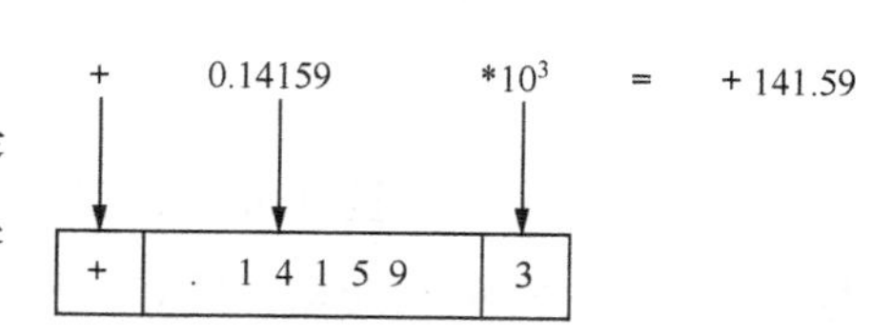

图 2-14　实型变量在内存中的存放示意图

标准 C 语言中，对于实型变量指数部分和小数部分存储空间并无具体规定，由编译系统自定。在 VS2010 中，单精度实型变量的数值范围在 10^{-38}～10^{38} 之间，并提供 7 位左右有效数字位。对于绝对值小于 10^{-38} 的数值，计算机系统将其处理为零值。数据在内存中以二进制形式存放，故用十进制表示的精度和数值范围只是大概值。

实型变量可分为 3 种类型：单精度（float）、双精度（double）和长双精度（long double）。各类实型变量在 64 位 Windows 10 操作系统的 VS2010 中的精度和数值范围如表 2-10 所示。

表 2-10　VS2010 中实型变量的精度和数值范围

类型名称	所占位数	精度（位）	数值范围（绝对值）
单精度（float）	8×4	约 7	0 和 10^{-38}～10^{38}
双精度（double）	8×8	约 17	0 和 10^{-308}～10^{308}
长双精度（long double）	8×8	约 17	0 和 10^{-308}～10^{308}

根据变量的数值范围，可将本节中的各类变量定义成单精度实型变量。定义和初始化如下：

```
float sun_m,earth_r=6.4e6,earth_m=6.0e24,earth_g,dis=1.5e11,t=3.2e7;
```

（3）格式输出函数

利用格式输出函数输出太阳的质量，最好也用指数形式表示，这样看起来更直观。格式输出函数调用的一般形式如下：

```
printf("格式控制字符串",输出项表);
```

其中，格式控制字符串可由格式字符串和非格式字符串组成。格式控制字符串以“%”开头，以格式字符结束，中间可插入相应的长度说明、宽度说明、左对齐符号等。格式控制字符串的格式说明必须和输出项按顺序对应，一般要求输出项的数据类型与格式说明相符。

下面介绍几种常用的格式字符。

① d 格式字符

输出十进制整数。有以下几种用法。

a. %d

按照整型数据的实际长度输出。

b. %md(%-md)

按照指定宽度 m 输出整数。如果整数位数小于 m，则在其左（右）边补空格；否则按照数据实际长度输出。

② o 格式字符

输出八进制整数，将二进制数值（包括符号位）转换成无符号的八进制数形式输出。

③ x（X）格式字符

输出十六进制整数，将二进制数值（包括符号位）转换成无符号的十六进制数形式输出。大写 X 表示输出数据中的 a、b、c、d、e、f 用大写形式。

④ u 格式字符

输出十进制无符号整数，将二进制数值（包括符号位）转换成无符号的十进制数形式输出。

⑤ c 格式字符

输出单个字符。也有%mc 和%-mc 的形式，其含义与%md 和%-md 相同。

⑥ s 格式字符

输出字符串。有以下几种用法。

a. %s

按照字符串的实际长度输出。

b. %ms(%-ms)

按照指定宽度 m 输出字符串数据。如果字符串位数小于 m，则在数据左（右）边补空格；否则按照字符串实际长度输出。

c. %m.ns(%-m.ns)

截取字符串左端 n 个字符按照指定宽度 m 输出。如果 n>m，则直接输出截取的 n 个字符；

如果 n<m，则输出截取的 n 个字符，且在字符左（右）边补空格，使得输出的字符串宽度为 m。若省略 m，变成%.ns 的形式，则直接输出字符串左端 n 个字符。

⑦ f 格式字符

以小数形式输出实数。有以下几种用法。

a. %f

整数部分全部输出，小数部分输出 6 位。

b. %m.nf(%-m.nf)

按照指定宽度 m（包括整数部分、小数点和小数部分）输出数据，小数部分为 n 位。如果数值宽度小于 m，则在左（右）边补空格；否则，整数部分全部输出，小数部分输出 n 位。如果省略 m，则整数部分全部输出，小数部分输出 n 位。

⑧ e（E）格式字符

以指数形式输出实数。有以下几种用法。

a. %e

输出数据宽度共占 13 位（在 VS2010 中），其中整数部分非零数字占 1 位，小数点占 1 位，小数部分占 6 位，e 占 1 位，指数符号占 1 位，指数占 3 位。

b. %m.ne(%-m.ne)

m、n 和-的含义与 f 格式字符中介绍的相同，只是这里的 n 是指输出数据尾数的小数部分位数（在 VS2010 中）。

⑨ g（G）格式字符

根据数值的大小，自动选取 f 格式或者 e 格式中所占宽度较小的格式输出实数，且不输出无意义的 0。

上面介绍的几种格式字符说明如表 2-11 所示。

表 2-11　printf 格式字符说明

格式字符	说明
d	以十进制数形式输出带符号整数（正数不输出符号）
o	以八进制数形式输出无符号整数（不输出前缀 0）
x(X)	以十六进制数形式输出无符号整数（不输出前缀 0x）
u	以十进制数形式输出无符号整数
f	以小数形式输出单、双精度实数
e(E)	以指数形式输出单、双精度实数
g(G)	以%f 或%e 中较短的输出宽度输出单、双精度实数
c	输出单个字符
s	输出字符串

本节中太阳的质量（sun_m）以指数形式表示，且没有小数部分，故输出此实型数据用 e

格式，且在 e 前面添加“.0”表示小数部分输出 0 位。输出语句如下：

```
printf("sun_m=%.0e\n",sun_m);
```

（4）格式输入函数

与格式输出函数类似，格式输入函数也能支持各种不同的变量类型输入。

scanf 函数的用法在 2.2.3 小节中已经简单介绍过，这里再介绍几种格式字符和注意事项。

格式输入函数的函数原型为：

```
int scanf (char*format [,argument,…])
```

scanf 函数是一个标准库函数，它的函数原型在头文件“stdio.h”中。

格式控制字符串中的普通字符和转义字符是在程序执行过程中需要用键盘输入的内容，不建议使用。

格式控制字符串中的格式说明是以%开头，以格式字符结束的，中间可以插入长度说明、宽度说明等。格式字符表示输入的数据转换后的数据类型。格式字符说明如表 2-12 所示。

表 2-12　　scanf 格式字符说明

格　式	说　明
d	输入十进制整数
o	输入八进制整数
x	输入十六进制整数
u	输入无符号十进制整数
f 或 e	输入实数（用小数形式或指数形式）
c	输入单个字符
s	输入字符串

格式输入函数注意事项如下。

① 格式控制字符串中的字符不是用来输出的，是用来说明输入变量的数据类型的。例如，语句 scanf("a=%d,f=%f",&a,&f);编译时不会出错，在执行时，变量可能不会被正确赋值。若整型变量 a 和实型变量 f 要被正确赋值为 1 和 2.3，必须在输入 a 和 f 的数值时用 a=1、f=2.3 的形式。

② 地址列表中的项只能是地址，不能是变量或者表达式。例如，语句 scanf("%d%f", a,f1);在编译时会出现警告提示，在执行时，程序会出错而停止执行。

③ 格式说明与地址列表中的变量的数据类型要一一对应。例如，若 a 为整型变量，f1 为实型变量，语句 scanf("%f%d",&a, &f1); 在编译时不会出错，在执行时，整型变量 a 和实型变量 f 不会被正确赋值。

④ 输入数值型数据时，两个数据之间可以通过以下几个键隔开：Space 键、Tab 键、Enter 键。输入字符型数据时，不需要使用分隔符，否则分隔符也将作为字符型数据被赋值给相应变量。

⑤ 格式控制字符串中格式说明与输入项的个数应对应。如果格式说明个数少于输入项个数，则多余的输入项得不到正确数据；如果格式说明个数多余输入项个数，则对于多余的格式输入数据不使用。

⑥ 不允许对输入的实型数据规定精度。

⑦ 若指定了输入数据所占宽度，则系统将自动截取所需数据。例如语句 scanf("%2d%3d%4d",&a,&b,&c);在输入数据时，自动截取 2 位数值赋值给变量 a，截取 3 位数值赋值给变量 b，截取 4 位数值赋值给变量 c。如果输入的数值是“123456789”，则变量 a 的值是 12，变量 b 的值是 345，变量 c 的值是 6789。

⑧ 如果在指定宽度时加入“*”，则该部分输入数据将被忽略。例如语句 scanf("%2d%*3d%4d%5d",&b,&c,&d);在输入数据时，自动截取 2 位数值赋值给变量 a，接下来的 3 位数值被忽略，再截取 4 位数值赋值给变量 b，截取 5 位数值赋值给变量 c。如果输入的数值是“12345678912345”，则变量 a 的值是 12，变量 b 的值是 6789，变量 c 的值是 12345。

2. C 语言编程实现

综上分析，可编写程序如下。

```
/*p2_4.c*/
#include<stdio.h>
#define G 6.67e-11            /*符号常量*/
#define PAI 3.14              /*符号常量*/
int main()
{
     float sun_m,earth_r=6.4e6,earth_m=6.0e24,earth_g,dis=1.5e11,t=3.2e7;
     sun_m=(2*PAI/t)*( 2*PAI/t)* dis* dis* dis/G;
     printf("sun_m=%.0e\n",sun_m); /*输出 e 格式的实数*/
     return 0;
}
```

运行程序，结果如图 2-15 所示。

从运行结果看，小明这本书记录的太阳质量应该是 2×10^{30}kg。

图 2-15　求太阳质量问题的程序运行结果

2.5　谁去参加拔河比赛问题求解

2.5.1　问题阐述

某班需选出一名学生参加学院拔河队，代表学院参加学校拔河比赛，有 3 名力气非常大的学生都想参加。这 3 名学生商量决定，由体重最重的学生参加比赛。他们找来了体重秤，请编写程序，找出谁去参加拔河比赛。

2.5.2　算法分析

谁去参加拔河比赛问题求解采用顺序结构，其算法描述如下。

① 定义变量。

② 给变量赋值。

③ 写出求 3 个数中最大值的表达式，并赋值给相应变量。

④ 输出最大值。

上述步骤的流程如图 2-16 所示。

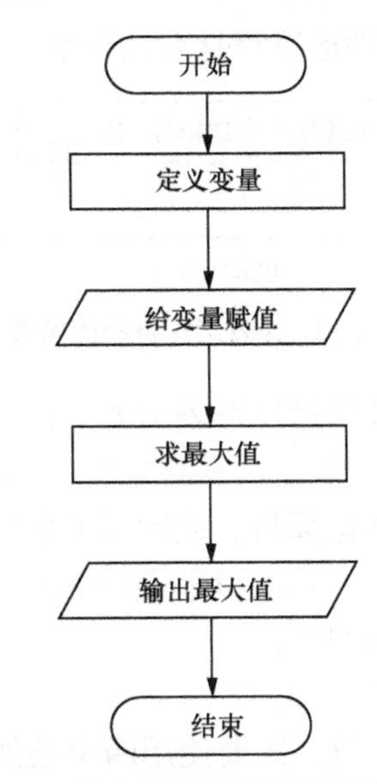

图 2-16　谁去参加拔河比赛问题的流程

2.5.3　算法实现

1. 程序设计相关知识——条件运算符

体重可以用实型变量存储，单位是千克；体重也可以用整型变量存储，单位是克。如果需要非常精确，可以使用整型变量，本节中的问题不需要那么精确，可以使用实型变量存储数值。变量的输入可以使用格式输入函数实现。

求 3 个数中的最大值，可以用后文介绍的 if 语句实现，也可以使用条件运算符。

条件运算符是 C 语言中唯一的一个三目运算符，它要求有 3 个运算对象，每个运算对象的类型可以是任意类型的表达式。由条件运算符连接它的 3 个运算对象构成的表达式称为条件表达式。条件表达式的一般形式如下：

```
表达式 1  ?  表达式 2  :  表达式 3
```

条件表达式的计算过程是：计算表达式1的值，如果为非0（逻辑真），则计算表达式2的值，并将表达式2的值作为整个条件表达式的结果值；如果表达式1的值为0（逻辑假），则计算表达式3的值，并将表达式3的值作为整个条件表达式的结果值。根据条件真或者假，只能选择一个表达式的值作为整个表达式的结果。条件表达式的取值如图2-17所示。

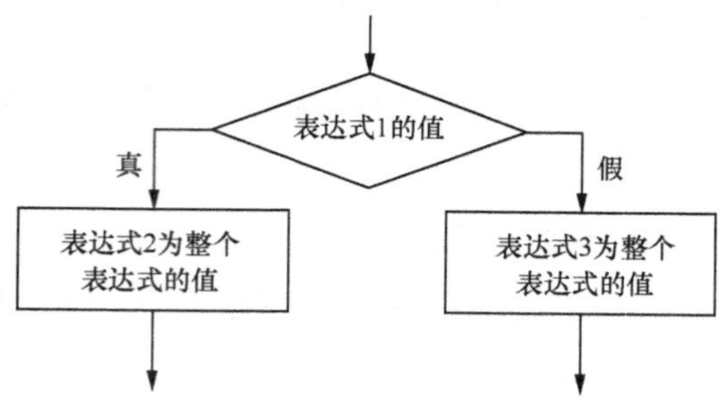

图2-17　条件表达式的取值

条件运算符的优先级高于赋值运算符，低于逻辑运算符，如图2-18所示。条件运算符是右结合性。

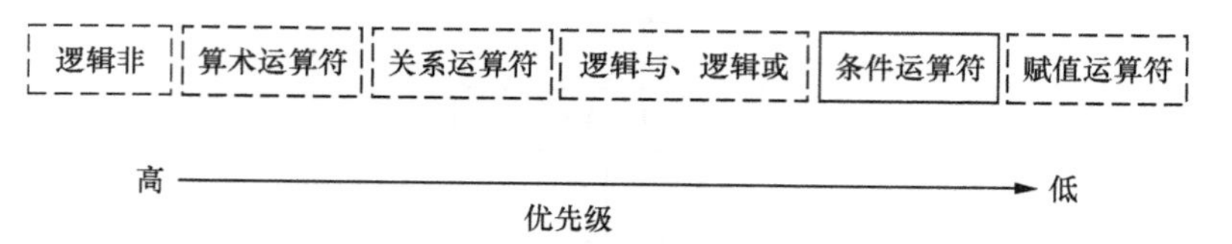

图2-18　条件运算符的优先级

例如求a和b中的较大值可用条件运算符表示如下：

```
(a>b)?a:b
```

由于关系运算符优先级高于条件运算符，故圆括号可以去掉。表示如下：

```
a>b?a:b
```

求a和b中的较大值也可以表示如下：

```
a<b?b:a
```

若要求a、b、c 3个数中的较大值，需要使用两个条件运算符。首先求a和b中的较大值，再将a和b中的较大值与c比较，求最大值。可用伪代码表示如下：

a和b中的较大值>c? a和b中的较大值:c

将上式中“a和b中的较大值”用“a>b?a:b”替代，得到3个数中最大值表达式如下：

```
(a>b?a:b) >c? (a>b?a:b):c
```

2. C语言编程实现

综上分析，可编写程序如下。

```
/*p2_5.c*/
#include<stdio.h>
int main()
{
    float a,b,c,max;
    printf("Input:\n");             /*输入提示*/
    scanf("%f%f%f",&a,&b,&c);       /*获取用户输入的数据*/
    max=(a>b?a:b)>c?(a>b?a:b):c;    /*求3个数中的最大值*/
    printf("max=%.1f\n",max);       /*输出最大值*/
    return 0;
}
```

运行程序，输入 3 名学生的体重，结果如图 2-19 所示。

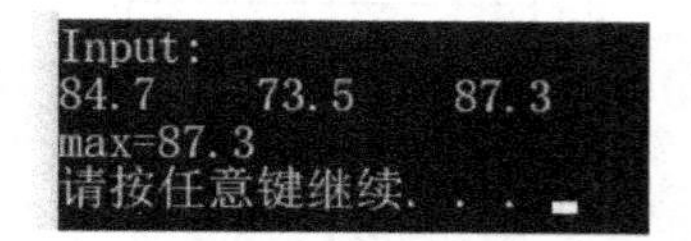

图 2-19　谁去参加拔河比赛问题运行结果

2.6　根据身高求标准体重范围问题求解

2.6.1　问题阐述

标准体重是反映和衡量一个人健康状况的重要标志之一，过胖和过瘦都不利于健康。世界卫生组织对于成年人的标准体重计算方法如下。

男性：(身高−80) × 70%=标准体重。

女性：(身高−70) × 60%=标准体重。

其中身高的单位是 cm，体重的单位是 kg。标准体重的 ± 10%为标准体重范围。

某学生想了解自己的标准体重范围。

2.6.2　算法分析

世界卫生组织规定的根据身高求取标准体重的方法要区分男女，故解决此问题需要用分支结构，其算法描述如下。

① 定义变量。

② 提示用户输入性别。

③ 用户输入性别。

④ 提示用户输入身高。

⑤ 用户输入身高

⑥ 若性别是'f'，则使用公式(身高−70) × 60%求标准体重；若性别是'm'，则使用公式(身高−80) × 70%求标准体重。

⑦ 输出标准体重范围。

上述步骤的流程如图 2-20 所示。

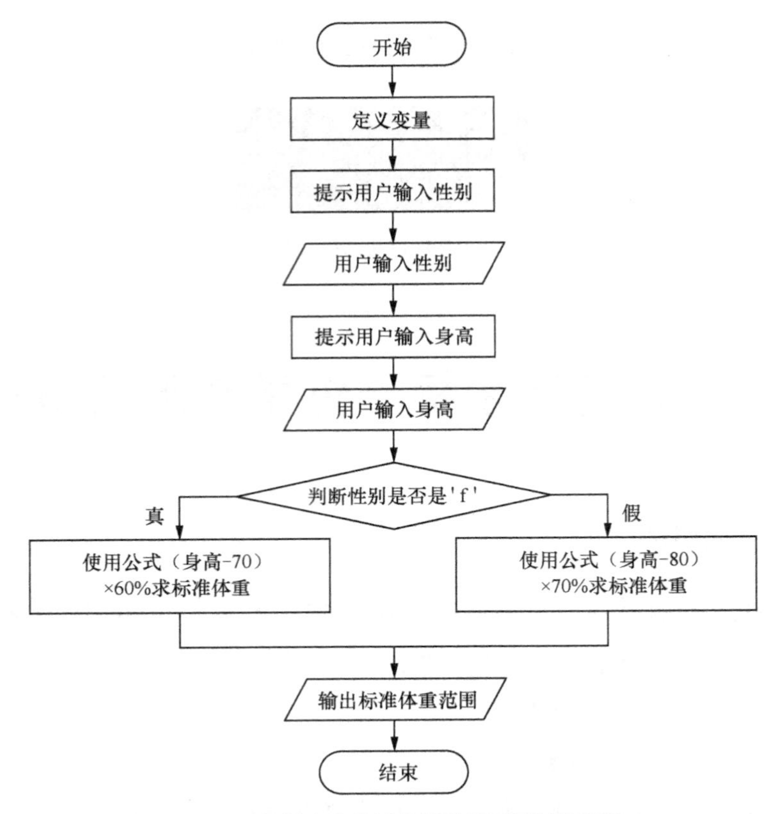

图 2-20　根据身高求标准体重范围问题的流程

2.6.3　算法实现

1．程序设计相关知识

性别可以用单个字符表示：f 表示女性，m 表示男性。字符型变量可存储单个字符，此问题中性别定义为字符型变量，命名为 sex。身高单位是 cm，一般精确到小数点后面一位，可定义为实型变量，命名为 h。体重单位是 kg，可定义为实型变量，命名为 w。

标准体重范围可表示为 w*(1−0.1)～w*(1+0.1)。体重 w 的求取根据性别不同而不同，可以使用条件运算符判断。条件运算符的优先级低于关系运算符。表达式如下：

```
sex=='f' ? (h-70)*0.6 : (h-80)*0.7
```

上述表达式的值赋给变量 w，赋值运算符的优先级低于条件运算符。表达式如下：

```
w = sex=='f' ? (h-70)*0.6 : (h-80)*0.7
```

（1）字符型常量

C 语言中字符型常量都带有单引号，例如，字符型常量'a'。

C 语言字符型数据包括了 ASCII 中所有字符，如表 2-13 所示。并不是所有日常用到的字符都包含其中，例如 2.4 节中的圆周率 π。

字符型常量一般分为两种：用单引号标注的一个字符和转义字符。字符型常量在内存中存放的是其对应的 ASCII，占用一个字节。

① 用单引号标注的一个字符。

例如'a'、'b'、'c'、'$'、'>'等都是字符型常量。在 C 语言中，字母是区分大小写的，'a'和'A'是两个不同的字符型常量。

② 用单引号标注的转义字符。

用单引号标注的反斜线号引导的转义字符也属于字符型常量。2.1 节中已经介绍了部分转义字符。例如，'\n'表示回车字符常量。

表 2-13　　ASCII 字符

高 低	000	001	010	011	100	101	110	111
0000	NUL	DLE	SP	0	@	P	`	p
0001	SOH	DC1	!	1	A	Q	a	q
0010	STX	DC2	"	2	B	R	b	r
0011	EXT	DC3	#	3	C	S	c	s
0100	EOT	DC4	$	4	D	T	d	t
0101	ENQ	NAE	%	5	E	U	e	u
0110	ACK	SYN	&	6	F	V	f	v
0111	BEL	ETB	'	7	G	W	g	w
1000	BS	CAN	(	8	H	X	h	x
1001	HT	EM	)	9	I	Y	i	y
1010	LF	SUB	*	:	J	Z	j	z
1011	VT	ESC	+	;	K	[	k	{
1100	PP	FS	,	<	L	\	l	|
1101	CR	GS	−	=	M	]	m	}
1110	SO	RS	.	>	N	^	n	~
1111	SI	US	/	?	O	_	o	DEL

转义字符一般是反斜线号加字母或者符号,还可以是反斜线号加字符对应的 ASCII 形式。例如字符 a 的 ASCII 为 61（十六进制）=141（八进制），'\x61'和'\141'都表示字符型常量'a'。其中，反斜线号后面的 x 表示字符的 ASCII 用十六进制表示。关于转义字符的说明如表 2-14 所示。

表 2-14　　转义字符说明

转义字符	说　明
\n	回车换行符，将当前位置移到下一行开头
\t	制表符，横向跳到下一制表位置
\b	退格符，将当前位置移到前一列
\r	回车符，将当前位置移到下一行开头
\f	走纸换页符

续表

转义字符	说明
\\	反斜线符
\'	单引号符
\"	双引号符
\v	竖向跳格符
\ddd	1～3 位八进制数表示的 ASCII 对应的字符
\xhh	1～2 位十六进制数表示的 ASCII 对应的字符

（2）字符串常量

字符串常量是一对双引号标注的字符序列。例如"CHINA"、"How are you?"、"$12.3"、"a"、"A"都是字符串常量。C 语言中，单个字符用双引号标注是字符串，单个字符用单引号标注是字符，字符串用单引号标注就出现语法错误。

字符串中的每个字符均以其 ASCII 存放。在字符串最后通常加上一个空字符（ASCII 为 0，记为'\0'或者 NULL），作为字符串结束标志。故字符串常量在内存中占用的字节数为该字符串中字符个数加 1。

（3）字符型变量

字符型变量用来存放一个字符，在内存中占用一个字节。字符型变量定义的关键字是 char。例如本节问题中的性别 sex 定义如下：

```
char sex;
```

字符型变量不能用来存放字符串。在 C 语言中，没有字符串变量，如果要存储字符串，只能用字符型数组或其类型为字符型的指针，这将在后文介绍。

当一个字符型变量被赋值某个字符时，字符型变量存放的是该字符的 ASCII。所以字符型变量可以作为整型变量来处理，并且能参与整型变量能参与的运算。

（4）字符型变量的输入/输出

字符型变量的输入/输出可使用格式输入函数 scanf 和格式输出函数 printf，格式说明符是“%c”。例如，本节中性别输入如下：

```
scanf("%c",&sex);
```

字符型变量的输入/输出还可以使用字符输入/输出函数。

getchar 函数是字符输入函数，其功能是从输入设备（一般指键盘）输入一个字符到计算机，并返回该字符的 ASCII 值。字符输入函数的一般形式如下：

```
getchar();
```

字符输入函数的函数原型为：

```
int getchar(void)
```

通常把输入的字符赋值给一个字符型变量，也可以赋值给一个整型变量。此时需要用到函数的返回值。

getchar 函数是一个标准库函数，它的函数原型在头文件“stdio.h”中。

本节中性别的输入可使用字符输入函数 getchar，与格式输入函数 scanf 不同，此处需要将字符输入函数 getchar 的返回值赋值给变量。其语句如下：

```
sex=getchar();
```

putchar 函数是字符输出函数，其功能是向标准输出设备（一般指显示器）输出单个字符，并返回该字符的 ASCII 值。此函数的返回值很少使用，初学者此时不用深究其含义，在后文会详细介绍。字符输出函数一般形式如下：

```
putchar(字符型变量或者字符型常量);
```

字符输出函数的函数原型为：

```
int putchar(int)
```

putchar 函数是一个标准库函数，它的函数原型在头文件“stdio.h”中。

字符输出函数圆括号标注的参数只能是单个字符型变量、单个字符型常量或者字符的 ASCII 值。若输出控制字符则执行控制功能，不在屏幕上显示。

例如本节中使用的字符型变量 sex 可用字符输出函数 putchar 输出如下：

```
putchar(sex);
```

字符输出函数 putchar 输出字符型常量的方法如下：

```
putchar('f');      /*输出字符 f*/
putchar('\n');     /*输出回车符*/
putchar('\141');   /*输出八进制数表达的转义字符 a*/
putchar('\x61');   /*输出十六进制数表达的转义字符 a*/
```

2. C 语言编程实现

本节问题需用户两次输入数据，第一次是输入性别，第二次是输入身高。程序运行中需要给用户提示，避免出错。

```
/*p2_6.c*/
#include<stdio.h>
int main()
{
    char sex;
    float h,w;
    printf("Female or male(f/m)\n");   /*性别输入提示*/
    sex=getchar();   /*字符输入函数获取用户输入的字符*/
    printf("Enter your height:\n");    /*身高输入提示*/
    scanf("%f",&h);  /*格式输入函数获取用户输入的身高数据*/
    w = sex=='f' ? (h-70)*0.6 : (h-80)*0.7;     /*根据性别不同，求取其标准体重*/
    printf("Your standard weight range is %.1f - %.1f \n",w*(1-0.1),w*(1+0.1));
        /*格式输出函数直接输出表达式的值*/
    return 0;
}
```

运行程序，输入性别和身高，结果如图 2-21 所示。

```
Female or male(f/m)
f
Enter your height:
165
Your standard weight range is 51.3 - 62.7
请按任意键继续. . .
```

图 2-21　根据身高求标准体重范围问题的程序运行结果

2.7　大小写字母转换问题求解

2.7.1　问题阐述

编写程序将用户用键盘输入的一个字母转换成小写字母。这样的问题如何解决呢？首先需要了解字符在计算机中的存储。

在 2.6 节中介绍了字符在计算机中是以其 ASCII 存储的。查看表 2-13 可知，大写字母和其对应的小写字母 ASCII 值相差 32，即小写字母的 ASCII 值减去 32 就是其大写字母的 ASCII 值。例如小写字母 a 的 ASCII 值是 97，大写字母的 ASCII 值是 65。表 2-15 列出了几个字母的 ASCII（二进制）。

表 2-15　　大小写字母 ASCII 对比

字　母	ASCII（二进制）	字　母	ASCII（二进制）
a	01100001	b	01100010
A	01000001	B	01000010
y	01111001	z	01111010
Y	01011001	Z	01011010

是否直接将用户输入的字母减去 32，就能转换成对应的大写字母呢？显然不是，如果用户输入的是大写字母，则这种处理方式会产生错误的结果。

观察其编码可知，同一个字母的 ASCII 二进制形式，只有第 5 位不同：小写字母的第 5 位是 1；大写字母的第 5 位是 0。二进制第 5 位的权值是 $2^5=32$，也就是大小写字母的 ASCII 值相差 32。

不论输入的是大写字母还是小写字母，只要将其二进制形式的第 5 位置 1，即可变为小写字母；将其二进制形式的第 5 位置 0，即可变为大写字母。

2.7.2　算法分析

字母大小写转换问题求解采用顺序结构，其算法描述如下。

① 定义变量。

② 用户输入一个字母。

③ 将用户输入的字母 ASCII 的二进制形式的第 5 位置 1，并赋值给相应变量。

④ 输出转换后的字母。

上述步骤的流程如图 2-22 所示。

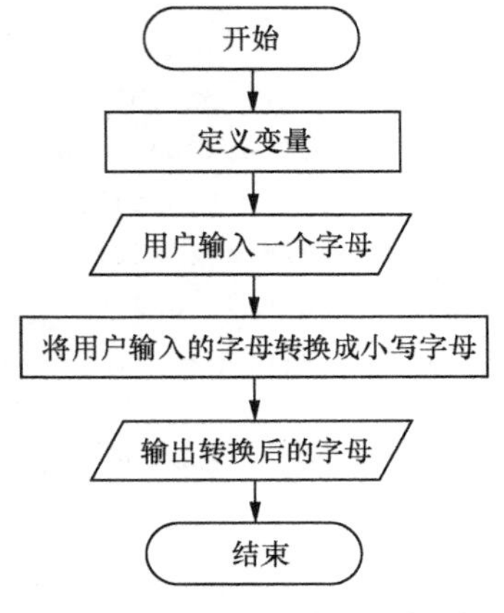

图 2-22 大小写字母转换问题的流程

2.7.3 算法实现

1. 程序设计相关知识——位运算

本节问题可定义两个字符型变量：ch1 用于存储用户输入的字母；ch2 用于存储转换后的字母。将数值的二进制形式的第 5 位置 1 或者置 0，在 C 语言中可用位运算实现。

C 语言中有与、或、非、异或这 4 类逻辑位运算符以及左移、右移移位运算符。位运算符的操作数只能是整数，字符的 ASCII 也是整数。其说明如表 2-16 所示。

表 2-16 位运算符说明

位运算符	示例	说明		优先级
~	~a	a 按二进制位取反		高
<< >>	a<<b a>>b	a 的每个二进制位向左移动 b 个位置 a 的每个二进制位向右移动 b 个位置	优先级相同	↑
&	a&b	a 和 b 按二进制位完成“与”运算		
^	a^b	a 和 b 按二进制位完成“异或”运算		
|	a|b	a 和 b 按二进制位完成“或”运算		低

通过设置操作数 b 的数值，与运算通常用来将操作数 a 的某些位置 0；或运算通常用来将操作数 a 的某些位置 1；异或运算通常用来将操作数 a 的某些位取反。移位运算可完成某些乘除操作。除此以外位运算还有其他用途。

本节问题将字母转换成小写形式，即将数值二进制形式的第 5 位置 1，其他二进制位不变，可使用或运算。第一个操作数是用户输入的字母 ch1，另一个操作数是二进制数值 0010 0000。在 C 程序中，不能直接使用二进制数，可使用十六进制数值代替上述二进制数值，即为 0x20，转换语句如下：

```
ch2=ch1|0x20;
```

2. C 语言编程实现

综上分析可编写代码如下。

```
/p*2_7.c*/
#include<stdio.h>
```

```
int main()
{
    char ch1,ch2;
    printf("Enter a letter\n");    /*输入提示*/
    ch1=getchar();                 /*字符输入函数获取用户输入的字母*/
    ch2=ch1|0x20;                  /*或运算将字母二进制编码第 5 位置 1*/
    putchar(ch2);                  /*输出小写字母*/
    return 0;
}
```

运行程序，输入大写字母 R，运行结果如图 2-23 所示。

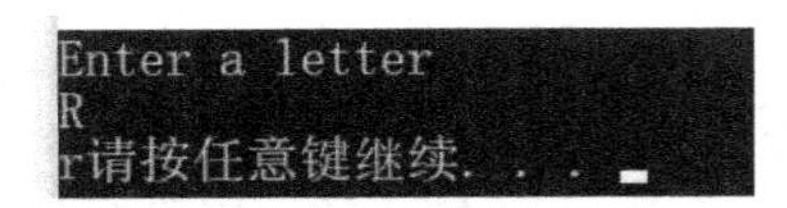

图 2-23　大小写字母转换问题的程序运行结果

2.8　本 章 小 结

本章介绍了如何将各种类型数据输入计算机，如何使用计算机处理这些数据，计算机如何将用户需要的数据输出等。本章涉及的算法包含顺序结构和分支结构。本章涉及的 C 语言知识点包含各种简单数据类型、输入/输出函数、各类运算符以及单分支 if 语句等。本章是学习算法与 C 语言的基础。

2.9　习 题 二

一、选择题

1. 小明用 C 语言编写“俄罗斯方块”的游戏，想要定义变量 count 存储已经消除了多少行方块。以下选项中，定义此变量最合理的语句是（　　）。

　　A. int count;　　B. char count;　　C. float count;　　D. double count;

2. 新型冠状肺炎期间，小明用 C 语言编写程序预测某城市新型冠状肺炎发展趋势。他想要用变量 ratio 表示某天新增病例和城市常住人口的比例。以下选项中，定义此变量最合理的语句是（　　）。

　　A. int ratio;　　B. char ratio;　　C. float ratio;　　D. unsigned ratio;

3. 小明用 C 语言编写程序，定义了变量 int num;，输出此变量最合理的语句是（　　）。

A. printf("%d",&num);　　B. printf("%f",num);

C. printf("%c",num);　　D. printf("%d",num);

4. 小明用 C 语言编写程序，定义了变量 int num;，输入此变量最合理的语句是（　　）。

A. scanf("%d",num);　　B. scanf("%f",&num);

C. scanf("%c",&num);　　D. scanf("%d",&num);

5. 小明用 C 语言编写程序，定义了变量 float rate;，输出此变量最合理的语句是（　　）。

A. printf("%d", rate);　　B. printf("%f",rate);

C. printf("%c",rate);　　D. printf("%f",&rate);

6. 小明用 C 语言编写程序，定义了变量 float rate;，输入此变量最合理的语句是（　　）。

A. scanf("%d", &rate);　　B. scanf("%f",&rate);

C. scanf("%c",&rate);　　D. scanf("%f",rate);

7. 小明用 C 语言编写程序，定义了变量 char ch;，输出此变量最合理的语句是（　　）。

A. printf("%d", ch);　　B. printf("%f", ch);

C. printf("%c", ch);　　D. printf("%c",&ch);

8. 小明用 C 语言编写程序，定义了变量 char ch;，输入此变量最合理的语句是（　　）。

A. scanf("%d", &ch);　　B. scanf("%f",&ch);

C. scanf("%c",&ch);　　D. scanf("%f", ch);

9. 小红购买了一袋进口食品，说明书上的单位是盎司，1 盎司约等于 28.35 克。编写一个将单位为盎司的值转换成单位为克的值的 C 程序，已经定义实型变量 weight_ounce，将其转换成单位克的表达式是（　　）。

A. weight_ounce/28.35　　B. weight_ounce%28.35

C. weight_ounce+28.35　　D. weight_ounce*28.35

10. 某自助餐厅规定，身高在 1.2m～1.4m 的儿童，享受半价优惠。编写 C 程序，定义了存储某儿童身高的变量 float height。以下选项中，能正确表达身高在 1.2m～1.4m 的是（　　）。

A. 1.2< height < 1.4　　B. 1.4< height < 1.2

C. 1.2< height || height < 1.4　　D. 1.2< height && height < 1.4

11. 表达式（　　）的值是 0。

A. 1%4　　B. 1/5.0　　C. 1/7　　D. 3<9

12. 当变量 c 的值不为 2、4、6 时，值也为“真”的表达式是（　　）。

A. (c==2)||(c==4)||(c==6)　　B. (c>=2&&c<=6)||(c!=3)||(c!=5)

C. (c>=2&&c<=6) &&!(c%2)　　D. (c>=2&&c<=6) &&(c%2!=1)

13. 有以下程序

```
#include <stdio.h>
int main()
{ int a=1,b=0;
  printf("%d,",b=a+b);
  printf("%d\n",a=2*b);
}
```

程序的运行结果是（　　）。

A. 0，0　　B. 1，0　　C. 3，2　　D. 1，2

二、简答题

1. 整数和实数有什么区别?

2. 字符型变量、字符型常量和字符串常量有什么区别?

3. 整数、实数和字符型数据在存放时，各占几个字节?

4. 请列出各类算术运算符、逻辑运算符、条件运算符和赋值运算符的优先级。

三、编程题

1. 编写程序，定义整型变量 a、b、c，请用户输入其数值，求其中的最大数和最小数并输出。

2. 编写程序，定义实型变量 f1、f2、f3，请用户输入其数值，求其平均值并输出。

3. 大写字母和小写字母以 ASCII 的形式存储在计算机中，小写字母的 ASCII 值比相应大写字母的 ASCII 值大 32。请编写程序，将用户输入的小写字母转换成对应的大写字母并输出。

4. 小红开了一家网店，出售自粘型防蚊纱窗，纱窗的价格=纱网（8 元/m^2）+四周魔术贴（2 元/m）+加工费（3 元/页）。

例如一页长 1m，宽 1.25m 的纱窗价格计算如下。

纱网价格：1×1.15×8=9.2（元）

四周魔术贴价格：（1+1.15）×2×2=8.6（元）

加工费：3 元

合计：9.2+8.6+3=20.8（元）

请编写程序，输入一页纱窗的长和宽，帮小红计算顾客定做的纱窗价格。

第3章 怎样解决生活中的选择问题

在成绩管理系统中，成绩录入模块需要用键盘输入学生的成绩，然后在管理统计模块中计算各学生的平均成绩、各门课程不及格人数及最高分并输出。通过前文的学习，已经能够实现计算学生平均成绩，那么如何判断一个学生是否及格，从而得到不及格人数，又如何得到各门课程的最高分？此处可使用选择结构来实现。本章主要介绍选择结构的单分支结构、双分支结构和多分支结构。

3.1 各门课程不及格人数问题求解

3.1.1 问题阐述

通过前文的学习，读者已经能够用键盘输入学生的课程成绩，并求出各学生的平均成绩。本节以 3 名学生的 4 门课程成绩处理情况为例进行分析，要求该系统具备这些功能：对于输入的 3 名学生的 4 门课程成绩，能够判断该分数是否及格（规定以 60 分作为及格标准），并能够分别统计和输出这 4 门课程不及格的人数。

3.1.2 算法分析

此问题的核心在于对学生成绩是否及格进行判断，即根据输入情况，对是否需要执行某操作进行选择。

以统计第 1 门课程不及格人数为例，步骤如下。

① 定义存放不及格人数和第 1 门课程 4 个学生成绩的变量。

② 判断该课程第 1 名学生的成绩是否小于 60，如成立，则不及格人数增加 1，否则不做任何处理。

③ 判断该课程第 2 名学生的成绩是否小于 60，如成立，则不及格人数增加 1，否则不做任何处理。

④ 判断该课程第 3 名学生的成绩是否小于 60，如成立，则不及格人数增加 1，否则不做任何处理。

⑤ 得出该课程不及格人数。

上述步骤的流程如图 3-1 所示。

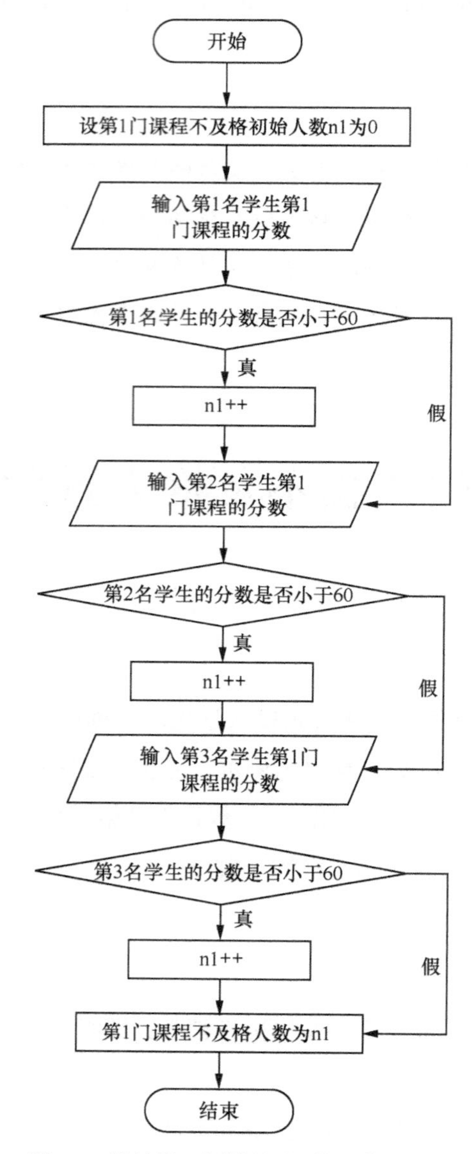

图 3-1　统计第 1 门课程不及格人数的流程

根据 3.1.1 小节问题阐述中的要求，统计第 2、3、4 门课程不及格人数的流程参照图 3-1 进行设计，即可得出其他课程不及格人数。

3.1.3　算法实现

1. 程序设计相关知识

根据 3.1.2 节的算法分析，完成各门课程不及格人数的统计问题最关键在于，能否对不及格的课程成绩进行判断。C 语言提供的一种单分支选择结构可实现此功能。单分支 if 语句基本格式如下：

```
if (表达式)
    语句;
```

说明：首先判断表达式的值。如果表达式的值为真（非 0），则执行语句；如果表达式的值为假（0），则不执行该语句。单分支 if 语句的流程如图 3-2 所示。

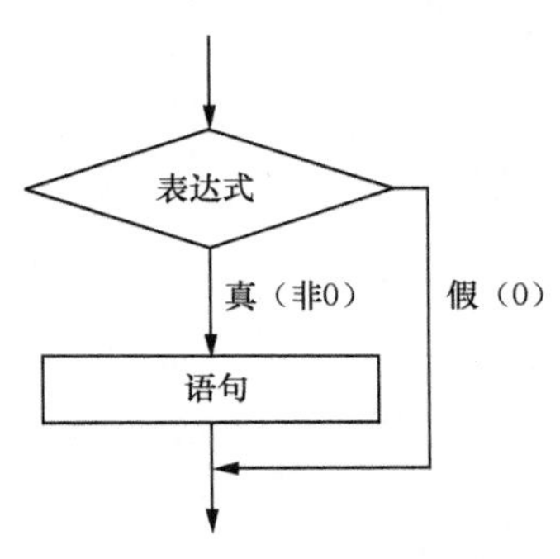

图 3-2　单分支 if 语句的流程

例如，当成人的体温大于 38.5℃时，就判断有发烧症状。用变量 tw 表示体温，则用单分支 if 语句描述为：

```
if (tw>38.5)
printf("发烧");
```

2. C 语言编程实现

综上分析，可编写程序如下。

```
/*p3_1.c*/
#include<stdio.h>
int main()
{
    /*第一步：定义变量*/
    int n1,n2,n3,n4;      /*用来保存不及格人数*/
    float x1,x2,x3,x4,y1,y2,y3,y4,z1,z2,z3,z4,a1,a2,a3;   /*x1 ~ x4 分别表示 x 学生的第
1 ~ 4 门课程成绩，y、z 同理；a1 ~ a3 分别表示 3 名学生的平均成绩*/
    /*第二步：用键盘输入学生的成绩*/
    printf("请输入第 1 名学生的 4 门成绩：");
    scanf("%f%f%f%f",&x1,&x2,&x3,&x4);
    printf("请输入第 2 名学生的 4 门成绩：");
    scanf("%f%f%f%f",&y1,&y2,&y3,&y4);
    printf("请输入第 3 名学生的 4 门成绩：");
```

```
    scanf("%f%f%f%f",&z1,&z2,&z3,&z4);
    /*第三步：计算学生的平均成绩（回顾前文所学知识）*/
    a1=(x1+x2+x3+x4)/4;
    a2=(y1+y2+y3+y4)/4;
    a3=(z1+z2+z3+z4)/4;
    /*第四步：计算各门课程不及格人数*/
    n1=n2=n3=n4=0;          /*变量初始为 0*/
    /*第 1 门课程*/
    if(x1<60)
        n1++;
    if(y1<60)
        n1++;
    if(z1<60)
        n1++;
    /*第 2 门课程*/
    if(x2<60)
        n2++;
    if(y2<60)
        n2++;
    if(z2<60)
        n2++;
    /*第 3 门课程*/
    if(x3<60)
        n3++;
    if(y3<60)
        n3++;
    if(z3<60)
        n3++;
    /*第 4 门课程*/
    if(x4<60)
        n4++;
    if(y4<60)
        n4++;
    if(z4<60)
        n4++;
    /*第五步：输出各学生平均成绩 */
    printf("第 1 名学生的平均成绩是：%.1f\n",a1);
    printf("第 2 名学生的平均成绩是：%.1f\n",a2);
    printf("第 3 名学生的平均成绩是：%.1f\n",a3);
    /*第六步：输出各门课程不及格人数*/
    printf("第 1 门课程不及格人数是：%d\n",n1);
    printf("第 2 门课程不及格人数是：%d\n",n2);
    printf("第 3 门课程不及格人数是：%d\n",n3);
    printf("第 4 门课程不及格人数是：%d\n",n4);
    return 0;
}
```

运行程序后，可输入合理范围内的 3 名学生 4 门课程成绩值，测试程序运行结果。运行结果如图 3-3 所示。

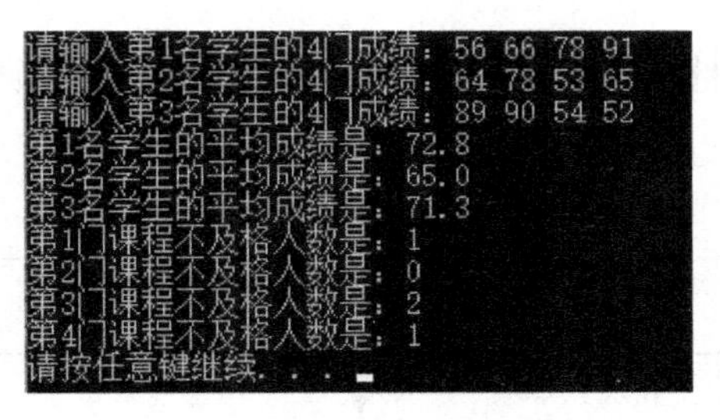

图 3-3　各门课程不及格人数问题运行结果

3.2　各门课程最高分问题求解

3.2.1　问题阐述

对于输入的 3 名学生的 4 门课程成绩，除了求各门课程不及格人数外，还要求该系统能输出这 4 门课程的最高分。

3.2.2　算法分析

对于某课程最高分的判断，可首先比较任意两人的分数，求得二者较高分；然后将求得的较高分与余下的一人分数作比较，从而找出最高分。其思路类似于“冒泡”。

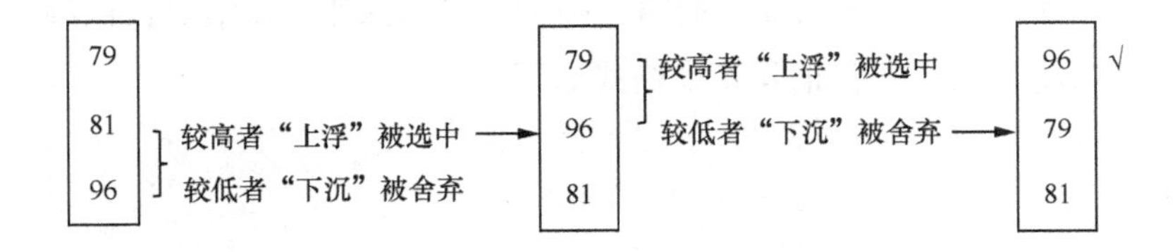

以求第 1 门课程最高分为例，步骤如下。

① 定义存放第 1 门课程最高分的变量 max1。

② 比较 X 学生该课程分数是否比 Y 学生该课程分数高，是则执行步骤③，否则执行步骤④。

③ 比较 X 学生该课程分数是否比 Z 学生该课程分数高，是则最高分为 X 学生的分数，否则最高分为 Z 学生的分数。

④ 比较 Y 同学该课程分数是否比 Z 学生该课程分数高，是则最高分为 Y 学生的分数，否则最高分为 Z 学生的分数。

求第 1 门课程最高分流程如图 3-4 所示。

根据 3.2.1 小节问题阐述中的要求，求第 2 门课程与第 3 门课程最高分的流程可参照图

3-4 进行设计，即可求其他课程的最高分。

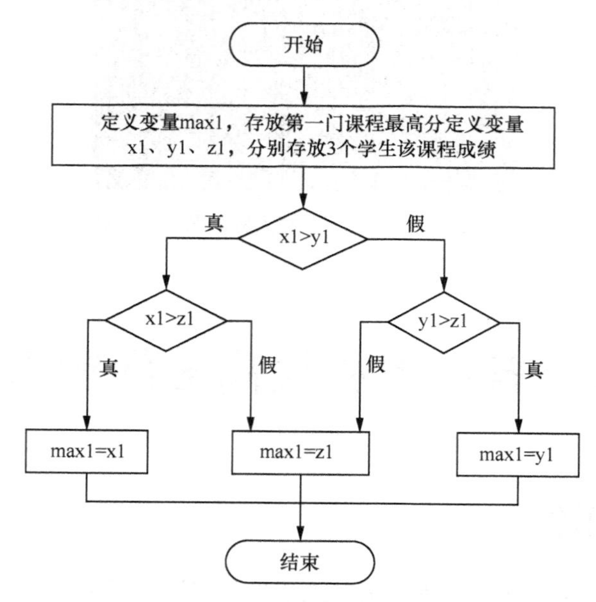

图 3-4　求第 1 门课程最高分的流程

3.2.3　算法实现

1. 程序设计相关知识

根据 3.2.2 小节的算法分析，求某课程最高分问题的关键在于，能对某个条件是否成立进行判断，根据判断的结果是否成立，而执行两种不同的操作。C 语言提供的一种双分支选择结构可实现此功能。双分支 if 语句基本格式如下：

```
if（表达式）
    语句 1;
else
    语句 2;
```

说明：首先判断表达式的值，如果表达式的值为真（非 0），则执行语句 1；如果表达式的值为假（0），则执行语句 2。双分支 if 语句的流程如图 3-5 所示。

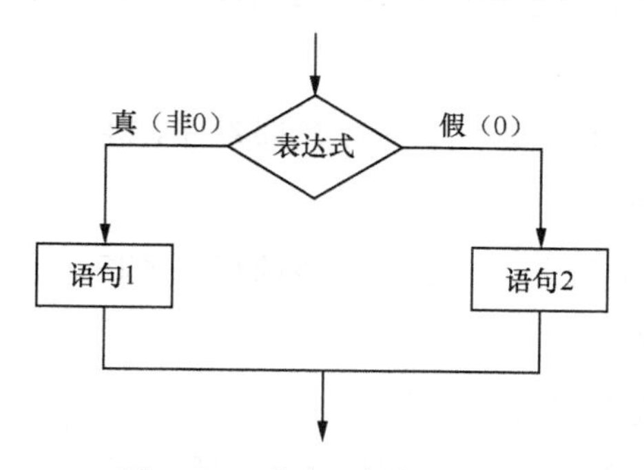

图 3-5　双分支 if 语句的流程

说明如下。

（1）对于所有 if 语句（含单分支、双分支）后面的“表达式”，一般为逻辑表达式或关系表达式，还可以是赋值表达式，或者是任意的数值类型（包括整型、实型、字符型、指针类型数据）。

例如 if(a=5)语句;、if(6)语句;、if('A')语句;都是合法的 if 语句表达式。实际上，只要表达式的值为非 0，表达式的值就为真，只要表达式的值为 0，表达式的值就为假。初学者在使用“==”时经常与赋值符号“=”混淆，例如判断 a 是否等于 5 的表达式写成“a=5”，这个表达式是正确的表达式，但无论 a 值为多少，“a=5”的值恒为真。因此在分支结构中表示判断 a 是否等于 5 的语句写法最好为 if(5==a)语句;，此时若将“==”误写为“=”，编译系统将报错，因为“=”的左边必须为变量。

（2）if 语句后面的表达式必须用圆括号标注，且圆括号后不能有分号，但语句后面的分号不可省略。

（3）对于双分支 if 语句，else 子句不能单独使用。它是 if 语句的一部分，与 if 语句配对使用，且如果有多个 if 语句，else 子句总是与其最近的一条 if 语句配对。

（4）若在 if 和 else 后面的操作中，用一条语句不能完成相应功能，需要用到多条语句时，则必须把这多条语句用花括号“{}”标注组成一个复合语句，其中“{}”中每条语句后的“;”不可省略，并需要注意的是，在“{}”后面不能再加“;”。

例如：

```
if  (a>b)
{
    a++;
    b--;
}
else
{
    a--;
    b++;
}
```

2. C 语言编程实现

综上分析，可编写程序如下。

```
/*p3_2.c*/
#include<stdio.h>
int main()
{
    /*第一步：定义变量*/
    int n1,n2,n3,n4; /*用来保存不及格人数*/
    float max1,max2,max3,max4;    /*用来保存各课程最高分*/
    float x1,x2,x3,x4,y1,y2,y3,y4,z1,z2,z3,z4,a1,a2,a3;
    /*第二步：用键盘输入学生的成绩*/
    printf("请输入第 1 名学生的 4 门成绩：");
```

```
    scanf("%f%f%f%f",&x1,&x2,&x3,&x4);
    printf("请输入第 2 名学生的 4 门成绩: ");
    scanf("%f%f%f%f",&y1,&y2,&y3,&y4);
    printf("请输入第 3 名学生的 4 门成绩: ");
    scanf("%f%f%f%f",&z1,&z2,&z3,&z4);
    /*第三步; 计算各门课程最高分*/
    /*第 1 门课程*/
    if(x1>y1)
        if(x1>z1)
                max1=x1;
        else
            max1=z1;
    else
        if(y1>z1)
            max1=y1;
        else
            max1=z1;
    /*第 2 门课程*/
    if(x2>y2)
        if(x2>z2)
            max2=x2;
        else
            max2=z2;
    else
        if(y2>z2)
            max2=y2;
        else
            max2=z2;
    /*第 3 门课程*/
    if(x3>y3)
        if(x3>z3)
            max3=x3;
        else
            max3=z3;
    else
        if(y3>z3)
            max3=y3;
        else
            max3=z3;
    /*第 4 门课程*/
    if(x4>y4)
        if(x4>z4)
            max4=x4;
        else
            max4=z4;
    else
        if(y4>z4)
            max4=y4;
    else
            max4=z4;
    /*第四步: 输出各门课程的最高分*/
    printf("第 1 门课程的最高分是: %.1f\n",max1);
```

```
    printf("第 2 门课程的最高分是：%.1f\n",max2);
    printf("第 3 门课程的最高分是：%.1f\n",max3);
    printf("第 4 门课程的最高分是：%.1f\n",max4);
    return 0;
}
```

运行程序后，我们可输入合理范围内 3 名学生的 4 门课程成绩值，测试程序，运行结果如图 3-6 所示。

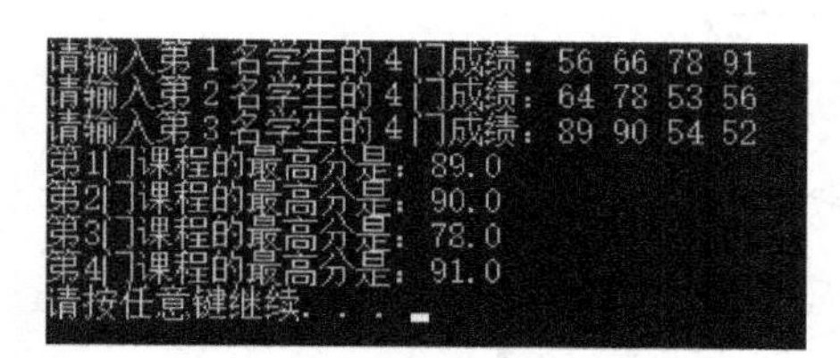

图 3-6　求各门课程最高分问题的程序运行结果

3.3　判断野山参品质问题求解

3.3.1　问题阐述

对于中药野山参，在满足“艼（dǐng）帽”不超过主根重量的 25%、无疤痕、无杂质、无虫蛀、无霉变的前提下，其一～四等标准的质量等级可根据单支野山参重量进行划分。其中单支野山参重量 100g 及其以上为一等，55～100g（不含 100g）为二等，32.5～55g（不含 55g）为三等，20～32.5g（不含 32.5g）为四等，20g 及其以下为其他等级。

现要求设计一程序，通过输入单支野山参的重量，程序运行后能够显示输出该野山参的质量等级。

3.3.2　算法分析

因为野山参质量等级多于 2 种，所以前文介绍的单分支、双分支选择结构已不适用，需用多分支选择结构解决。

步骤如下。

① 定义存放单支野山参重量的变量，通过输入函数将得到重量的值。

② 判断重量是否大于或等于 100，如果是，则输出“一等品”；否则再次选择判断重量是否大于或等于 55，如果是，则输出“二等品”；否则再次进行判断重量是否大于或等于 32.5，如果是，则输出“三等品”；否则再次进行判断重量是否大于或等于 20，如果是，则输出“四等品”；否则再次进行判断重量是否大于或等于 0，如果是，则输出“其他等级”；

否则输出“输入错误”。

具体流程如图 3-7 所示。

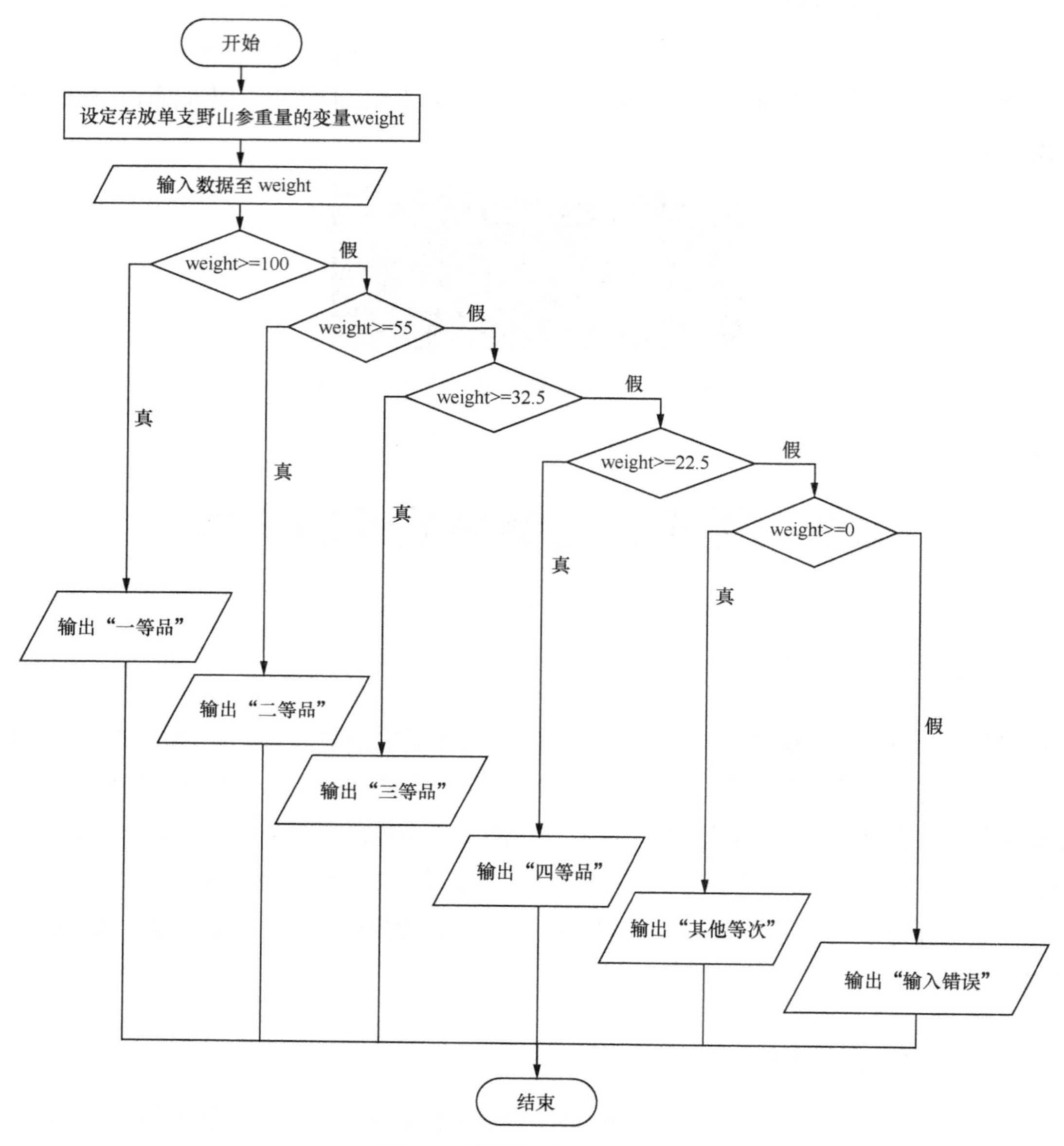

图 3-7　判断野山参品质的流程

3.3.3　算法实现

1．程序设计相关知识

前文介绍了解决判断一个或两个条件问题的 if 语句，但是当出现需要判断或解决多个条件的问题时如何处理？这个时候可以用 if 语句的嵌套结构，也叫多分支 if 语句。即在 if 语句中又包括一个或多个 if 语句。它的基本格式是：

```
if(表达式 1)
      语句 1;
else  if(表达式 2)
      语句 2;
else  if(表达式 3)
      语句 3;
…
else  if(表达式 m)
      语句 m;
else
      语句 n;
```

说明：依次判断表达式的值，当出现某个表达式的值为真（非 0）时，则执行其对应的语句。然后跳出整个 if 语句，继续执行其后续语句。若没有一个表达式的值为真（非 0），就执行最后一个 else 后的语句 n。

在 if 语句的嵌套结构中，有大量的 if、else，其中 else 究竟和哪个 if 语句配对呢?

规则是从最内层开始，else 总是与它上面最近的（未曾配对的）if 配对。多分支 if 语句的流程如图 3-8 所示。

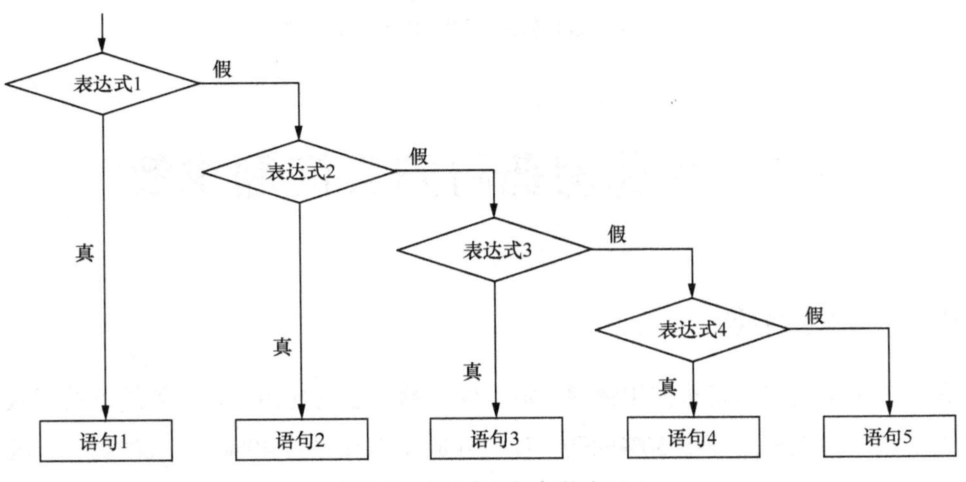

图 3-8　多分支 if 语句的流程

2. C 语言编程实现

综上分析，可编写程序如下。

```
/*p3_3.c*/
#include<stdio.h>
int main()
{
      /*第一步：定义变量*/
      float weight;        /*用来保存单支野山参重量*/
      /*第二步：输入单支野山参重量*/
      printf("请输入单支野山参重量（单位 g）：");
```

```
    scanf("%f",&weight);
    /*第三步：利用多分支 if 语句和单支野山参重量判断品质等级*/
    if(weight>=100)
        printf("一等品\n");
    else if(weight>=55)
        printf("二等品\n");
        else if(weight>=32.5)
        printf("三等品\n");
            else if(weight>=22.5)
            printf("四等品\n");
                else if(weight>0)
                printf("其他等次\n");
                    else
                    printf("输入错误\n");
    return 0;
}
```

运行结果如图 3-9 所示。

```
请输入单支野山参重量（单位g）：88
二等品
请按任意键继续. . .
```

图 3-9　判断野山参品质的程序运行结果

3.4　中药房药材归类问题求解

3.4.1　问题阐述

编程实现某中药房药材按使用频率存放。使用频率越高的药，存放到越近的区域。其中 A 区存放使用频率大于或等于 50%的药，B 区存放使用频率为 40%～50%的药，C 区存放使用频率为 30%～40%的药，D 区存放使用频率为 20%～30%的药，E 区存放使用频率小于 20%的药。

3.4.2　算法分析

假设药物的使用频率均为整型。如果某药物的使用频率大于或等于 50%，那么应存放在 A 区域。若把所有情况罗列出来，有无数种，用算法实现难度较大。此问题的使用频率都是以 10 的整数倍为界限，联系前文所述数据类型运算的知识，若把使用频率除以整型常量 10，则只会出现 10 种情况，即把算法核心转换成多分支选择结构的问题。使用 3.3 节介绍的 if-else if-else 结构程序时，所需要的 else if 嵌套太多，程序代码不够简洁。此处介绍的

switch-case 结构可实现多分支选择，可使程序的结构更为清晰，其算法描述如下。

① 定义存放某药材的使用频率的变量 frequency。

② 输入使用频率。

③ 对使用频率除以 10 后进行判断选择：若结果为 0 或 1，则输出 E；若结果为 2，则输出 D；若结果为 3，则输出 C；若结果为 4，则输出 B；其他情况，则输出 A。

具体流程如图 3-10 所示。

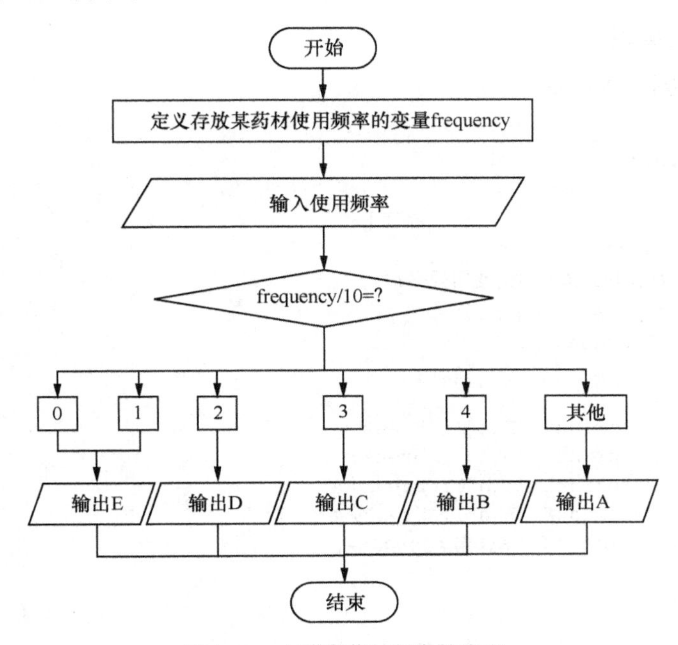

图 3-10　中药房药材归类的流程

3.4.3　算法实现

1. 程序设计相关知识

解决一些实际问题时，需要用到多分支 if 语句来处理，但是当分支较多时，会使嵌套的层次过多，程序不便于阅读和理解。C 语言提供了处理多分支选择的 switch 语句，它的基本格式是：

```
switch(表达式)
{
        case 常量表达式 1:  语句 1;
        case 常量表达式 2:  语句 2;
          …
        case 常量表达式 n:  语句 n;
        default         :  语句 n+1;
}
```

说明：执行过程为计算表达式的值。当表达式的值与某个常量表达式的值相等时，执行其后的语句，并且继续执行后面所有 case 后的语句直到遇到“break;”（break 在后文介绍）语句或 switch 语句结束符“}”为止。若表达式的值与所有 case 后的常量表达式都不相等，则执行 default 后的语句。switch 语句中各个 case 后常量表达式的值必须互不相同，否则执行时会出现矛盾，即一个值对应多种执行方案。但不同的常量表达式可以对应一种执行方案。

为了解决在 switch 结构中，执行完满足条件的语句后，使流程跳出多分支结构，而不再执行其后续的 switch 语句，必须在常量表达式后的语句最后，加上 break 语句。

2. C 语言编程实现

综上分析，可编写程序如下。

```
/*p3_4.c*/
#include<stdio.h>
int main()
{
       int frequency;
       printf ("请输入该药材的使用频率:");
       scanf ("%d",& frequency);
       switch (frequency/10)
       {
         case  0:
         case  1:  printf("E\n"); break;
         case  2:  printf("D\n"); break;
         case  3:  printf("C\n"); break;
         case  4:  printf("B\n"); break;
         default:  printf("A\n"); break;
       }
     return 0;
}
```

此处以使用频率为 32%为例，输入数据进行测试，结果如图 3-11 所示。

若在 switch 语句中，不加 break 语句，则执行完满足条件的语句后，继续执行分支结构中的其他语句，而不跳出分支结构，直至遇到“}”结束，代码如下。

```
请输入该药材的使用频率:32
C
请按任意键继续. . .
```

图 3-11　中药房药材归类的程序运行结果一

```
/*p3_5.c*/
#include<stdio.h>
int main()
{
       int frequency;
       printf ("请输入该药材的使用频率:");
       scanf ("%d",& frequency);
       switch (frequency/10)
       {
         case  0:
         case  1:  printf("E\n");
         case  2:  printf("D\n");
         case  3:  printf("C\n");
         case  4:  printf("B\n");
         default:  printf("A\n");
       }
```

```
    return 0;
}
```

同样，继续以使用频率为 32%为例，输入数据进行测试，运行结果如图 3-12 所示。

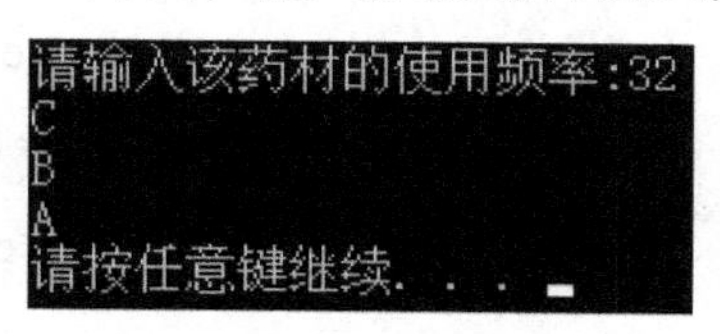

图 3-12　中药房药材归类的程序运行结果二

3.5　本 章 小 结

本章详细介绍了程序设计中的选择结构，实现在指定条件下，选择性执行部分指令。本章涉及的知识点包括单分支选择结构（if）、双分支选择结构（if-else）、多分支选择结构（if-else if-else 及 switch-case）的使用。通过本章的学习，读者可掌握 C 语言程序设计 3 个基本结构中的选择结构，可为后续功能复杂的程序设计奠定基础。

3.6　习　题　三

一、选择题

1. 有以下程序：

```
int main()
{
int x;
scanf("%d",&x);
if(x<5)
{
  x=x-1;
  printf("%d",x);
}
else
  printf("%d",x=x+1);
return 0;
}
```

程序运行后，如果用键盘输入 5，则输出结果是（　　）。

A. 3　　　B. 4　　　C. 5　　　D. 6

2. 有定义语句：int a=1,b=2,c=3,x;，则以下选项中各程序段执行后，x 的值不为 3 的是（　　）。

A. if (c<a) x=1;
else if (b<a) x=2;
else x=3;

B. if (a<3) x=3;
else if (a<2) x=2;
else x=1;

C. if (a<3) x=3;
if (a<2) x=2;
if (a<1) x=1;

D. if (a<b) x=b;
if (b<c) x=c;
if (c<a) x=a;

3. 以下不正确的 if 语句形式是（　　）。

A. if(x>y&&x!=y)

B. if(x==y) x+=y;

C. if(x!=y) scanf("%d",&x); else scanf("%d",&y);

D. if(x<y) {x++;y++;}

4. 有程序如下：int a=9,b=8,c=7;

```
if(a>=b)a=b;
if(a<b)a=c;
```

则 a 的值为（　　）。

A. 7　　B. 8　　C. 9　　D. 不一定

5. 为了避免在嵌套的条件语句 if-else 中产生二义性，C 语言规定：else 子句总是与（　　）配对。

A. 缩进位置相同的 if　　B. 其之前最近的 if

C. 其之后最近的 if　　D. 同一行上的 if

6. 有程序如下：

```
int a=6,b=5,c=4;
if(a>b>c)a=b;
else a=c;
```

则 a 的值为（　　）。

A. 6　　B. 5　　C. 4　　D. 0

7. 下面的程序（　　）。

```
#include <stdio.h>
int main()
{
int x =3,y =0,z =0;
if(x =y +z)
    printf("# # # #");
else
    printf("* * * *");
return 0;
}
```

A. 有语法错误不能通过编译

B. 输出 * * * *

C. 可以通过编译，但是不能通过连接，因而不能运行

D. 输出####

8. 有以下程序：

```
int main()
{
int  x=0,a=0,b=0;
switch(x+1)
{
 case  0: b++;
 case  1: a++;
 case  2: a++;b++;
}
 printf("a=%d,b=%d\n",a,b);
return 0;
}
```

执行后输出的结果是（　　）。

A. a=2,b=1　　B. a=1,b=1　　C. a=1,b=0　　D. a=2,b=2

9. 有以下程序：

```
int main()
{
  int a=25,b=21,m=2;
  switch( a%5 )
  {
  case  0:  m++; break;
  case  1:  m++;
    switch  (b%2)
    {
     default: m++;
     case  0: m++; break;
     }
    }
    printf("%d\n",m);
  return 0;
}
```

执行后输出的结果是（　　）。

A. 1　　B. 2　　C. 3　　D. 4

二、填空题

1. 有一分段函数：$y=5x+4(x\geqslant 0)$，$y=2x-3(x<0)$，则解决该问题的流程下图所示，①、②、③位置应分别填入什么？

① ________

② ________

③ ________

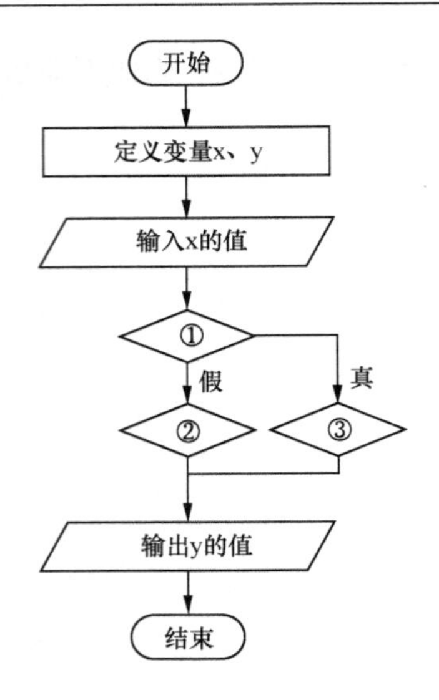

2. 若用键盘输入 88，则以下程序输出的结果是________。

```
int main()
{
      int  a;
      scanf("%d",&a);
      if(a>80)  printf("%d",a);
      if(a>50)  printf("%d",a);
      if(a>30)  printf("%d",a);
      return 0;
}
```

3. 以下程序运行后的输出结果是________。

```
int main()
{
int a=1,b=3,c=5;
if (c=a+b) printf("yes\n");
else printf("no\n");
return 0;
}
```

三、程序设计

1. 判断一个 5 位数是不是回文数。例如 12321 是回文数，个位与万位相同，十位与千位相同。

2. 求如下分段函数的值（假设 x 和 y 均为整数，且 x 的值由键盘输入）。

$$\begin{cases} y=0，当(x=10) \\ y=3x-10，当(x\neq 10) \end{cases}$$

第 4 章 怎样解决生活中的重复问题

在实际生活中，人们会遇到许多重复计算问题，如统计两个城市之间的高铁 n 天的载客量，求 1 到 n 之间所有自然数之和，输入 n 个学生的成绩等。当问题规模 n 很大时，对于人类手动计算而言，将是巨大的工作量。然而，根据计算机运算的特性来设计相应的算法和程序，则能高效、便捷地解决此类问题。本章将探讨解决此类重复问题的循环结构和数组，以及它们的程序实现。

4.1 *n* 个连续自然数求和问题求解

4.1.1 问题阐述

基于前文的知识，读者已能运用算术表达式和赋值语句来进行若干个数值的算术运算。现在要求计算 1 到 n 之间（如 n 为 100）所有自然数之和，请问如何处理？

如果利用算术表达式和赋值语句来完成该项任务，可以采用以下两种策略。

① 用一条语句实现。

```
total=1+2+3+…+100;
```

② 用一段代码实现。

```
#include<stdio.h>
int main()
{
    int total=0;
    total=total+1;
    total=total+2;
    total=total+3;
    …
    total=total+100;
    printf("the sum is : %d\n",total);
    return 0;
}
```

如果采用第 1 种策略，则该条语句的长度会随着 n 的大小而变化，当 n 很大时，该语句会很长；如果采用第 2 种策略，该段代码中如“total=total+i;”（$1\leqslant i\leqslant n$）的代码量会随着 n 的大小而变化，当 n 很大时，代码量将会很大。此外，以上两种情况无法处理 n 为变量的情况。

4.1.2　算法分析

为了提高执行效率，精简程序代码，充分发挥计算机在处理重复性工作方面的巨大优势，下面利用循环结构来解决从 1 开始的 n 个连续自然数求和问题。

设置计数器 i，初始值为 1，然后不断执行加 1 的操作，直到变成 n，使得 i 等于 1 到 n 之间的每一个自然数。此外，设置累加器 total，每当 i 的值改变时，则执行“total=total+i;”语句，从而完成 1 到 n 之间所有自然数的求和。具体步骤如下。

① 输入一个自然数，将之存入变量 n。

② 设置计数器 i 的初始值为 1，设置用于保存累加和的变量 total 的初始值为 0，即 i = 1，total = 0。

③ 判断 i<=n 是否成立。若成立，执行步骤④。否则，执行步骤⑥。

④ 将当前 i 和 total 的值相加，并将结果存入 total，即 total=total+i。

⑤ i 的值加 1，或写成 i = i+1，执行步骤③。

⑥ 输出 total 的值，算法结束。

上述步骤的具体流程如图 4-1 所示。

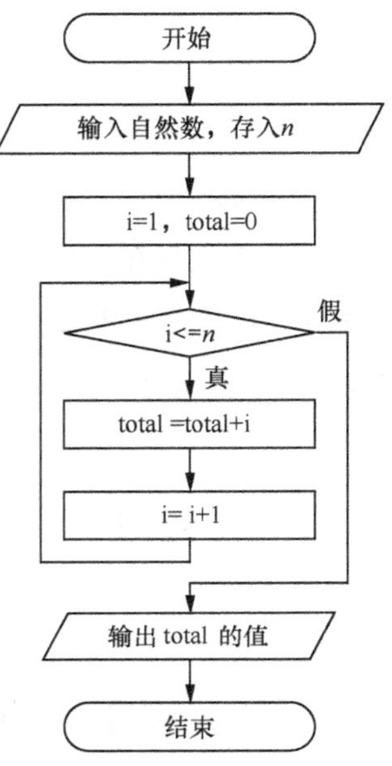

图 4-1　求 1 到 n 之间所有自然数之和的流程

4.1.3　算法实现

为了利用 C 语言来实现图 4-1 所示的算法，需要学习 C 语言程序设计中的自增和自减运算符、while 循环，本小节首先阐述这些相关知识，然后阐述该算法的 C 语言实现。

1．程序设计相关知识

（1）自增和自减运算符

++：自增运算符，单目运算符，使变量的值增 1。

--：自减运算符，单目运算符，使变量的值减 1。

自增和自减运算符的运算对象可以是整型变量或者实型变量，但不能是常量或者表达式，因为常量或者表达式不能被赋值。自增和自减运算符是右结合运算符。

自增和自减运算符有如下两种使用形式。

① 运算符在运算对象之前。例如++i，表示变量 i 的值先增加 1，再参与其他运算。

② 运算符在运算对象之后。例如 i--，表示变量 i 先参与其他运算，再减少 1。

（2）while 循环

在实际工作和生活中，为了达到目的或满足一些特殊要求，某些语句可能需要被重复执行多次。C 语言提供了循环结构来满足语句重复执行的需要。循环结构中的语句在满足某一条件时将被反复执行，直到该条件不满足才退出循环，这些语句也被称为循环体。循环结构的出现，简化了程序设计，使得需要多次重复执行的语句只需在循环体内书写一次。

C 语言有 3 种循环：while 循环、do-while 循环、for 循环。下面讲述 while 循环。

while 循环可以简单表示为：只要循环条件表达式为真（即给定的条件成立），就执行循环体。while 循环的格式如下：

```
while (表达式)
    语句
```

其中的语句是循环体。循环体只能是一条语句，可以是一条简单语句，也可以是复合语句（用花括号括起来的若干语句）。while 循环的执行过程是：计算表达式的值，当值为真（非 0）时，执行循环体，否则退出循环；在进入循环体后，先执行循环体，然后计算表达式的值，当值为真（非 0）时，再次执行循环体语句，否则退出循环；如此反复执行，直到表达式的值为假（即为 0）。其执行流程如图 4-2 所示。

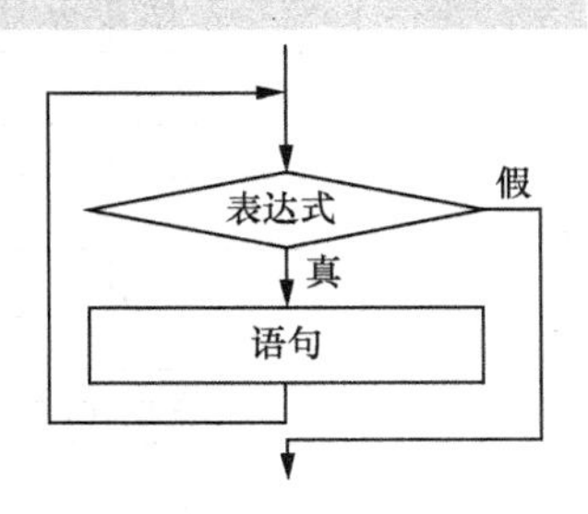

图 4-2　while 循环执行的流程

while 循环的特点是：先判断表达式真假，后根据表达式值决定是否执行循环体。

【例 4.1】　用 while 循环实现功能：计算 10！并显示结果。

程序流程如图 4-3 所示。编程代码如下。

```
/* p4_1.c*/
#include<stdio.h>
int main()
{
    int i,p;
    p=1;
    i=1;
    while(i<=10)
    {
        p=p*i;
        i+=1;
    }
    printf("10!= %d\n",p);
    return 0;
}
```

运行结果如图 4-4 所示。

注意事项如下。

① 若循环体内只有一条语句，花括号可以省略；否则，不能省略花括号。

② 若首次执行循环时条件为假（0），则循环体一次也不执行；若循环条件永远为真（非

0），循环体一直执行，这被称为“死循环”。

③ 在循环体中应包含使循环结束的语句，以避免死循环。

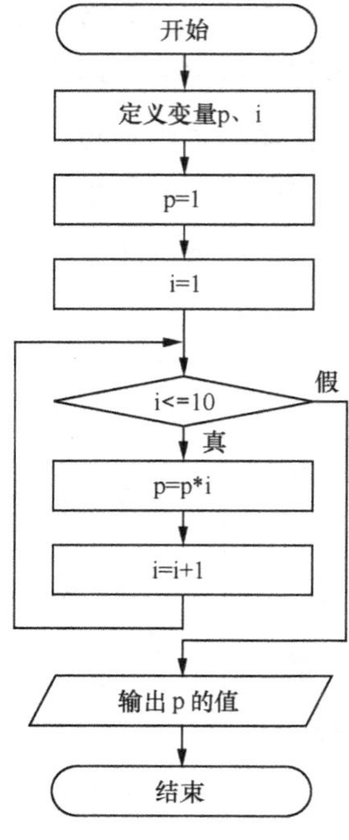

图 4-3　求 10!的程序流程

图 4-4　利用 while 循环计算 10！的程序运行结果

2. C 语言编程实现

为了实现 1 到 n 之间所有自然数的求和，按照 4.1.2 小节的算法描述（见图 4-1），做出如下编程实现。

```
/*p4_2.c*/
#include <stdio.h>
int main()
{
     int n;                         /* 用于保存用户输入的正整数 */
     int i=1, total=0;              /* 初始化计数器 i 和累加器 total */
     printf("请输入 n 的值：\n");
     scanf("%d",&n);                /*将输入的值存入变量 n*/
     while(i<=n)                    /*还有学生等待处理*/
     {
          total=total+i;            /*将前 i 个自然数累加起来*/
          i++;                      /*指示下一个待处理的自然数*/
     }
     printf("the sum is : %d\n",total);
     return 0;
}
```

程序说明如下。

① 计数器变量 i 用来指示当前要处理的自然数，其初始值为 1，$1\leqslant i\leqslant n$。

② 累加器变量 total 用来存放 *n* 个自然数中已处理的自然数之和。

③ 利用 while 循环实现 *n* 次加法运算，以处理每个自然数的累加操作。由计数器 i 来控制循环体的进行，每处理完一个自然数（total=total+i），则 i 加 1。

4.2　多个学生成绩输入问题求解

4.2.1　问题阐述

基于前文的知识，读者已经掌握如何输入和输出一个数据（比如学生成绩），并利用选择结构来解决生活中的选择问题。现在要求输入一个班所有学生的语文成绩，请问如何处理？

设定该班有 40 个学生，语文成绩采用实数存放。如果按照前文的知识来处理数据输入问题，则需要定义 40 个实型变量，然后执行 40 条输入语句以完成 40 个数据的输入操作，这将使得程序代码臃肿、烦琐，执行效率低下，如下所示。

```
#include<stdio.h>
int main()
{
      float s1,s2,s3, …,s40;
      scanf("%f",&s1);
      scanf("%f",&s2);
      scanf("%f",&s3);
      …
      scanf("%f",&s40);
      …
}
```

4.2.2　算法分析

为了避免定义 40 个实型变量和执行 40 条输入语句，发挥计算机在处理重复性工作方面的优势，下面利用循环和数组相结合的策略来解决 *n* 个语文成绩的输入问题。需要说明的是，本书将在 4.2.3 小节对数组进行详细阐述，此处只给出数组的定义和简要说明。

数组是一组有序数据的集合，其中各个数据按照一定规律排列，下标代表该数据在数组中的序号。如图 4-5 所示，名称为 a 的数组包含 10 个元素，并用不同数字的下标来加以区分。

数组a	a[0]	a[1]	a[2]	a[3]	a[4]	a[5]	a[6]	a[7]	a[8]	a[9]

图 4-5　包含 10 个元素的数组 a 的逻辑结构

数组这一种数据结构的提出，是为了方便人们对于同一批类似的数据进行统一操作。比如，不使用数组时，表示三年级一班的学生成绩，包含张三的成绩、李四的成绩等，这样表示和计算均不方便，也无法使用循环来解决问题；采用数组概念，可以将三年级一班的所有学生成绩看成一个集合，将每个学生成绩看成集合中的一个元素，即该集合中包含三年级一班一号学生的成绩，三年级一班二号学生的成绩等。这种统一的表示方式使得对成绩进行处理更加简单，也使得在处理中使用循环成为可能。

为了避免定义 n 个实型变量，本节采用数组 stuGrade 来存放这 n 个数据，其中数组元素 stuGrade[i]（$0 \leqslant i \leqslant n-1$）存放第 i 个数据，具体步骤如下。

① 设置计数器 i 的初始值为 0，或写成 i = 0。

② 定义数组 stuGrade。

③ 判断 i<n 是否成立。若成立，执行步骤④；否则，执行步骤⑥。

④ 输入第 i 个学生的语文成绩，将之存入数组元素 stuGrade[i]中。

⑤ i 的值加 1，或写成 i=i+1，执行步骤③。

⑥ 算法结束。

上述步骤的流程如图 4-6 所示。

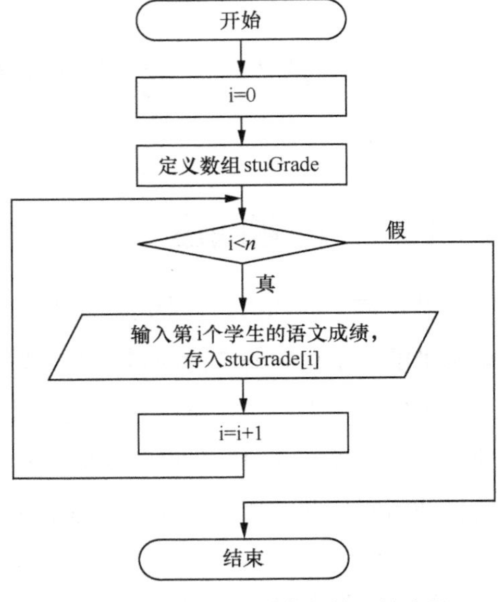

图 4-6　n 个语文成绩数据输入的流程

4.2.3　算法实现

为了利用 C 语言实现图 4-6 所示的流程，需要学习 C 语言程序设计中一维数组的定义、初始化、引用。因此本小节首先阐述这些相关知识，然后阐述该算法的 C 语言实现。

1. 程序设计相关知识

（1）一维数组的定义

数组是一组有序数据的集合。一维数组是指只包含一个下标的数组，或者说具有相同类型变量的线性序列。例如，要对某班 40 个学生的 C 语言成绩进行处理，则可以定义一个具有 40 个数组元素的一维数组，其中每个数组元素存放一个学生的成绩。

在 C 语言中，数组的使用方法和简单变量的使用方法类似，必须遵循“先定义，后使用”的原则。一维数组类型定义的一般形式是：

```
类型标识符 数组名[整型常量表达式];
```

其中“类型标识符”可以是基本数据类型或构造数据类型，“数组名”是用户定义的数组标识符，方括号中的“整型常量表达式”表示数据元素个数，也称为数组的长度。

例如：

```
int scores[40];
```

定义了一个名称为 scores 的数组，其数组元素的基本类型为 int，数组长度为 40，表示

scores 数组最多只能存放 40 个整型数据，并依次存放在数组元素 scores [0]、scores [1]、scores [2]……scores [39]中。

定义数组应注意以下几点。

① 数组的类型实际上是指数组元素的取值类型，对于同一个数组，其所有元素的数据类型都是相同的。

② 数组名的书写规则应符合标识符的有关规定。

③ 数组名不能与其他变量名相同。

例如：

```
int a;
float a[10];
```

是错误的。

④ 方括号中整型常量表达式表示数组元素的个数，如 int a[5]表示数组 a 有 5 个元素，但是其下标从 0 开始计算，因此 5 个元素分别为 a[0]、a[1]、a[2]、a[3]、a[4]。

⑤ 方括号中整型常量表达式可以是符号常量，但不能表示为变量。

例如：

```
#define MAX 5
int main()
{
     int a[2+MAX], b[7+3];
     …
}
```

是合法的。但是下述说明方式是错误的。

```
int main()
{
     int n=6;
     int a[n];
     …
}
```

⑥ 允许在同一个类型说明中，说明多个数组和多个变量。

例如：

```
int a,b,c,d,k1[10],k2[20];
```

（2）一维数组的初始化

数组一经定义，需要对其元素进行赋值后才能使用。通常对数组元素赋值有两种方法。其一，在数组定义时，即初始化过程中给数组中的元素指定初始值。其二，在程序代码中通过赋值语句为数组中的各元素赋值。两种方法的区别是，前者的初始化过程是在程序编译阶段完成的，不占用程序运行时间；后者是在程序运行过程中完成其赋值的，因此它占用程序运行时间。

在数组定义时对数组元素初始化的一般格式为：

```
类型说明符 数组名[常量表达式]={值 1, 值 2, …, 值 n};
```

上述格式中，“=”左边是数组声明的基本语法，“=”右边“{ }”中的各数据值即为数组中各元素所赋的初始值，各数据值之间用“,”间隔。

例如：

```
int a[10]={ 0,1,2,3,4,5,6,7,8,9 };
```

那么 a 数组各元素的初始值为：a[0]=0、a[1]=1……a[9]=9。

如果花括号内的值的个数少于数组元素的个数，则多余的数组元素初始值由系统自动赋值。数值型数组多余元素隐含初始值为 0，字符数组多余元素隐含初始值为'\0'。

C 语言对数组初始赋值需注意如下几点。

① 当程序不给数组指定初始值时，则编译器不为数组自动指定初始值，即初值为一些随机值（值不确定）。

② 当程序只给部分数组元素指定初始值时，编译器将程序设定的初始值赋予该部分数组元素，并将剩余数组元素的值设为相应的隐含初始值（规则如前文所述）。

例如：

```
int a[10]={0,1,2,3,4};
```

表示只给 a[0]～a[4]赋值，而 a[5]～a[9]的值均为 0。

③ 只能给元素逐个赋值，不能给数组整体赋值。

例如：

给 10 个元素赋值均为 1，可写为：

```
int a[10]={1,1,1,1,1,1,1,1,1,1};
```

不能写为：

```
int a[10]=1;
```

④ 给全部数组元素赋值，则在数组说明中，可以不给出数组元素的个数。

例如：

```
int a[5]={1,2,3,4,5};
```

可写为：

```
int a[ ]={1,2,3,4,5};
```

⑤ 当数组长度与赋初值个数不相等时，在声明数组时必须给出数组的长度。

例如：

```
int a[5]={1,2,3};
```

如果写成：

```
int a[ ]={1,2,3};
```

含意则完全不同。

用赋值语句对数组元素初始化，则这种赋值是在程序执行过程中完成数组初始化的。

例如：

```
int b[5];       /*声明数组 b 长度为 5*/
b[0]=1;         /*赋值语句将 b[0]的值置为 1*/
```

```
b[1]=2;          /*赋值语句将 b[1]的值置为 2*/
…
```

或

```
i=0;
while(i<5)
{
     b[i]=0;            /*利用循环、赋值语句将 b[0]~b[4]均置初始值为 0*/
     i+=1;
}
```

（3）一维数组的引用

数组元素的引用是使用数组中各元素的过程，引用数组元素的一般形式为：

```
数组名[下标]
```

其中的下标只能为整型常量或整型表达式。例如为小数时，C 编译将自动取整，下标的值指出所要访问的数组元素在数组中的位置。因此，数组元素通常也称为下标变量，下标的下界为 0，上界为数组长度减 1。

例如，int score[10];，则 score[0]、score[5]、score[i]、score[i+j]都是合法引用方式（i 和 j 是整型变量，且 0≤i、j<10，i+j<10），score[-2]、score[15]、score(6) 均为非法引用方式。

【例 4.2】　将前 15 个大于 0 的整数存放到一维数组中，并按每行 5 个数的格式输出。

代码如下。

```
/*p4_3.c*/
#include<stdio.h>
int main()
{
     int i, a[15];
     i=0;                          /*给变量 i 赋初值 0*/
     while(i<15)                   /*将 15 个正整数存入数组 a*/
     {
          a[i]=i+1;
          i++;
     }
     i=0;                          /*重新给变量 i 赋初值 0*/
     while(i<15)
     {
          printf("%6d",a[i]);  /*输出当前数组元素*/
          if ((i+1)%5==0)          /*实现每行输出 5 个元素*/
               printf("\n");
          i++;
     }
     return 0;
}
```

例 4.2 的程序流程如图 4-7 所示，运行结果如图 4-8 所示。

本例中，充分利用数组元素下标可以是变量或表达式的这一特性，通过循环控制变量 i

来控制 while 循环过程，以实现对数组元素的遍历，给程序设计带来了极大的方便。

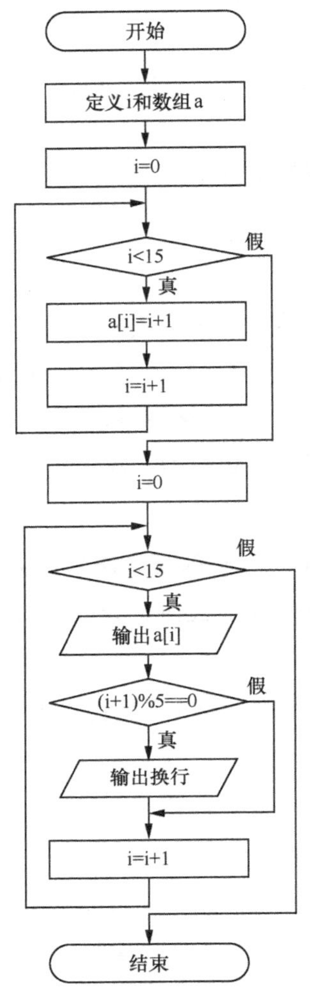

图 4-7　一维数组存放 15 个整数的流程

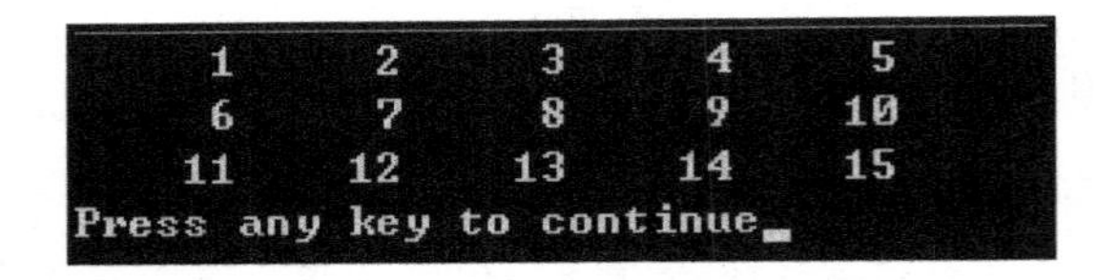

```
   1    2    3    4    5
   6    7    8    9   10
  11   12   13   14   15
Press any key to continue
```

图 4-8　一维数组存放 15 个整数的程序运行结果

补充说明如下。

① 一个数组不能整体引用，只能对单个元素进行引用。

例如，上例中，a[i]=i+1 不能写成 a=i+1。

② C 程序在运行过程中不会自动检测数组元素下标是否越界，因此在程序设计过程中保证数组元素下标不越界显得尤为重要，否则可能带来不可预料的结果。

2. C 语言编程实现

为了输入一个班所有学生的语文成绩，按照 4.2.2 小节的算法描述（见图 4-6），做出如下编程实现。

```
/*p4_4.c*/
#include <stdio.h>
#define N 40
```

```
int main()
{
    int i=0;                    /*设置计数器 i，指示当前要处理第 i 个学生的信息*/
    float stuGrade[N];          /*存放 N 个学生的语文成绩*/
    while(i<N)                  /*还有学生信息等待处理*/
    {
        scanf("%f",&stuGrade[i]);     /*输入第 i 个学生的语文成绩*/
        i++;                    /*指示下一个要处理的学生信息*/
    }
    i=0;                        /*重新给变量 i 赋初值 0*/
    while(i<N)                  /*输出 N 个学生的语文成绩，以检验输入的正确性*/
    {
        printf("%6.1f", stuGrade[i]);
        if ((i+1)%10==0)        /*每 10 个元素换一行*/
            printf("\n");
        i++;
    }
    return 0;
}
```

程序说明如下。

① 由于 C 语言中数组元素下标从 0 开始，因此计数器变量 i 的初始值为 0，指示当前要处理第 i 个学生的信息。

② 利用 stuGrade[N]存放 N 个学生的语文成绩。

③ 利用 while 循环处理该班每个学生的信息。设置计数器变量 i，由 i 来控制循环体，每处理完一个学生的信息，则 i 加 1。

④ 为了提高程序的可读性和可维护性，采用宏定义的形式规定学生的人数 N。

4.3　多个学生学号输入问题求解

4.3.1　问题阐述

基于前文的知识，读者已经能运用循环结构和数组来输入一个班所有学生的语文成绩。现在要求输入该班所有学生的学号信息，请问如何处理?

在计算机中处理学生学号信息时，通常采用字符串的形式来进行存储和处理。设定该班有 40 个学生，则需要 40 个字符串来存放这些学生的学号信息。因此，上述问题就转换为如何在计算机中输入和存储 40 个字符串。

4.3.2　算法分析

为了精简 40 个字符串的输入和存储，本节利用二维字符数组和循环相结合的策略来解决 N 个学生学号的输入问题。需要说明的是，本书将在 4.3.3 小节对二维数组进行详细阐述，此处只给出二维数组的定义和简要说明。

二维数组也是一组有序数据的集合，与一维数组的区别在于它有 2 个下标（分别称之为行标和列标），在逻辑上分别指明该数组具有多少行数据和多少列数据，从而确定二维数组中的一个元素需要 2 个下标（行标和列标），其逻辑结构如图 4-9 所示。

	第0列	第1列	第2列	第3列	第4列	第5列	第6列	第7列	第8列	第9列
第0行	a[0][0]	a[0][1]	a[0][2]	a[0][3]	a[0][4]	a[0][5]	a[0][6]	a[0][7]	a[0][8]	a[0][9]
第1行	a[1][0]	a[1][1]	a[1][2]	a[1][3]	a[1][4]	a[1][5]	a[1][6]	a[1][7]	a[1][8]	a[1][9]
第2行	a[2][0]	a[2][1]	a[2][2]	a[2][3]	a[2][4]	a[2][5]	a[2][6]	a[2][7]	a[2][8]	a[2][9]

图 4-9　二维数组 a[3][10]的逻辑结构

现在假定二维数组 a 中存放有“Zhangsan”“Lisi”“Wangwu”等 3 个字符串，则该数组的逻辑结构如图 4-10 所示。

	第0列	第1列	第2列	第3列	第4列	第5列	第6列	第7列	第8列	第9列
第0行	‘Z’	‘h’	‘a’	‘n’	‘g’	‘s’	‘a’	‘n’	\0	
第1行	‘L’	‘i’	‘s’	‘i’	\0					
第2行	‘W’	‘a’	‘n’	‘g’	‘w’	‘u’	\0			

图 4-10　二维数组 a[3][10]存放 3 个字符串的逻辑结构

现在利用二维数组 stuNum[40][20]来存放该班 40 个学生的学号信息，则数组 stuNum 中的每一行存放一个学生的学号（即一个字符串）。首先输入一个学生学号并存入该数组的第 0 行，然后是第 1 行、第 2 行……直到第 39 行，该过程通过循环结构可以很容易实现，具体步骤如下。

① 设置 i 的初值为 0，即 i = 0。

② 定义二维字符数组 stuNum[N][20]，其中 N 采用宏定义的形式规定为 40。

③ 判断 i<N 是否成立。若成立，执行步骤④；否则，执行步骤⑥。

④ 输入第 i 个学生学号，将之存入数组 stuNum 中的第 i 行。

⑤ i=i+1，执行步骤③。

⑥ 算法结束。

上述步骤的流程如图 4-11 所示。

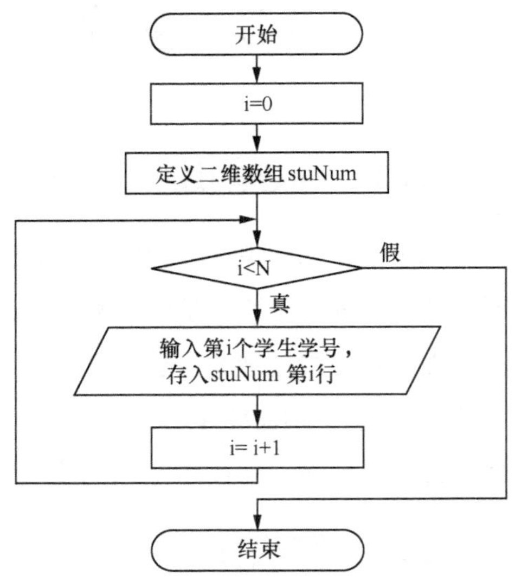

图 4-11　N 个学生学号数据输入的流程

4.3.3 算法实现

为了利用 C 语言来实现图 4-11 所示的算法，需要学习 C 语言程序设计中的多维数组的定义与初始化，字符数组的定义、初始化、元素引用，以及字符串的输入与输出。因此本小节首先阐述这些相关知识，然后阐述该算法的 C 语言实现。

1. 程序设计相关知识

（1）多维数组的定义与初始化

数组的下标个数决定了数组的维数，具有两个下标的数组称为二维数组，具有两个以上下标的数组则称为多维数组。

例如：

```
int a[3][3], b[2][2][2];
```

其中 a 是二维数组，b 是三维数组或多维数组，本书主要介绍二维数组。

二维数组类型定义的一般形式是：

```
类型说明符 数组名[整型常量表达式 1][整型常量表达式 2];
```

说明如下。

① 整型常量表达式 1 表示第一维下标的长度（或称数组行数），整型常量表达式 2 表示第二维下标的长度（或称数组列数），二维数组声明中的其他内容与一维数组声明相同。

② 二维数组的长度为整型常量表达式 1 与整型常量表达式 2 之积。

例如：

```
int a[3][4];
```

定义了一个 3 行 4 列共 12 个元素的数组，数组名为 a，其下标变量的类型为整型，即数组 a 的逻辑存储结构为：

```
         第 0 列     第 1 列     第 2 列    第 3 列
第 0 行： a[0][0]， a[0][1]， a[0][2]，a[0][3]
第 1 行： a[1][0]， a[1][1]， a[1][2]，a[1][3]
第 2 行： a[2][0]， a[2][1]， a[2][2]，a[2][3]
```

二维数组在概念上是二维的，即其下标在两个方向上变化，二维下标变量在数组中的位置也处于一个平面之中（或者按数学概念称为矩阵）。二维数组可被看作一种特殊的一维数组，该数组中的每个元素又是一个一维数组。例如，可把上述二维数组 a 看作一个一维数组，它有 3 个元素：a[0]、a[1]、a[2]。每个元素又是一个包含 4 个元素的一维数组：

```
a[0] ------ a[0][0]， a[0][1]， a[0][2]，a[0][3]
a[1] ------ a[1][0]， a[1][1]， a[1][2]，a[1][3]
a[2] ------ a[2][0]， a[2][1]， a[2][2]，a[2][3]
```

此时，可以把 a[0]、a[1]、a[2]看作 3 个一维数组的名字。

二维数组的物理存储是连续编址的，也就是说存储器单元是按一维线性排列的，具体存储方式是按行优先排列，即在内存中首先顺序存放第 0 行元素（下标从 0 开始），接着存放第 1 行元素，依次递增，直至存入所有行的元素。上例二维数组 a 的物理存储结构如图 4-12 所示。

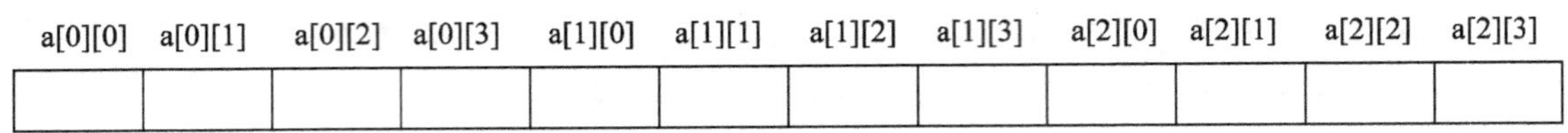

图 4-12　二维数组物理存储结构

由图 4-12 可以看出，二维数组按行依次存放，先存放 a[0]行，再存放 a[1]行，最后存放 a[2]行。每行中的 4 个元素也是依次存放。

二维数组初始化也是在定义二维数组的同时为该数组的元素赋初值，二维数组初始化的方式一般有以下几种。

① 对二维数组中的所有元素赋初值。

- 以二维数组的行为单位分别赋初值，例如：

```
int a[3][4]={{85,77,76,90},{87,85,70,63},{59,71,65,61}};
```

其中数组的每一行元素的值放在“{ }”中，“{ }”之间用“,”分隔，所有行的初值再用“{ }”标注。上例中，二维数组 a 赋初值后则有：

```
              第 0 列          第 1 列          第 2 列         第 3 列
第 0 行:  a[0][0]=85,  a[0][1]=77,  a[0][2]=76, a[0][3]=90
第 1 行:  a[1][0]=87,  a[1][1]=85,  a[1][2]=70, a[1][3]=63
第 2 行:  a[2][0]=59,  a[2][1]=71,  a[2][2]=65, a[2][3]=61
```

- 按二维数组的行连续赋初值，例如：

```
int a[3][4]={ 85,77,76,90,87,85,70,63,59,71,65,61};
```

- 允许省略数组的第一维长度，例如：

```
int a[ ][4]={ 85,77,76,90,87,85,70,63,59,71,65,61};
```

以上 3 种赋初值方式，执行结果完全相同。

② 对二维数组的部分元素赋初值。

例如：

```
int a[3 ][4]={ {85},{77,76},{90,87,85}};
```

数组 a 初始化时，只对部分元素赋初值，其余元素值自动为 0。所以该例赋初值后则有：

```
              第 0 列          第 1 列          第 2 列         第 3 列
第 0 行:  a[0][0]=85,  a[0][1]=0 ,  a[0][2]=0 , a[0][3]=0
第 1 行:  a[1][0]=77,  a[1][1]=76,  a[1][2]=0 , a[1][3]=0
第 2 行:  a[2][0]=90,  a[2][1]=87,  a[2][2]=85, a[2][3]=0
```

（2）字符数组的定义

用来存放字符型数据的数组称为字符数组，数组的数据类型为 char。字符型数据应用较为广泛，通常以字符串的形式应用。

字符串是以双引号标注的 0～n 个字符的有限序列（$n \geq 0$ 为字符串长度，$n=0$ 为空串）。然而，C 语言中没有字符串类型，字符串是存放在字符数组中的。

字符数组类型声明的形式与数组定义的格式相似。一维字符数组定义格式为：

```
char 数组名[整型常量表达式];
```

例如：

```
char string[10];
```

声明一个一维字符数组 string，其中可以存放字符的个数为 10，如果存放字符串，其最大长度为 9，注意要为字符串结束标志'\0'（即空字符）预留一个字节的存储空间。

字符数组也可以是二维或多维数组。

例如：

```
char names[5][20];
```

声明一个二维字符数组 names，如果存放 5 个人的姓名（字符串），每个人姓名的最大长度为 19 个字符。

（3）字符数组的初始化

① 可以在说明字符串的同时初始化字符串。

例如：

```
char c[10]={'c', ' ', 'p', 'r', 'o', 'g', 'r', 'a', 'm', '\0'};
```

初始化后各元素的值为：

c[0]= 'c'、c[1]= ' '、c[2]= 'p'、c[3]= 'r'、c[4]= 'o'、c[5]= 'g'、c[6]= 'r'、c[7]= 'a'、c[8]= 'm'、c[9]= '\0'。

由此可见，用这种方法来初始化字符数组比较麻烦，不仅要为每个元素都加上单引号，还要最后多加一个字符串结束标志。

② 在 C 语言中，允许用字符串的方式对数组进行初始化赋值。

例如：

```
char s[10]={"program"};
```

或去掉“{}”后写为：

```
char s[ ]= "program";
```

采用字符串的方式初始化时，数组 s 的长度自动设置为 8，是字符串的实际长度加 1（多出的 1 个字节存放'\0'）。

当采用第一种方式初始化后，字符数组 s 中各元素的值如图 4-13 所示。

S[0]	S[1]	S[2]	S[3]	S[4]	S[5]	S[6]	S[7]	S[8]	S[9]
'p'	'r'	'o'	'g'	'r'	'a'	'm'	\0	\0	\0

图 4-13　字符数组存储结构

③ 二维字符数组的初始化。

对于二维字符数组，可以存放多个字符串，即二维数组的每一行均可存储一个字符串。在初始化时，代表存储字符串个数的一维下标可以省略，但表示字符串长度的二维下标不能省略。

例如：将星期一至星期日的英文单词依次存放到一个二维数组中。

```
char week[7][10]={"Monday", "Tuesday", "Wednesday", "Thursday", "Friday", "Saturday", "Sunday"};
```

也可写成：

```
char week[ ][10]={"Monday", "Tuesday", "Wednesday", "Thursday", "Friday", "Saturday", "Sunday"};
```

此时，可将二维字符数组 week 看作一个元素为一维数组的一维数组，包含 7 个元素：week[0]、week[1]、week[2]、week[3]、week[4]、week[5]、week[6]，分别存放“Monday”“Tuesday”“Wednesday”“Thursday”“Friday”“Saturday”“Sunday”。

当用字符串来初始化字符数组时，应注意以下问题。

① 字符数组的长度至少应该比实际存储的字符串长度多 1。

② 一维字符数组在定义时，如果同时初始化赋值，则可省略数组元素下标，此时数组长度为初始化字符串的长度加 1。如果没有初始化赋值，则必须说明数组的长度。

③ 如果字符数组采用字符方式初始化，则应在字符串的结尾处，再加一个字符串结束标志'\0'。

④ 对于二维字符数组的初始化，只可省略一维下标，不可省略二维下标。

（4）字符数组元素的引用

字符数组元素引用的语法规则：

```
字符数组名[下标]
```

当字符数组存放一连串的单个字符时，与普通数组没有任何区别。

【例 4.3】 字符数组的应用。

```
/*p4_5.c*/
#include<stdio.h>
int main()
{
    int i=0;
    char c[10]={'c', ' ', 'p', 'r', 'o', 'g', 'r', 'a','m','.'};
    while(i<10)
    {
        printf("%c",c[i]);      /* 字符数组元素的引用，即输出数组元素的值 */
        i++;
    }
    printf("\n");
    return 0;
}
```

运行结果如图 4-14 所示。

需要注意的是，该数组中没有存储空字符'\0'，因此该数组中存放的不是字符串。

```
c program.
Press any key to continue
```

图 4-14　字符数组的程序运行结果

（5）字符串的输入和输出

除了在定义字符数组时赋予字符串初值以外，还可以用 scanf、printf 等函数一次性输入/输出一个字符数组中的字符串，而不必使用循环体逐个输入/输出每个字符。

把一个字符数组看成字符串后，可以直接使用“%s”来完成输入/输出。字符串输入的语法格式如下：

```
scanf("%s",地址值);
```

其中地址值可以是字符数组名、字符指针、字符数组元素的地址。在 C 语言中，数组名代表该数组的起始地址，因而 scanf 函数中输入项是字符数组名时，不用再加地址符“&”。字符指针是指指向字符的地址，将在第 6 章阐述。

例如：

```
char str[15];
scanf("%s",str);
```

表示用键盘输入一个字符串存放到 str 字符数组中。

注意事项如下。

① 不读入空格符和回车符，输入字符串时从空格符或回车符处结束。

② 输入字符串长度超过字符数组元素个数时，不报错。

③ 当输入项为字符指针时，指针必须已指向确定的有足够空间的连续存储空间。

④ 当地址值为数组元素地址时，从该元素地址开始存放。

⑤ 输入字符串时，待输入内容不要用双引号标注。

字符串输出的语法格式：

```
printf("%s",地址值);
```

其中地址值可以是字符数组名、字符指针、字符数组元素的地址。

在输出时，遇到第一个字符串结束标志'\0'则结束输出。

【例 4.4】　字符数组中字符串的输入与输出。

```
/*p4_6.c*/
#include<stdio.h>
int main()
{
      char string[20]=" ";
      printf("please input a string: ");
      scanf("%s",string);
      /*因为字符数组名本身就是一个地址，所以 scanf 语句中不需取地址符&*/
      printf("%s\n",string);
      return 0;
}
```

运行结果如图 4-15 所示。

由此可见，当字符数组存放一个字符串时，使字符串的输入/输出变得简单方便。

```
please input a string: workstation
workstation
Press any key to continue_
```

图 4-15　字符数组存放字符串的程序运行结果

注意事项。

① 在本例中，scanf 函数、printf 函数使用的格式字符串为“%s”，表示输入/输出的是一个字符串，因此在输出表列中只需给出数组名即可，不能写成：printf("%s",string[ ])。

② 在用 scanf 函数接收字符串时，字符串中不能含有空格符，否则系统会将空格符视作字符串结束，此时可采用 gets 函数（参看 4.5.3 小节）输入字符串。

③ 用 scanf 函数接收字符串时，由于需要留出一个字符串结束标志'\0'的存储空间，因此字符串长度必须小于字符数组的长度。

2. C 语言编程实现

为了输入一个班所有学生的学号，按照 4.3.2 小节的算法描述（见图 4-11），做出如下编程实现。

```
/*p4_7.c*/
#include <stdio.h>
#define N 40
int main()
{
    int i=0;                          /*设置计数器 i，指示当前要处理第 i 个学生的信息*/
    char stuNum[N][20];               /*存放 N 个学生的学号*/
    while(i<N)                        /*还有学生信息等待处理*/
    {
        scanf("%s",stuNum[i]);        /*输入第 i 个学生的学号*/
        i++;                          /*指示下一个要处理的学生信息*/
    }

    i=0;                              /*重新给变量 i 赋初值 0*/
    while(i<N)                        /*输出 N 个学生的学号，以检验输入的正确性*/
    {
        printf("%s", stuNum[i]);      /*输出第 i 个学生的学号*/
        printf("%s","    ");          /*设置字符串之间间距*/
        if ((i+1)%10==0)              /*每 10 个元素换一行*/
            printf("\n");
        i++;
    }
    return 0;
}
```

程序说明如下。

① 由于 C 语言中数组元素下标从 0 开始，因此计数器变量 i 的初始值为 0，指示当前要处理第 i 个学生的信息。

② 利用二维字符数组 stuNum 来存放 N 个学生的学号，其中一维字符数组 stuNum[i]（$0 \leqslant i \leqslant N-1$）代表该二维数组中的第 i 行，存放第 i 个学生的学号。

③ 利用 while 循环处理该班每个学生的信息。设置计数器变量 i，由 i 来控制循环体的进行，每处理完一个学生的信息，则 i 加 1。

④ 为了提高程序的可读性和可维护性，采用宏定义的形式规定学生的人数 N。

4.4　课程成绩平均分计算问题求解

4.4.1　问题阐述

基于前文的知识，读者已能完成班级学生的学号和语文成绩的输入。现在需要求出该班语文成绩的平均分，请问如何处理？

4.4.2　算法分析

为了求出语文成绩的平均分，可将每个学生的该门成绩累加，然后将累加值除以人数 N，即得平均分。结合前文所学知识，可在 4.2.2 小节算法的基础上，将所有学生语文成绩累加再求平均值即可。具体来说，采用一维实型数组 stuGrade 来存放 N 个学生的语文成绩，利用计数器 i 控制数据的输入和累加，利用累加器 sum 保存语文成绩的和。步骤如下。

① 定义计数器 i 和累加器 sum，i = 0，sum = 0。

② 定义数组 stuGrade。

③ 判断 i<N 是否成立。若成立，执行步骤④；否则，执行步骤⑥。

④ 输入第 i 个学生的语文成绩，将之存入数组元素 stuGrade[i]中。

⑤ sum=sum + stuGrade[i]。

⑥ i=i+1，执行步骤③。

⑦ 输出 sum/N 的值。

⑧ 算法结束。

上述步骤的流程如图 4-16 所示。

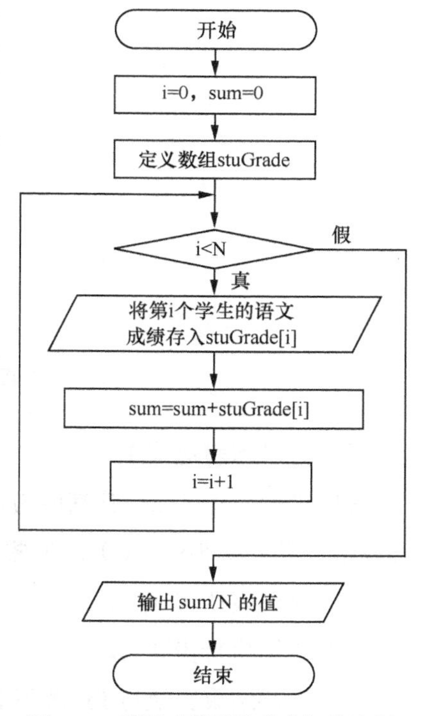

图 4-16　课程成绩平均分求解的流程

4.4.3　算法实现

C 语言中的 for 循环因其简单、灵活的特点而被广泛使用，基于此，本节介绍如何利用

for 循环来实现图 4-16 所示的算法。因此本小节首先阐述 for 循环的定义和使用方法，然后阐述图 4-16 所示算法的 C 语言实现。

1. 程序设计相关知识

for 循环的使用非常灵活。当循环次数已知时，for 循环实现非常简单、清晰，for 循环也可用于循环次数不确定和循环结束条件未知的情况。

for 循环的一般格式如下：

```
for(表达式 1; 表达式 2; 表达式 3)
    语句
```

其中的语句是循环体。循环体只能是一条语句，可以是一条简单语句，也可以是一条复合语句。for 循环的执行流程如图 4-17 所示，具体步骤如下。

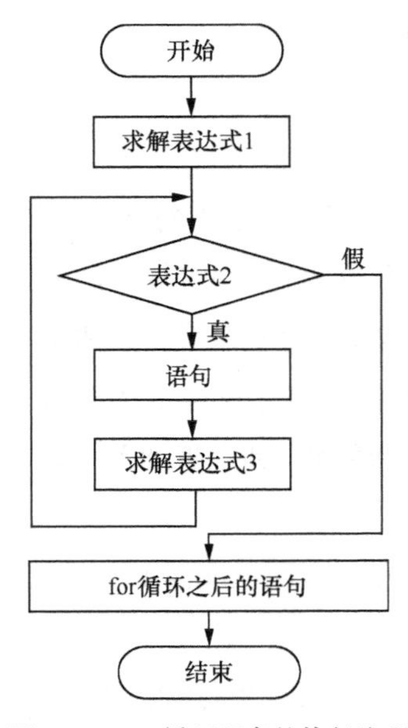

图 4-17　for 循环程序的执行流程

① 先求解表达式 1。

② 求解表达式 2，若其值为真（非 0），则执行 for 语句中指定的内嵌语句，然后执行步骤③；若其值为假（0），则循环结束，执行步骤⑤。

③ 求解表达式 3。

④ 继续执行步骤②。

⑤ 循环结束，执行 for 循环下面的一条语句。

上述 for 循环改写为等价的 while 循环的形式如下：

```
表达式 1;
while(表达式 2)
{
```

```
        语句
        表达式 3;
}
```

针对 for 循环的执行流程，做如下说明。

① 表达式 1 在循环执行过程中只执行一次，它可以用来设置循环控制变量初值。

② 表达式 2 的作用是判断循环结束的条件，通常为关系表达式或逻辑表达式，也可以是数值表达式或字符表达式，用于决定什么时候退出循环。

③ 表达式 3 的作用是改变控制变量的值，规定每循环一次后循环控制变量如何发生改变。

④ 以上 3 个表达式之间用“;”分隔。

因此，对于 for 循环的最简单应用形式也可以理解为如下的形式：

```
for(循环变量赋初值; 循环条件; 改变循环控制变量)
        语句
```

【例 4.5】　计算 10!并显示结果，用 for 循环实现。

说明：关于计算 10!的方法，4.1.3 小节已经采用 while 循环实现，本节则采用 for 循环来达到相同目的。为便于理解程序，其对应的流程如图 4-3 所示。

```
/*p4_8.c*/
#include<stdio.h>
int main()
{
        int i,p;
        p=1;
        for(i=1;i<=10;i++)
        {
                p=p*i;
        }
        printf("10!= %d\n",p);
        return 0;
}
```

运行结果如图 4-18 所示。

```
10!= 3628800
Press any key to continue
```

图 4-18　利用 for 循环计算 10!的程序运行结果

注意事项。

① 表达式 1 在循环执行过程中，只执行一次，它可以是设置循环控制变量初值的赋值表达式，也可以是与循环控制变量无关的其他表达式。

如例 4.5 所示，main 函数可以写成如下形式：

```
int main()
{
        int i,p;
        for(p=1,i=1;i<=10;i++)
        …
}
```

可将 p=1 这条独立语句放入 for 循环的表达式 1 中，并与 i=1 构成一个逗号表达式。

② 表达式 1、表达式 2、表达式 3 都是可选项，即 3 个表达式可以省略其中一个、两个或全部，但“;”不能省略。

例 4.5 中，省略表达式 1，表示在 for 循环中不对控制变量赋初值。

例如：

```
int main()
{
    int i,p;
    p=1;
    i=1;
    for(;i<=10;i++)
    …
}
```

省略表达式 2，表示不判断循环条件，循环将无限执行下去，也就认为表达式 2 的值始终为真（非 0）。此种情况下，需要在循环体中设置结束循环的语句，否则程序将陷入死循环。

省略表达式 3，表示不改变循环控制变量的值。例 4.5 中，如果省略表达式 3，则表达式 3 直接放在循环体内的最后一条语句即可。

例如：

```
int main()
{
    int i,p;
    p=1;
    for(i=1;i<=10;)
    {
        p=p*i;
        i++;
    }
    printf("10!= %d\n",p);
    return 0;
}
```

③ 表达式 1 和表达式 3 可以是一个简单表达式，也可以是逗号表达式。在逗号表达式内按从左到右的顺序计算，其返回值与类型是最右边表达式的值与类型。

【例 4.6】 编写程序求一个 3 行 4 列矩阵的转置矩阵。

矩阵 ***A*** 的转置矩阵用矩阵 ***B*** 表示，显而易见矩阵 ***B*** 是由矩阵 ***A*** 的行列互换后得到的，这时两个矩阵元素的关系可表示为：a[i][j]=b[j][i]。用嵌套的 for 循环即可完成此任务。

```
/*p4_9.c*/
#include<stdio.h>
int main()
{
    int i,j,a[3][4],b[4][3];
    /*输入数组 a 中各元素*/
    printf("\nPlease enter the elememnts of matrix a(3*4):\n");
    for(i=0;i<3;i++)                        /*处理数组 a 中的一行中各元素*/
        for(j=0;j<4;j++)                    /*处理数组 a 中某一列各元素*/
            scanf("%d",&a[i][j]);           /*输入数组 a 各元素*/
```

```
    /*求得数组 a 的转置矩阵数组 b*/
    for(i=0;i<3;i++)                    /*处理数组 a 中的一行中各元素*/
        for(j=0;j<4;j++)                /*处理数组 a 中某一列各元素*/
            b[j][i]=a[i][j];            /*将数组 a 中元素值赋给数组 b 中相应元素*/
    /*输出数组 b 中各元素*/
    printf("The transpose matrix A:");
    for(i=0;i<4;i++)
    {
        printf("\n");
        for(j=0;j<3;j++)
            printf("%4d",b[i][j]);
    }
    printf("\n");
    return 0;
}
```

运行结果如图 4-19 所示。

```
Please enter the elememnts of matrix a(3*4):
1 2 3 4
3 4 5 6
5 6 7 8
The transpose matrix A:
   1   3   5
   2   4   6
   3   5   7
   4   6   8
Press any key to continue
```

图 4-19　求转置矩阵的程序运行结果

2. C 语言编程实现

为了求出语文成绩的平均分，按照 4.4.2 小节的算法描述（见图 4-16），做出如下编程实现。

```
/*p4_10.c*/
#include <stdio.h>
#define N 40
int main()
{
    int i;                  /*设置计数器 i，指示当前要处理第 i 个学生的信息*/
    float sum;              /*设置累加器*/
    float stuGrade[N];      /*存放 N 个学生的语文成绩*/
    float ave;              /*存放语文平均成绩*/
    for(i=0,sum=0;i<N;i++)
    {
        scanf("%f",&stuGrade[i]);      /*输入第 i 个学生的语文成绩*/
        sum+=stuGrade[i];              /*累加第 i 个学生语文成绩*/
    }
    ave=sum/N;          /*求得语文课程的平均成绩*/
    printf("Average grade of Chinese Course is: %6.1f\n",ave);
    return 0;
}
```

程序说明如下。

① 利用数组 stuGrade[N]存放 N 个学生的语文成绩，利用变量 sum 存放已累加的语文成绩之和，利用变量 ave 存放语文课程平均成绩。

② 由于 C 语言中数组元素下标从 0 开始，因此计数器变量 i 的初始值为 0，指示当前要处理第 i 个学生的信息。

③ 利用 for 循环处理该班的每个学生语文成绩，由计数器变量 i 来控制循环体的进行，每处理完一个学生的信息，则 i 的值自动加 1。

④ 为了提高程序的可读性和可维护性，采用宏定义的形式规定学生的人数 N。

采用 while 循环也能实现该程序的功能，但采用 for 循环的实现方式显得更为精简。

4.5 学生成绩查询问题求解

4.5.1 问题阐述

基于前文的知识，读者已能完成班级学生的学号和语文成绩的输入，并求出语文成绩的平均分。现在需要根据某个学生的学号来查询该生的语文成绩，请问如何处理？

基于前文所述，可以采用一维字符数组来存放学生语文成绩，采用二维字符数组来存放学生学号信息。由于学生学号在计算机中通常采用字符串来表示，因此解决上述问题的关键是判断所给定的学号（字符串）是否存在于存放所有学生学号信息的二维数组中。

4.5.2 算法分析

采用一维字符数组 numCheck[20]来存放待查学生学号，采用二维字符数组 stuNum[N][20]来存放该班的 N 个学生学号。将 numCheck 所存字符串与 stuNum[i]（$0 \leqslant i \leqslant N-1$）所存字符串进行比较，判断当前第 i 个学生的学号是否与待查学号相等。若相等，表示存在待查学号信息，则输出该学生的语文成绩，查询结束；否则，i 的值加 1，继续比较 numCheck 所存字符串与 stuNum[i]所存字符串是否相等。如此循环下去，直到找到待查学号或者搜索完毕全部已输入的学生学号。步骤如下。

① 输入 N 个学生的学号和语文成绩，分别存入二维字符数组 stuNum 和一维字符数组 stuGrade。

② 定义计数器 i，i = 0。

③ 输入待查询的学号，并存入一维字符数组 numCheck。

④ 判断 i<N 是否成立。若成立，执行步骤⑤；否则，执行步骤⑥。

⑤ 比较 numCheck 所存字符串与 stuNum[i]所存字符串是否相等。若相等，则输出第 i 个学生的语文成绩，查询结束；否则，i 的值加 1，执行步骤④。

⑥ 提示没有找到该学生成绩，查询结束。

上述步骤的流程如图 4-20 所示。

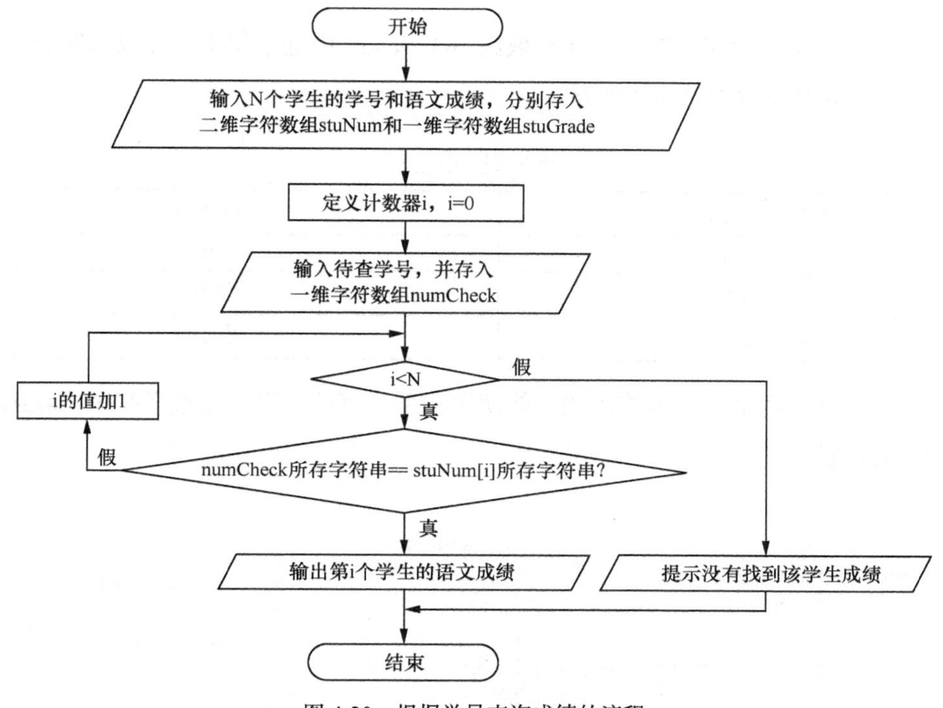

图 4-20　根据学号查询成绩的流程

需要指出的是，由于前文已经阐述如何输入和存储 N 个学生学号和语文成绩，故对上述步骤①进行了简化。

4.5.3　算法实现

为了利用 C 语言来实现图 4-20 所示的算法，需要学习 C 语言程序设计中的字符串比较函数 strcmp、字符串输入函数 gets、字符串输出函数 puts，以及 break 语句。因此本小节首先阐述这些相关知识，然后阐述该算法的 C 语言实现。

1. 程序设计相关知识

（1）字符串处理函数

为了方便用户处理诸如输入、输出、连接、复制、比较等字符串操作，C 语言函数库提供了丰富的字符串处理函数，常用的函数种类包括：字符串输入/输出函数、连接函数、复制函数、比较函数等。

通过这些字符串函数，可以显著减轻编程的负担。当使用输入/输出字符串函数时，需在使用前包含头文件“stdio.h”；使用其他字符串函数时，则应包含头文件“string.h”。下面阐述本节所需的字符串比较函数 strcmp、字符串输入函数 gets 和字符串输出函数 puts。

① 字符串比较函数 strcmp

格式：

```
strcmp(str1,str2);
```

功能：按照 ASCII 顺序比较两个字符数组 str1 和 str2 中的字符串，并以函数的返回值为比较结果，其返回值含义如表 4-1 所示。

表 4-1 字符串比较结果

字符串的关系	返回值
str1==str2	0
str1>str2	大于 0
str1<str2	小于 0

需要注意的是，两个字符串的比较不能使用关系运算符，只能通过字符串比较函数进行两个字符串的比较。

例如：

```
…
char ch1[ ]="student";
char ch2[ ]="students";
…
strcmp(ch1, ch2);    /* 正确的字符串比较方式*/
…
```

而不能写成 ch1 = = ch2 或 ch1 > ch2 或 ch1 < ch2 等形式。

② 字符串输入函数 gets

格式：

```
gets(str)
```

功能：从标准输入设备输入一个字符串并赋值给字符数组 str。该函数调用成功，其返回值则为该字符数组的起始地址；调用失败，返回值则为 NULL。

例如：

```
…
int i=0;                /*设置计数器 i，指示当前要处理第 i 个学生的信息*/
char stuNum[10][20];    /*存放 10 个学生的学号*/
while(i<10)             /*输入 10 个学生的学号*/
    gets(stuNum[i]);    /*输入第 i 个学生的学号*/
…
```

gets 函数并不以空格作为字符串输入结束的标记，而以回车符作为输入结束标记。这和 scanf 函数是有区别的，读者应当注意。

③ 字符串输出函数 puts

格式：

```
puts(str)
```

功能：将字符数组 str 中的字符串输出到标准输出设备上，即在标准输出设备上显示该字符串的值。

例如：

基于 gets 函数中的案例代码，采用以下语句实现多个学生学号的输出：

```
while(i<10)                    /*输出 10 个学生的学号*/
     puts(stuNum[i]);          /*输出第 i 个学生的学号*/
```

此外，其他常用的字符串处理函数有：字符串长度计算函数 strlen、字符串拷贝函数 strcpy、字符串连接函数 strcat、字符串字母大写转小写函数 strlwr、字符串字母小写转大写函数 strupr 等。

（2）break 语句

break 语句的作用是使程序的执行流程从一个语句块内部退出。在 while 循环、do-while 循环结构中，break 语句通常与 if 语句一起使用，实现当满足某条件时使程序立即退出该循环结构，转而执行该循环结构后的第一条语句。

【例 4.7】　自然数 *n* 的阶乘小于 10 000，而且最接近 10 000，求 *n* 的值。

```
/*p4_11.c*/
#include<stdio.h>
int main()
{
     int i=1,t=1;
     while(1)                  /*由于结束条件不明确，先用死循环*/
     {
          t=t*i;
          if(t>10000)
               break;          /*当 t>10000，退出循环*/
          i++;
     }
     printf("满足条件的 n 值为：%d\n",i-1);
     return 0;
}
```

运行结果如图 4-21 所示。

```
满足条件的n值为：7
Press any key to continue
```

图 4-21　求阶乘值小于 10 000 的最大自然数的程序运行结果

注意事项如下。

① break 语句只能跳出当前循环。如果是嵌套循环，break 语句只能跳出该语句所在层的循环。

② 程序的运行结果应为 i−1 而不是 i。因为程序在运行 break 语句时阶乘的值已经不满足条件，也就是已经多乘了一个数，所以结果应该为 i−1。这是编程时需要注意的边界值问题。

2. C 语言编程实现

为了找到用户给定的某一学号学生的语文成绩，按照 4.5.2 小节的算法描述（见图 4-20），将从已输入的学生学号信息中从前往后逐个比较，判断当前的学生学号是否与待查学号相等。若相等，表示存在待查学号信息，则输出该生的语文成绩，查询结束；否则，继续比较已输入的下一个学生学号与待查学号是否相等。如此循环下去，直到在已输入的学生学号信息中找到待查学号信息，或者搜索完毕全部已输入的学生学号。编程实现如下。

```
/*p4_12.c*/
#include <stdio.h>
#include <string.h>
#define N 40
int main()
{
    int i=0;              /*设置计数器 i，指示当前要处理第 i 个学生的信息*/
    char stuNum[N][20];   /*存放 N 个学生的学号*/
    float stuGrade[N];    /*存放 N 个学生的语文成绩*/
    char numCheck[20];    /*存放待查学生的学号*/

    /*输入 N 个学生的学号和语文成绩*/
    while(i<N)   /*还有学生信息等待处理*/
    {
        scanf("%s",stuNum[i]);         /*输入第 i 个学生的学号*/
        scanf("%f",&stuGrade[i]);      /*输入第 i 个学生的语文成绩*/
        i++;         /*指示下一个要处理的学生信息*/
    }

    /*查找指定学号的学生的语文课程成绩*/
    printf("Please input the student number :\n"); /*提示输入待查学生学号*/
    gets(numCheck);          /*输入待查学生的学号*/
    for(i=0;i<N;i++)         /*重置计数器 i 为 0，依次扫描每个学生信息*/
    {
        if(strcmp(numCheck,stuNum[i])==0)      /*已找到待查学生*/
        {
            printf("The student's Chinese score is : %6.1f\n",stuGrade[i]);
            break;      /*提前结束循环*/
        }
    }

    if(i>=N)              /*没有找到待查学生*/
        printf("No result was found!\n");
    return 0;
}
```

程序说明如下。

① 利用二维字符数组 stuNum[N][20]来存放 N 个学生的学号，其中 stuNum[i]存放第 i 个学生的学号。

② 利用 stuGrade[N]存放 N 个学生的语文成绩。

③ 利用字符数组 numCheck[20]来存放待查学生的学号。

④ 利用 while 循环完成学生信息的输入，利用 for 循环完成指定学生学号的语文成绩查询。设置计数器变量 i（初始值设为 0），由 i 来控制这两种循环的循环体的执行过程，每处理完一个学生的信息，则 i 的值加 1。

⑤ 利用字符串处理函数 strcmp 来判断当前扫描的数组元素 stuNum[i]是否为待查学生。若是，则输出该学生的语文成绩，并利用 break 语句提前结束 while 循环；否则，继续扫描数组 stuNum 的下一元素。

⑥ 为了提高程序的可读性和可维护性，采用宏定义的形式规定学生的人数 N。

在上述的算法实现过程中，考虑的是已有学生信息中学号无序的情况。此种情况下，针对用户给定的某一学号，查询其对应的语文成绩时，就必须从数组中存放的首个学号开始搜索，判断其是否和要查询的学号相等。若不相等，则要搜索数组中的下一个学号来进行判断。循环下去，直到找到匹配的学号，或者搜索所有的 N 个学号，均未发现匹配项。此时，由于最坏情况要比较 N 次，因此问题的时间复杂度为 O(N)。

思考：如果已有的学生信息中学号已经有序，那么要查找特定学号的学生语文成绩，是否有比上述方法更快的查找策略？

4.6　累计吃香蕉问题求解

4.6.1　问题阐述

生活中还存在着很多常见的重复问题。例如，小东爱吃香蕉，假设每天他拥有一个香蕉，第一天他独享这一个香蕉，但从第二天开始，以后每天他都会多一个朋友和他分享这个香蕉，若每天按人数均分这个香蕉，请问在以后的日子里，如何知道到某天为止小东累计吃了多少香蕉？

4.6.2　算法分析

前文已经介绍了 for 循环和 while 循环，那么如何使用 do-while 循环解决此类问题呢？此问题实际上等价于求一个级数前 n 项的和，级数各项分子同为 1，而分母则为有序数，后一项分母为前一项分母加 1，各项分母可以在每一次循环结束时加 1 即可。步骤如下。

① 定义待求项数 n，计数器 i，i=1。

② 定义各项的和 s，s=0。

③ 输入待求的项数，存入变量 n。

④ 将当前 i 的倒数强制转换为浮点类型，并与当前 s 相加，结果存入 s 中。

⑤ i+=1，执行步骤⑥。

⑥判断 i<=n 是否成立。若成立，执行步骤④；否则，执行步骤⑦。

⑦ 输出 s 值。

⑧ 算法结束。

上述步骤的流程如图 4-22 所示。

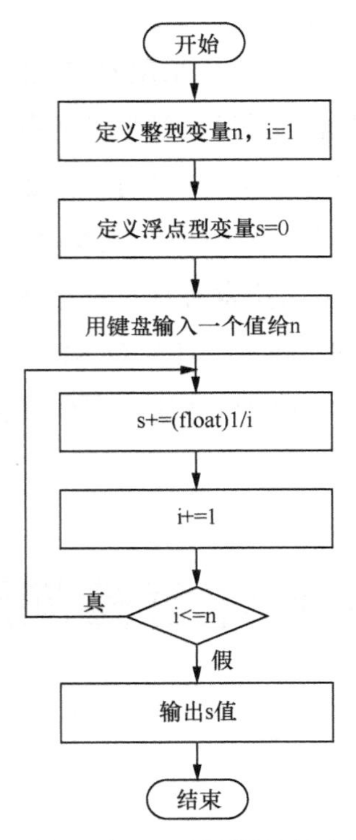

图 4-22　求 1～n 的倒数和的流程

此外，需要注意 s 和各项的数值类型，如果将程序中表达式 s+=(float)1/i 改为 s+=1/i，结果是否相同？请自行修改程序并对比运行结果，并分析原因。

4.6.3　算法实现

1. 程序设计相关知识

do-while 循环结构的特点：先无条件执行循环体，然后判断循环条件是否成立。其格式如下：

```
do
循环体
while(表达式);
```

do-while 循环的执行流程如图 4-23 所示：先执行一次循环体，然后判断表达式的值，当值为真（非 0）时，返回重新执行循环体，如此反复，直到表达式的值为假（0），循环结束，其特点是先执行循环体，再判断循环条件是否成立。

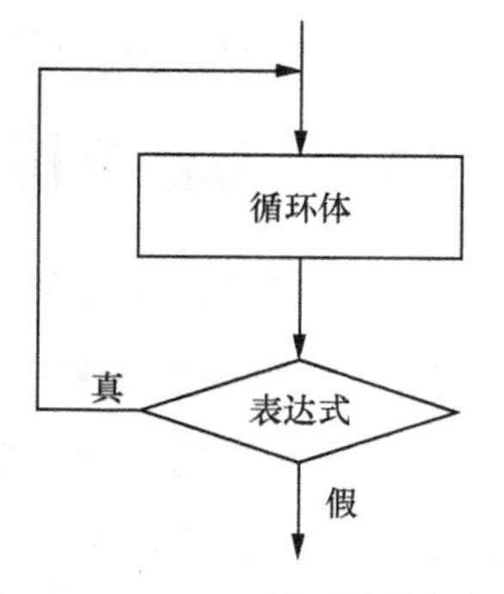

图 4-23　do-while 循环的执行流程

C 语言有 3 种循环：while 循环、do-while 循环、for 循环。虽然格式不同，但它们有共同的特点，都适用于循环结构的程序设计，并且都具有如下 3 部分内容：循环体的设计；循环条件的设计；循环入口的初始化工作。然而，while 循环和 do-while 循环更多地被用于未知循环次数的场合，在指定条件为真时循环执行代码块，而 for 循环一般用于规定了循环次数的情况，其条件选择是根据计数器计数次数是否达到循环次数而决定结束循环的条件。

2. C 语言编程实现

【例 4.8】　输入一个正整数 n，如何计算 1～n 的倒数和（即=1+1/2+1/3+…+1/n）并输出？要求用键盘输入 n，并用 do-while 循环实现。

```
/*p4_13.c*/
#include<stdio.h>
int main()
{
        int n,i=1;
        float s=0;
        printf("请输入一个正整数：");
        scanf("%d",&n);
        do{
            s+=(float)1/i;
            i+=1;
        }while(i<=n);
        printf("s=%f\n",s);
      return 0;
}
```

运行结果如图 4-24 所示。

```
请输入一个正整数：10
s=2.928968
请按任意键继续. . .
```

图 4-24　计算 1～n 的倒数和的程序运行结果

4.7　快速列出指定日期问题求解

4.7.1　问题阐述

本月第一天开始，小东参与了一项支援救助工作。由于工作强度大，他每工作两天休息一天，已知本月共有30天，请问小东的工作时间分布在本月的哪几天？

4.7.2 算法分析

由题意可知，假如从1号开始列出工作日期，则每逢3号或3号的倍数是休息日，因此本问题可以转换为求解某一范围内不能被某个数整除的所有元素的问题，即1～30之间不能被3整除的数。在for循环中，如果某个数能被另外一个整数整除，则跳过循环后面的语句进入下一个循环，否则就执行输出语句，输出该数值。步骤如下。

① 定义计数器i，i=1。

② 判断i<=30是否成立。若成立，执行步骤③；否则，执行步骤⑥。

③ 判断i是否能被3整除。若成立，执行步骤⑤；否则，执行步骤④。

④ 输出当前i的值。

⑤ i=i+1，执行步骤②。

⑥ 算法结束。

上述步骤的流程如图4-25所示。

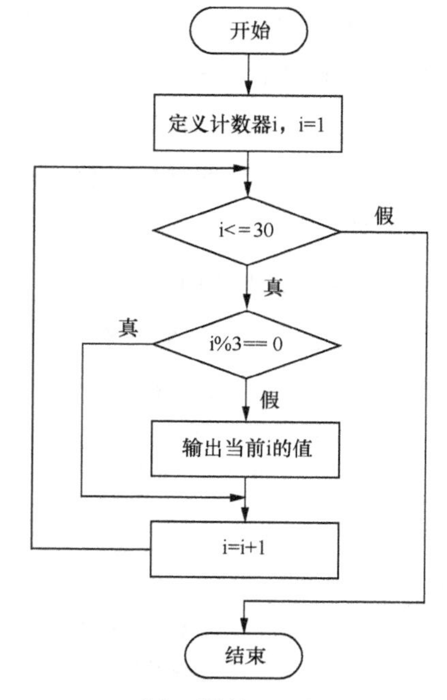

图4-25　1～30之间不能被3整除的数的求解流程

4.7.3 算法实现

1. 程序设计相关知识

break语句的功能是控制转移，有条件地改变程序的执行顺序。C语言常用的两种控制转移语句有break语句和continue语句，这两种控制转移语句可以用于for循环、while循环和do-while循环。

continue语句的作用是跳过循环体中剩余的语句而强行执行下一次循环。注意，它并不是结束循环，它只能用在for、while、do-while循环中，常与if条件语句一起使用，实现当满足某条件时，强行跳过本次循环中剩余的语句而执行下一次循环；对于while、do-while循环，执行完continue语句就立即判断循环条件；对于for循环，执行完continue语句就先执行表达式3，然后才判断循环的条件。

因此，本题利用continue语句来处理比较简单。

break语句和continue语句的区别：break语句是结束所在的循环，即不再进行循环条件的判断，强行中止所在循环而执行该循环后面的语句；continue语句只结束本次循环，而不终止整个循环的执行，执行下次循环。

2. C 语言编程实现

【例 4.9】 输出 1～30 之间不能被 3 整除的数。

```
/*p4_14.c*/
#include<stdio.h>
int main()
{
    int i;
    for(i=1;i<=30;i++)
    {
        if(i%3==0)
            continue;        /*如果 i 能被 3 整除，则结束本次循环即不输出该 i 的值*/
        printf("%d\t",i);
    }
    return 0;
}
```

运行结果如图 4-26 所示。

```
1       2       4       5       7       8       10      11      13      14      16      17      19      20      22
        23      25      26      28      29      请按任意键继续. . .
```

图 4-26　求 1～30 之间不能被 3 整除的数的程序运行结果

4.8　销售员月平均话费问题求解

4.8.1　问题阐述

已知某公司有多个销售员，每个销售员都使用手机进行业务推销，公司每季度为销售员报销一次话费，那么为便于公司了解各销售员话费情况，如何求每个销售员的月平均话费？

4.8.2　算法分析

如果要表示某个销售员的某月话费，虽然可以定义多个一维数组来实现，但会导致代码冗余且可读性较差，因此选择二维数组来解决此问题。可以设一个二维数组 bill[M][N]存放 M 个销售员 N 个月的话费，并声明两个一维数组 num[M]、aver[M]分别存放 M 个销售员的工号和月平均话费。另外，要计算每个销售员所有月份的平均话费。由于每个销售员求平均话费的操作步骤都相同，因此，建议通过一个双重循环来完成对 M 个销售员 N 个月平均话费的计算，使代码更加紧凑高效。步骤如下。

① 定义一维数组 num[M]、aver[M]，二维数组 bill[M][N]，计数器 i、j，累加器 sum，i=0，j=0。

② 判断 i< M 是否成立。若成立，执行步骤③；否则，执行步骤⑦。

③ sum=0。

④ 判断 j < N 是否成立。若成立，执行步骤⑤；否则，执行步骤⑥。

⑤ sum=sum+bill[i][j]，j=j+1，执行步骤④。

⑥ aver[i]=sum/N，i=i +1，执行步骤②。

⑦ i=0。

⑧ 判断 i< M 是否成立。若成立，执行步骤⑨；否则，执行步骤⑩。

⑨ 输出当前销售员工号及其月平均话费。

⑩ 算法结束。

上述步骤的流程如图 4-27 所示。

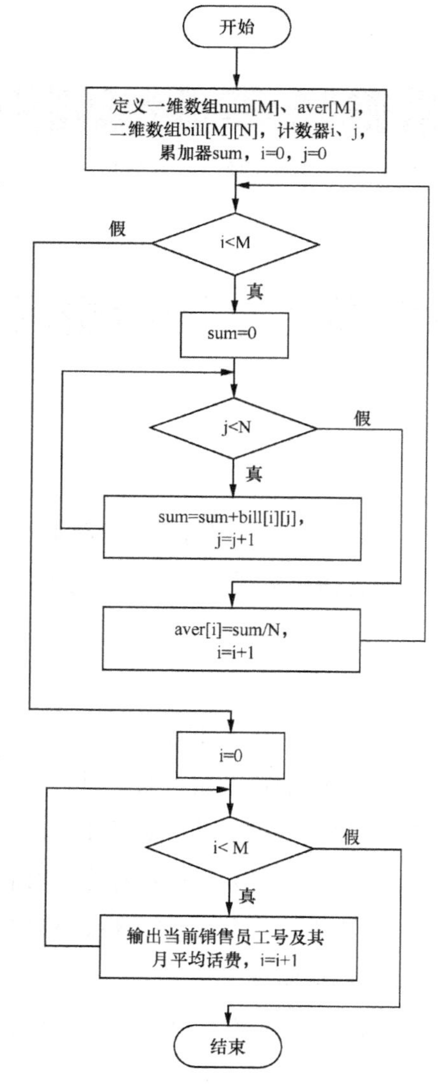

图 4-27　M 个销售员 N 个月的月平均话费求解流程

4.8.3　算法实现

1．程序设计相关知识

for 循环、while 循环以及 do-while 循环都允许嵌套，并且可以相互嵌套，构成多重循环结构，具体简单的嵌套形式如下。

for 循环嵌套如下：

```
for( ;;)
{
      …
      for( ;;)
      {
            …
      }
      …
}
```

while 循环嵌套如下：

```
while()
{
      …
      while()
      {
            …
      }
      …
}
```

do-while 循环嵌套如下：

```
do
{
      …
      do
{
            …
}while();
…
}while();
```

上述 3 种嵌套中，for、while 以及 do-while 循环都可以交换，并且可以任意组合。使用嵌套结构时，注意嵌套的层次，不能交叉，嵌套的内外层循环一般不能使用同名的循环变量，并列结构的内外层循环允许使用同名的循环变量。

2．C 语言编程实现

【例 4.10】　设某公司共有 3 个销售员，为报销话费，每人向公司提交了第一季度每月话费情况，如表 4-2 所示，试计算第一季度每人的月平均话费。

表 4-2　　第一季度每月话费情况

Job_number	1 月话费/元	2 月话费/元	3 月话费/元
1001	80	75	92
1002	61	88	79
1003	69	63	70

```
/*p4_15.c*/
#include<stdio.h>
int main()
{
    static int num[]={1001,1002,1003};
    static int bill[3][3]={ {80,75,92},{61,88,79},{69,63,70}};
    int i,j;
    float sum, aver[3];
    for(i=0;i<3;i++)          /*分别对 3 个销售员第一季度每月的话费求均值*/
    {
       sum=0;
       for(j=0;j<3;j++)
            sum=sum+bill[i][j];
       aver[i]=sum/3;
    }
    printf("Job_number average cost(元)\n");
    for(i=0;i<3;i++)
         printf("\n%6d%12.1f\n",num[i],aver[i]);
    return 0;
}
```

运行结果如图 4-28 所示。

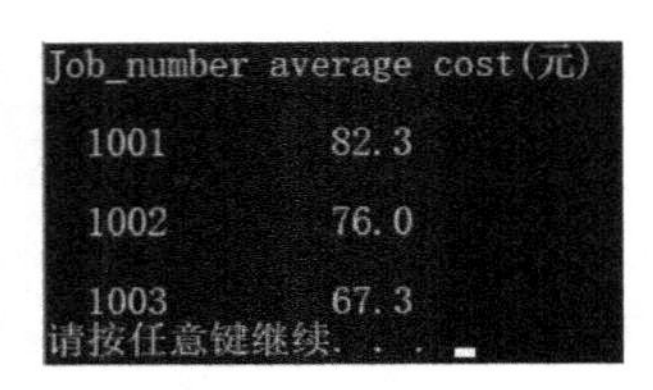

图 4-28　求各销售员第一季度的月平均话费的程序运行结果

4.9　分数排名问题求解

4.9.1　问题阐述

已知某班级有多名学生，每名学生都积极参加了学科竞赛考试，为选拔竞赛成绩排名靠前的学生进入校竞赛队，如何根据每名学生的得分降序输出学生学号的排名情况？

4.9.2　算法分析

根据总分由高到低进行排名是本问题的一个难点，属于计算机领域中的排序问题。设一个二维数组 score[M][N]存放 M 名学生的 N 门课程成绩，再声明两个一维数组 stuNumber[M]、totalScore[M]分别存放 M 名学生的学号和总分成绩。如何分别求每个学生的总分并根据总分大小降序排名？显然此问题需要重复地执行某些语句，通过一个二重循环完成对 M

名学生 N 门课程的总分成绩的计算，再用某种排序算法分别对总分成绩进行排序，最后输出相应结果。步骤如下。

① 从含有 N 个数据的列表中选择一个最大的元素，将它和列表的第一个元素交换位置。

② 从第二个元素位置开始（即在后面 N−1 个数据中）再次选择最大的元素，然后和列表的第二个位置的元素交换。

③ 在第三个元素位置开始（即在后面 N−2 个数据中）再次寻找最大的元素，然后和列表的第三个位置的元素交换。

④ 如此反复，直至最后从最后两个元素中选择一个最大的数据，并将它交换到第 N−1 个位置为止，整个排序操作结束。

上述步骤的流程如图 4-29 所示。

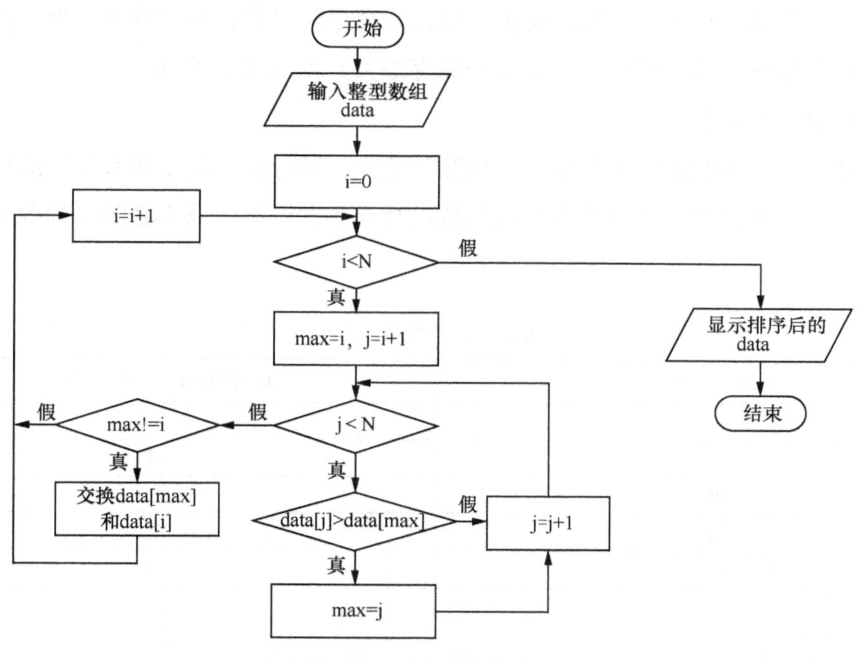

图 4-29　选择排序的流程

其中，整型数组 data 可以保存输入/输出的数据，使用一个循环依次处理每个元素，每次循环将本次起始位置元素 data[i]和最大元素 data[max]进行交换。最大元素的计算作为一个独立模块，负责查找 data[i+1]到 data[N−1]中最大元素，求出该元素下标 max，然后进行交换。

4.9.3　算法实现

1. 程序设计相关知识

为解决分数排名问题，下面介绍排序算法。将一组无序的数列重新排列成非递减或非递增的顺序是一种常见操作。在本书的学生成绩管理系统应用程序中，可以用一个数列表示一个班级的学生成绩，并按照从高到低的顺序重新排列，以得到成绩的分布情况。如果希望使用程序解决类似问题，可以用一组数据记录学生成绩，并将这组数据按照从高到低的顺序重新排列来得到结果。

排序算法有很多种，本小节介绍一种最简单的排序方法——选择排序。

选择排序是一种基于选择手段的排序方法，假设有 n 个数据需要按照从大到小的顺序重新排列，选择排序的原理是在起始位置的右侧（或左侧）找出最大的那个元素，然后和起始位置的元素交换（注：如果查找过程中最大的元素是当前步骤起止位置的元素，那么它就和它自己交换）。

按照上述算法思路，排序过程需要对数据序列进行多次扫描，每次都需要使用排序的次数和最大元素的位置，以便进行数据交换。因此，算法除了保存整个数列之外，还需要设置循环变量 i 来保存排序的次数和变量 max 来保存最大数据元素的下标。

2. C 语言编程实现

【例 4.11】 设某班级有 5 名学生参加数学竞赛，试计算并输出所有学生的数学竞赛排名情况，即将学号根据数学竞赛得分由高到低进行排名并输出。该 5 名学生的数学竞赛分数如表 4-3 所示。

表 4-3　5 名学生的竞赛分数

num（学号）	mathScore（数学分数）
1001	75
1002	88
1003	63
1004	87
1005	77

```
/*p4_16.c*/
#include <stdio.h>
#define N 5        /*参与排序的数据个数*/
int main()
{
    static int stuNumber[N]={1001,1002,1003,1004,1005}; /*学号*/
    static int mathScore [N]={75,88,63,87,77};     /*数学分数*/
    int sortNum[5]={1001,1002,1003,1004,1005};     /*排序后学号初始化*/
    int i,j,max,temp,temp2;
    for(i=0;i<N;i++)
    {
        max=i;
        for(j=i+1;j<N;j++)
        {
            if(mathScore [j]> mathScore [max])
                max=j;
```

```
            }
            if(max!=i)
            {
                temp= mathScore [i];
                mathScore [i]= mathScore [max];
                mathScore [max]=temp;

                temp2= sortNum [i];
                sortNum [i]= sortNum [max];
                sortNum [max]=temp2;
            }
        }
        printf("\n********数学竞赛排名情况*********\n");
        printf("  学号        数学分数\n");
        for(i=0;i<5;i++)
            printf("\n%6d%9d\n",sortNum[i], mathScore [i]);
        return 0;
    }
```

运行结果如图 4-30 所示。

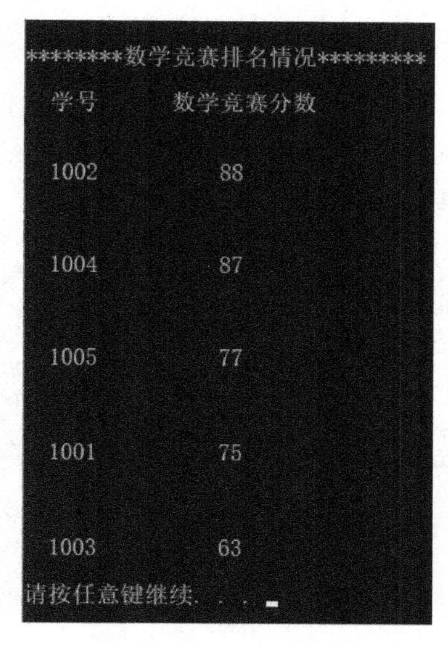

图 4-30　输出所有学生的数学竞赛排名情况

4.10　本 章 小 结

本章以学生个人信息（学号、成绩）的输入、处理和查询为着眼点，兼顾其他常见应用场景，阐述针对实际生活中的重复问题，学习如何运用计算机科学的思想与方法进行问题求解和算法设计，以及如何利用 C 语言中的循环结构和数组来实现相应的算法。

4.11 习 题 四

一、选择题

1. 在 while(x)语句中的 x 与下面条件表达式等价的是（　　）。

A. x= =0　　B. x= =1　　C. x!=1　　D. x!=0

2. 有以下程序：

```
main()
{
    int x=3;
    while(!x)
    {
        x--;
    };
    printf("%d",x);
}
```

该程序的执行结果是（　　）。

A. −1　　B. 0　　C. 3　　D. 2

3. 以下程序的执行结果是（　　）。

```
main()
{
    int  num = 0;
    while( num <= 2 )
    {
        num++;
        printf( "%d,",num );
    }
}
```

A. 0，1，2　　B. 1，2，　　C. 1，2，3，　　D. 1，2，3，4，

4. 若有以下程序：

```
main()
{
    int x=8,a=1;
    while(x)
        a++;
}
```

则语句 a++执行的次数是（　　）。

A. 0　　B. 1　　C. 无限次　　D. 有限次

5. 对于数组说法错误的是（　　）。

A. 必须先定义，后使用

B. 定义时数组的长度可以用一个已经赋值的变量表示

C. 数组元素引用时下标从 0 开始

D. 数组中的所有元素必须是同一种数据类型

6. 在 C 语言中，引用数组元素时，其数组元素下标的数据类型允许是（　　）。

A. 整型常量　　B. 整型表达式

C. 整型常量或整型表达式　　D. 任何类型的表达式

7. 若有说明：int a[10];，则对 a 数组元素的正确引用是（　　）。

A. a[10]　　B. a[3.5]　　C. a(5)　　D. a[10−10]

8. int a[10];，给数组 a 的所有元素分别赋值为 1、2、3……的语句是（　　）。

A. for(i=1;i<11;i++)a[i]=i;　　B. for(i=1;i<11;i++)a[i-1]=i;

C. for(i=1;i<11;i++)a[i+1]=i;　　D. for(i=1;i<11;i++)a[0]=1;

9. 对说明语句 int a[10]={6,7,8,9,10};理解正确的是（　　）。

A. 将 5 个初值依次赋给 a[1]至 a[5]

B. 将 5 个初值依次赋给 a[0]至 a[4]

C. 将 5 个初值依次赋给 a[6]至 a[10]

D. 因为数组长度与初值的个数不相同，所以此语句不正确

10. 假定 int 类型变量占用两个字节，其有定义 int x[10]={0,2,4};，则数组 x 在内存中所占字节数是（　　）。

A. 3　　B. 6　　C. 10　　D. 20

11. 在执行 int a[][3]={1,2,3,4,5,6};语句后，a[1][1]的值是（　　）。

A. 4　　B. 1　　C. 2　　D. 5

12. 以下程序的运行结果是（　　）。

```
main()
{
    int m[ ][3]={1,4,7,2,5,8,3,6,9}; int i,k=2;
    i=0;
    while(i<3)
    {
        printf("%3d",m[k][i]);
        i++;
    }
}
```

A. 4 5 6　　B. 2 5 8　　C. 3 6 9　　D. 7 8 9

13. 若有说明 int a[ ][3]={1,2,3,4,5,6,7};，则 a 数组第一维的大小是（　　）。

A. 2　　B. 3　　C. 4　　D. 无确定值

14. 以下能对二维数组 a 进行正确初始化的语句是（　　）。

A. int a[2][]={{1,0,1},{5,2,3}};　　B. int a[][3]={{1,2,3},{4,5,6}};

C. int a[2][4]={{1,2,3},{4,5},{6}};　　D. int a[][3]={{1,0,1}{},{1,1}};

15. 下列字符数组长度为 5 的是（　　）。

A. char a[]={'h', 'a', 'b', 'c', 'd'};　　B. char b[]= {'h', 'a', 'b', 'c', 'd', '\0'};

C. char c[10]= {'h', 'a', 'b', 'c', 'd'};　　D. char d[6]= {'h', 'a', 'b', 'c', '\0' };

16. 有下面的程序段：

```
char a[3],b[ ]="china";
a=b;
printf("%s",a);
```

则（　　）。

A. 运行后将输出 china　　B. 运行后将输出 ch

C. 运行后将输出 chi　　D. 编译出错

17. 下面程序段的运行结果是（　　）。

```
char a[7]="abcdef";
printf("%c",a[5]);
```

A. 一个空格　　B. \0　　C. e　　D. f

18. 下列关于 for 循环说法正确的是（　　）。

A. for 循环只能用于循环次数已经确定的情况

B. for 循环是先执行循环体，后判断表达式 2

C. 在 for 循环中，不能用 break 语句跳出循环体

D. for 循环的循环体中，可以包含多条语句，但必须用花括号标注

19. 下列语句中能跳出循环的是（　　）。

A. for(y=0,x=1;x>++y;x=i++)　i=x;　　B. for(;　;x++)

C. while(1) {x++;　}　　D. for(i=10;　;i––)　sum+=i;

20. 如下程序的运行结果是（　　）。

```
#include<stdio.h>
void main()
{
    int n[5]={0,0,0},i,k=2;
    for(i=0;i<k;i++)
        n[i]=n[i]+1;
    printf("%d\n",n[k]);
}
```

A. 不定值　　B. 2　　C. 1　　D. 0

21. 下面程序的运行结果为（　　）。

```
#include<stdio.h>
void main()
{
    int i, j, s=0;
    for(i=1,j=5;i<j;i++,j--)
        s+=i*10+j;
    printf("%d\n", s);
}
```

A. 220　　B. 39　　C. 12　　D. 13

22. 要求以下程序的功能是计算：s=1+1/2+1/3+…+1/10。

```
main()
{
    int n;
    float s;
    s=1.0;   //①
    for(n=10;n>1;n--)      //②
        s=s+1/n;           //③
    printf("%6.4f\n",s);  //④
}
```

程序运行的结果不正确，导致错误结果的语句是（　　）。

A. ①　　B. ②　　C. ③　　D. ④

23. 以下 for 循环的执行次数是（　　）。

```
for(x=0,y=0;(y=123)&&(x<4);x++);
```

A. 是无限循环　　B. 循环次数不定

C. 4　　D. 3

24. 下面程序运行时，循环体 a++运行的次数为（　　）。

```
#include <stdio.h>
main()
{
    int i, j, a=0;
    for(i=0;i<2;i++)
        for(j=4;j>=0;j--)
            a++;
}
```

A. 8　　B. 9　　C. 10　　D. 11

25. 下面程序的运行结果是（　　）。

```
main()
{
    int s,k;
    for(s=1,k=2;k<5;k++)
        s+=k;
    printf("%d\n", s);
}
```

A. 1　　B. 9　　C. 10　　D. 15

26. 设 j 和 k 都是 int 类型，for(j=0,k=−1;k=1;j++,k++) printf("****\n");，则该 for 循环中，（　　）。

A. 循环结束的条件不合法　　B. 是无限循环

C. 循环体一次也不执行　　D. 循环体只执行一次

27. 判断两个字符串是否相等，正确的表达方式是（　　）。

A. while(s1= =s2)　　B. while(s1=s2)

C. while(strcmp(s1,s2)= =0)　　D. while(strcmp(s1,s2)=0)

28. 有两个字符数组 a、b，则以下正确的输入语句是（　　）。

A. gets(a,b);　　B. scanf("%S%S",a,b);

C. scanf("%s%s",&a,&b);　　D. gets("a"),gets("b");

29. 以下描述错误的是（　　）。

A. break 语句的作用是使程序的执行流程从一个语句块内部转移出去

B. break 语句的功能是跳出正在执行的条件语句或循环体

C. 在循环中使用 break 语句是为了使流程跳出循环体，提前结束循环

D. 如果是嵌套循环，break 能跳出所在的所有内外层循环

30. 下面程序的运行结果是（　　）。

```
#include <stdio.h>
main()
{
    int k=0,a=1;
    while(k<10)
    {
        for(;;)
        {
            if((k%10)==0)
                break;
            else
                k--;
        }
        k+=11;
        a+=k;
    }
    printf("%d %d\n", k,a);
}
```

A. 21 32　　B. 21 33　　C. 11 12　　D. 10 11

二、填空题

1. 数组是有序的若干相同类型变量的集合体，组成数组的变量称为该数组的________。
2. C 语言中数组元素的下标是从________开始的，下标不能越界。
3. 数组名是一个常量，是数组首元素的内存________，不能被赋值或自增。
4. 引用数组时，只能逐个引用数组元素，而不能一次引用________。
5. 在定义数组且对全部数组元素赋初值时，可以不指定数组的________。
6. 数组元素在内存中是顺序存放的，它们的存储地址是________。
7. 字符串常量是由双引号标注的________。
8. 数组的维数是指该数组所包含的________个数。
9. 定义一个能存储 30 个学生姓名（长度<20 个字符）的字符数组 name 的语句是________。
10. 数组声明语句 static int a[10];，其功能是：________。

三、程序填空题

1. 下面程序的运行结果为________。

```
main()
{
    int a=10,y=0;
    do
    {
        a+=2;
        y+=a;
        if(y>50)
            break;
    }while(a<14);
    printf("a=%d,y=%d\n",a,y);
}
```

2. 要求以下程序的功能是计算：s=1+1/2+1/3+…+1/10。

```
main()
{
    int n;
    float s;
    s=1.0;
    for(n=10;n>1;n--)
        s=s+1/n;
    printf("%6.4f\n",s);
}
```

程序运行的结果不正确，导致错误结果的语句是________。

3. 以下程序中，while 循环的循环次数是________。

```
main()
{
    int i=0;
    while(i<10)
    {
        if(i<2)
            continue;
        if(i==6)
            break;
        i++;
    }
}
```

4. 以下程序的运行结果是________。

```
main()
{
    int i;
    for(i=1;i<8;i++)
    {
        if(i%2==0)
        {
            printf("#");
            continue;
        }
        printf("*");
```

```
    }
    printf("\n");
}
```

5. 写出下面程序的运行结果________。

```
#include<stdio.h>
#include<string.h>
void main()
{
    char ch[7]={"12ab56"};
    int i,s=0;
    for(i=0;ch[i]>='0' && ch[i]<='9';i=i+2)
        s=10*s+ch[i]-'0';
    printf("%d", s);
}
```

6. 下面程序以每行 4 个数据的形式输出 a 数组，请填空。

```
#include<stdio.h>
#define N 12
void main()
{
    int a[N],i;
    for(i=0;i<N;i++)
    scanf("%d", _______);    /*由键盘输入 N 个整数*/
    for(i=0;i<N;i++)
    {
        if (_______)
            printf("\n");
        printf("%3d", a[i]);
    }
    printf("\n");
}
```

7. 以下程序的运行结果是________。

```
#include<stdio.h>
void main()
{
    int a[4][4]={{1,2,-3,-4},{0,-12,-13,14},{-21,23,0,-24},{-31,32,-33,0}};
    int i,j,s=0;
    for(i=0;i<4;i++)
    {
        for(j=0;j<4;j++)
        {   if(a[i][j]<0) continue;
            if(a[i][j]==0) break;
            s=s+a[i][j];
        }
    }
    printf("%d\n",s);
}
```

8. 设数组 a 的初值为：

$$a=\begin{bmatrix}1 & 0 & 2\\ 2 & 2 & 0\\ 0 & 1 & 0\end{bmatrix}$$

执行语句：

```
for (i=0;i<3;i++)
    for (j=0;j<3;j++)
        a[i][j]=a[a[i][j]][a[j][i]];
```

则数组 a 的结果是________。

四、编程题

1. 输入一个正整数 n，求 1+1/2+1/3+…的前 n 项之和，输出时保留 6 位小数。

2. 求 100 以内素数的和。

3. 任意输入一个正整数 x，将它逆序输出。如：输入 12345，则输出 54321。

4. 求一个 4 位正整数的各位数字的立方和。

5. 输入两个正整数 m 和 n（$1 \leqslant m$，$n \leqslant 1000$），输出 m 和 n 之间的所有水仙花数。所谓水仙花数是指一个三位数，其各位数字立方和等于该数本身。例如，153 是一个水仙花数，因为 $153=1^3+5^3+3^3$。

6. 猴子吃桃子问题。猴子第一天摘了若干个桃子，当即吃了一半，还不过瘾，又多吃了一个。第二天早上又将剩下的桃子吃掉一半，又多吃了一个。以后每天早上都吃了前一天剩下的一半和一个，到第十天早上想吃时，见只剩下一个桃子了。第一天共摘了多少个桃子？

7. 如果一个数恰好等于除它本身外的所有因子之和，则这个数就称为完数。例如，6 的因子是 1、2、3，且 6=1+2+3，所以 6 是完数。试求 1000 以内所有的完数并输出。

8. 编程输出 1～180 之间所有能被 3 整除，且个位数为 6 的整数。

9. 用键盘为一维整型数组输入 10 个整数，找出其中最小的数并输出。

10. 青年歌手参加歌曲大奖赛，有 13 个评委对歌手进行打分，试编程求歌手的平均得分（去掉一个最高分和一个最低分）。

11. 一维整型数组中的 n 个元素已经按照由小到大的顺序排序，再输入一个整数，将其插入这批数据，要求插入该元素后仍然按照由小到大的顺序排列。

12. 编写程序，实现矩阵（3×3）的转置（即行列互换）。

13. 输入 5 名学生的成绩，每人有 3 门课程，要求编程实现如下功能：输入全部成绩；计算每门课程的平均分；计算每名学生各门课程的平均分。

14. 分别统计字符串中字母、数字、空格和其他字符出现的次数（字符串长度小于 80）。

15. 任意输入 10 个国家的名字，按照其字符数量值由小到大的顺序排序。

第5章 怎样使用工程思维解决复杂问题

在实际生活和工作中，完成某些任务的过程和步骤可能非常复杂烦琐。为了便于解决这样的问题，通常需要引入工程思维，可简化问题。

使用工程思维来解决复杂问题，其方法主要体现在两方面：一是对复杂的问题进行分解和模块化，将复杂的原始问题由上至下拆分成多个子问题，从而可以对每个子问题逐一解决，减小问题复杂度和难度；二是在对复杂问题进行分解和模块化的基础上，引入分工合作的思想，将处理过程中可能重复出现且聚合起来有一定意义的步骤抽取出来，组合成一个相对独立的任务，并且根据需要将不同的任务分配给不同的人员完成。这样的解决问题的方法和思路，在C语言中也有对应的语法结构进行支持，即C语言中可以通过定义和调用函数来实现。

C语言中的函数并非数学中的函数，而是一个程序段。在C语言程序设计中使用函数有两方面的显著作用：一是通过函数来实现软件系统的模块化，减小问题的复杂度；二是通过函数来实现相似或重复功能的复用。

5.1 学习小组的最高分问题求解

5.1.1 问题阐述

期末某班主任老师需要分析班上某学习小组（假设共有3名学生）的所有课程（假设共有4门课程）成绩，并找出每门课程中的最高分。如不采用将复杂的任务进行拆分的方法，那么班主任老师需要完成的步骤如下。

① 记录第1名学生的4门成绩（用x1、x2、x3、x4表示）。

② 记录第2名学生的4门成绩（用y1、y2、y3、y4表示）。

③ 记录第3名学生的4门成绩（用z1、z2、z3、z4表示）。

④ 汇总3名学生的第1门成绩（x1、y1、z1），并令第1门成绩的最高分（记为max1）

等于 0。

⑤ 如果 x1>=max1，则令最高分 max1 等于 x1。

⑥ 如果 y1>=max1，则令最高分 max1 等于 y1。

⑦ 如果 z1>=max1，则令最高分 max1 等于 z1。

⑧ 汇总 3 名学生的第 2 门成绩（x2、y2、z2），并令第 2 门成绩的最高分（记为 max2）等于 0。

⑨ 如果 x2>=max2，则令最高分 max2 等于 x2。

⑩ 如果 y2>=max2，则令最高分 max2 等于 y2。

⑪ 如果 z2>=max2，则令最高分 max2 等于 z2。

⑫ 汇总 3 名学生的第 3 门成绩（x3、y3、z3），并令第 3 门成绩的最高分（记为 max3）等于 0。

⑬ 如果 x3>=max3，则令最高分 max3 等于 x3。

⑭ 如果 y3>=max3，则令最高分 max3 等于 y3。

⑮ 如果 z3>=max3，则令最高分 max3 等于 z3。

⑯ 汇总 3 名学生的第 4 门成绩（x4、y4、z4），并令第 4 门成绩的最高分（记为 max4）等于 0。

⑰ 如果 x4>=max4，则令最高分 max4 等于 x4。

⑱ 如果 y4>=max4，则令最高分 max4 等于 y4。

⑲ 如果 z4>=max4，则令最高分 max4 等于 z4。

分析上述步骤可发现，要解决“统计学习小组中 3 名学生的 4 门课程成绩，并对每门课程找出最高分”这样一个问题，需要的步骤非常多；而这仅是实际的教务管理工作中的一个小应用，实际工作和生活中的许多问题往往更复杂。

5.1.2 算法分析

通过上述分析可以看到，要解决“统计学习小组中 3 名学生的 4 门课程成绩，并对每门课程找出最高分”这样一个问题，步骤非常复杂烦琐。人们为了解决这种复杂烦琐的问题，通常需要引入工程思维来简化问题。

使用工程思维来解决复杂问题，其方法主要体现在两方面：一是将复杂问题分解并模块化；二是分工合作独立完成子问题。下面以读者熟悉的实例阐述这两个方面。

1. 复杂问题分解并模块化

在求解复杂的问题时，通常会将问题分解和模块化。一般会将复杂的原始问题由上至下拆分成多个简单的独立子问题，每个子问题构成一个独立模块。这样复杂问题的求解就转化为多个简单子问题的求解，大大减小了问题复杂度和难度。

例如，根据上述思路，5.1.1 小节所述的步骤中，我们可以根据功能的相似性，将其中的一些步骤进行组合，得到若干组操作步骤，每一组操作步骤视为一个相对独立的子问题。具体如下。

第 1 个子问题：记录 3 名学生的 4 门成绩（5.1.1 小节中的步骤①～步骤③）。

第 2 个子问题：根据 3 名学生的第 1 门成绩（x1、y1、z1），计算出第 1 门成绩的最高分 max1 的值（5.1.1 小节中的步骤④～步骤⑦）。

第 3 个子问题：根据 3 名学生的第 2 门成绩（x2、y2、z2），计算出第 2 门成绩的最高分 max2 的值（5.1.1 小节中的步骤⑧～步骤⑪）。

第 4 个子问题：根据 3 名学生的第 3 门成绩（x3、y3、z3），计算出第 3 门成绩的最高分 max3 的值（5.1.1 小节中的步骤⑫～步骤⑮）。

第 5 个子问题：根据 3 名学生的第 4 门成绩（x4、y4、z4），计算出第 4 门成绩的最高分 max4 的值（5.1.1 小节中的步骤⑯～步骤⑲）。

由上可知，原来复杂烦琐的 19 个步骤，通过分解和模块化，变成了较为清晰简洁的 5 个子问题。可见通过对复杂的问题进行分解和模块化，可以减小问题的复杂度和难度。

通过观察还可以发现，上述 5 个子问题中，第 2 个子问题到第 5 个子问题十分相似，都是根据相似的操作步骤得到类似的结果，其区别仅在于要处理的数据不同和处理得到的结果不同。因此，我们还可以考虑利用任务分工来实现相似或重复功能的复用。

2. 分工合作独立完成子问题

采用工程思维来解决复杂问题的第二个关键思路是利用分工合作完成问题求解。当复杂问题被分解成相对独立的简单子问题时，分工合作完成复杂问题求解就成为可能。因此在问题分解细化的过程中，应该尽量将问题分解为简单的相对独立的子问题，同时对共性问题也需要抽取为相对独立的任务，并且根据需要将各个任务分配给不同的人员完成。

例如，老师从原来的操作步骤中抽取出计算某门成绩最高分的任务分配给学习委员。进行任务分工之后，老师不再需要关心如何得到最高分的细节和步骤，只需要提供 3 名学生的某一门成绩给学习委员，然后学习委员会依照预先制定的计算规则和给定的成绩进行计算，再将计算得到的最高分作为结果返回给老师。

引入任务分工之后，统计学习小组 3 名学生的 4 门课程成绩，并对每门课程找出最高分的处理流程如下。

① 记录第 1 名学生的 4 门成绩（用 x1、x2、x3、x4 表示）。

② 记录第 2 名学生的 4 门成绩（用 y1、y2、y3、y4 表示）。

③ 记录第 3 名学生的 4 门成绩（用 z1、z2、z3、z4 表示）。

④ 提供 3 名学生的第 1 门成绩（x1、y1、z1）给学习委员，学习委员计算出该门成绩的最高分，返回给老师，老师将结果记录在 max1 中。

⑤ 提供 3 名学生的第 2 门成绩（x2、y2、z2）给学习委员，学习委员计算出该门成绩的最高分，返回给老师，老师将结果记录在 max2 中。

⑥ 提供 3 名学生的第 3 门成绩（x3、y3、z3）给学习委员，学习委员计算出该门成绩的最高分，返回给老师，老师将结果记录在 max3 中。

⑦ 提供 3 名学生的第 4 门成绩（x4、y4、z4）给学习委员，学习委员计算出该门成绩的最高分，返回给老师，老师将结果记录在 max4 中。

此外，还需要规定学习委员计算某门成绩的最高分的规则。学习委员计算某门成绩最高分的规则包括以下两个方面。

首先，学习委员应从老师处得到必要信息——3 名学生的某一门成绩（记为 x、y、z）。

其次，应预先规定好学习委员根据给定的成绩计算某一门成绩最高分的步骤，其步骤如下。

① 令该门成绩的最高分（记为 t）等于 0。

② 如果 x>=t，则令最高分 t 等于 x。

③ 如果 y>=t，则令最高分 t 等于 y。

④ 如果 z>=t，则令最高分 t 等于 z。

⑤ 将计算得到的结果——该门成绩的最高分 t 返回给老师。

通过上述处理流程和该问题原有解决方法的处理流程对比，不难发现，通过采用任务分解、分工合作的解决方法，问题处理的流程有了极大的简化。

在 C 语言中，将学习委员计算某门成绩最高分的任务分工，采用函数的形式来实现。学习小组的最高分问题求解流程如图 5-1 所示。求某门课程最高分流程如图 5-2 所示。

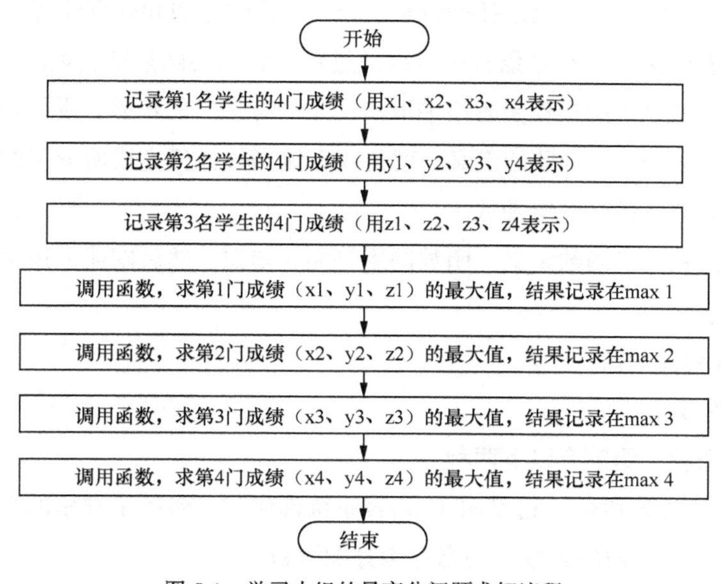

图 5-1　学习小组的最高分问题求解流程

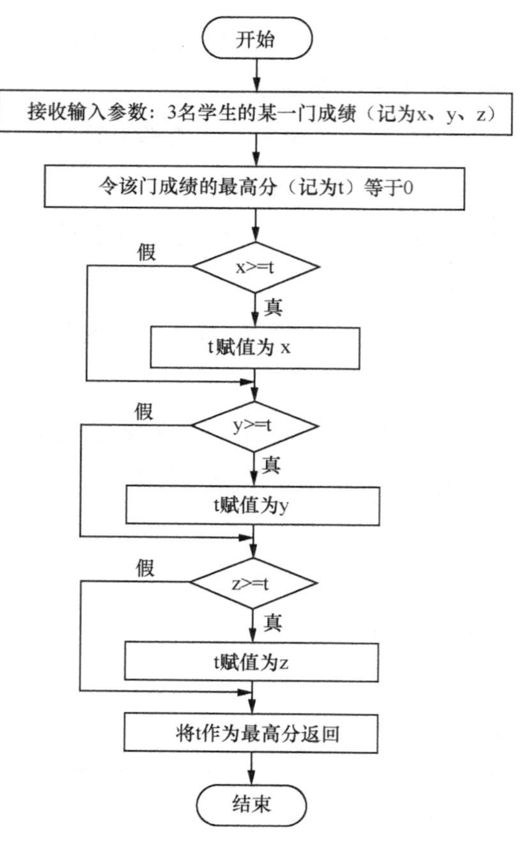

图 5-2　求某门课程最高分的流程

5.1.3　算法实现

实际生活和工作中存在的上述任务分解、分工合作的思想和处理流程，在 C 语言中也有对应的语法结构进行支持，即 C 语言中可以通过定义和调用函数来实现。

在 C 语言中，从原来的操作步骤中抽取出一系列有意义的步骤，所组合成的相对独立的任务，可以用函数来表示。函数的定义，就是规定该函数如何完成所分工的任务；函数的调用，就是将要完成的任务分配给函数。

因此本小节首先阐述函数定义、函数调用等相关知识，然后阐述上述学习小组的最高分问题求解的 C 语言实现。

1. 程序设计相关知识

（1）函数的分类

从用户角度来看，函数有以下两种。

① 标准函数，即库函数。这是由 C 语言系统提供的，包括了常用的数学函数、字符函数、字符串函数、输入/输出函数、动态存储分配函数等。

② 用户自定义函数。为满足用户专门需要而设计的函数。在编程中，所谓“定义和调

用函数，以实现问题的分解和分工合作”，主要是指用户自定义函数。

（2）函数的定义

描述函数功能的代码称为函数定义。函数的定义通常包括函数头和函数体两部分。函数头包括函数类型（即函数返回值类型）、函数名和形式参数列表；函数体包括说明部分和语句部分。

函数定义的一般格式如下：

```
[函数返回值的类型名]  函数名([类型名 形式参数1, 类型名 形式参数2, …])
        /*函数头*/
        {
            [说明部分;]/*函数体*/
            [语句部分;]
        }
```

其中“[ ]”标注的为可选项，可以省略。注意，函数名、圆括号和花括号不能省略。

关于函数定义的几点说明如下。

① 函数类型是指该函数返回值的类型，有 int、float、char 等。若函数无返回值，函数定义为空类型 void。

② 函数名必须是一个合法的标识符，函数的命名规则与变量的命名规则相同，并且一个函数不能与其他函数或变量重名。函数名最好见名知义，以增强程序的可读性。

③ 从函数定义的一般格式可以看出，如果函数有参数，则为有参函数；如果函数中没有参数，则为无参函数。对于无参函数，函数名后的“（ ）”不能省略。

【例 5.1】 函数的定义和调用示例。定义函数 min，分别求两个输入参数的最小值。

```
/*p5_1.c*/
int min(int a,int b)
{
    int result;
    if(a<b)
        result=a;
    else
        result=b;
    return result;
}
int main()
{
    int x,y=1,z;
    x=min(80,30);
    printf("x=%d\n",x);
    z=min(y,y-1);
    printf("z=%d\n",z);
    getch( ) ;
    return 0;
}
```

运行结果如图 5-3 所示。

```
x=30
z=0
```

图 5-3　求两个输入参数的最小值问题的运行结果

例 5.1 的程序中，除了主函数 main 外，主要有一个自定义函数 min。下面以例 5.1 的 min 函数定义为例具体说明函数如何定义。

第一行内容 int min(int a,int b)为函数头。函数头的第一个 int 是说明函数类型（即函数返回值类型）。如果在定义函数时不指定函数返回值类型，系统会隐含指定函数类型为 int 型。min 是该函数的名称，紧接着的“( )”中的“int a,int b”是形式参数列表。a 和 b 称为形式参数（简称形参）。形参的作用是作为函数被调用时所传递的值的占位符；在函数定义时，形参既不分配内存，也不确定值是多少；只有在调用此函数时，形参才分配内存，才从主调函数得到形参的值。

紧接着第一行的函数头之后，花括号中的内容是函数体，包括声明部分和语句部分。本例中，函数体说明部分是语句“int result;”，其作用是声明在函数内部所需要用到的变量；此外，函数体中的其他部分是语句部分，用来实现函数功能。具体 min 函数中，语句部分所完成的功能是根据形参 a 和 b 的值，比较得到两者中的最小值，并将最小值返回给主调函数。

函数体中 return 语句内所出现的变量或者表达式的值将作为函数的返回值传递到主调函数中。在函数体中，可以存在零个或者多个 return 语句。在函数体中如果不存在 return 语句，那么在执行到函数体的最后一个“}”时，函数执行终止，这称为自然终止。在函数体中如果存在一个或者多个 return 语句，那么当遇到 return 语句时，函数的执行立即终止，后面的内容不再执行；该 return 语句中所出现的变量或者表达式的值将作为函数值返回到主调函数中。min 函数定义中的“return result;”语句的作用是将上面计算得到的 int 型变量 result 作为函数值返回到主调函数——main 函数中。

（3）函数的调用

函数定义好之后，在程序其他部分使用定义好的函数，称为函数的调用。

C 语言中函数调用的一般形式为“函数名([实际参数列表]);”。如例 5.1 中，main 函数出现了对 min 函数的两次调用，分别是“x=min(80,30);”“z=min(y,y−1);”。其中，常量 80 和 30、变量 y、表达式 y−1 等为实际参数（简称实参）。

从例 5.1 可知，函数的定义只有一次，但是却可以被调用很多次，每次调用的实参可以不同。每次发生函数调用时，被调函数中的形参才分配内存，并且主调函数才把实参的值传递给形参。

关于函数调用的几点说明如下。

① 如果被调函数无参数，则在调用时无实参表。函数名后面的圆括号不能省略。

② 调用时，实参与形参的个数应相同，类型应一致，当实参数多于一个时，每个实参间用“,”分隔。

③ 实参与形参按顺序对应传递数据，即通常所说的“对号入座”。调用后，形参得到实参的值。

④ 实参可以是常量、变量或表达式。如是表达式实参，先计算表达式的值，再将值传递给形参。

函数调用的方式分为以下 3 种。

① 函数表达式：函数出现在表达式中，以函数返回值参与表达式运算。这种方式要求函数是有返回值的。例如，z=3*sin(x)是一个赋值表达式，把 sin(x)的返回值乘 3 后再赋予变量 z。

② 函数语句：函数调用的一般形式加上分号即构成一条函数语句。例如，“printf ("%d",a);”和“scanf ("%d",&b);”都是以函数语句的方式调用函数。

③ 函数实参：函数作为另一个函数调用的实参出现。这种情况是把该函数的返回值作为实参进行传送，因此要求该函数必须是有返回值的。例如，“printf("%d",min(x,y));”是把 min 函数调用的返回值又作为 printf 函数的实参来使用的。

（4）函数的返回值

函数的返回值是指函数被调用之后，执行函数体中的程序段所取得的并返回给主调函数的值，也称函数的值。

对函数的返回值有以下一些说明。

① 函数的值只能通过 return 语句返回给主调函数。

return 语句的一般形式为“return　表达式;”或者为“return　(表达式);”。

② 函数返回值的类型和函数定义中函数的类型应保持一致。如果两者不一致，则以函数类型为准，返回值自动进行类型转换，转换为函数定义的类型。

③ 若函数值为整型，在函数定义时可以省去类型说明。

④ 当被调函数中没有 return 语句时，并不说明函数不返回值，而是返回一个不确定的值。

⑤ 如果明确了不需要函数返回值，可以用 void 定义为无类型。

（5）函数的声明

与 C 语言中使用变量之前要先进行变量说明一样，在主调函数中调用自定义函数之前应对该被调函数进行声明（说明）。

在主调函数中对被调函数进行声明的目的是使编译系统知道被调函数名、形参的数量、返回值的类型及参数顺序等信息，以便在函数调用时进行有效的类型检查，如果实参与形参的类型、数量及顺序不一致，C 语言编译程序可以及时发现错误并报错。

函数声明的一般形式如下。

```
类型说明符 被调函数名(类型名 形式参数 1, 类型名 形式参数 2, …);
```

函数声明的一般形式也可以如下。

```
类型说明符 被调函数名(类型名, 类型名…);
```

【例 5.2】　请编写 fun 函数，其功能是计算并输出下列多项式的值。

$$S_n = 1 - \frac{1}{2} + \frac{1}{3} - \frac{1}{4} + \ldots + \frac{1}{2n-1} - \frac{1}{2n}$$

```
/*p5_2.c*/
#include <stdio.h>
int main()
{
     double fun(int);              /*函数声明*/
     int  n;
     double  s;
     printf("\nInput n:  ");
     scanf("%d",&n);
     s=fun(n);
     printf("\ns=%f\n",s);
     getch();
     return 0;
}
double fun(int  n)                  /*被调函数*/
{
     double s=0;
     int i,a=1;
     for(i=1;i<=2*n;i++)
     {
          s+=1.0*a/i;
          a=-a;
     }
  return s;
}
```

运行结果如图 5-4 所示。

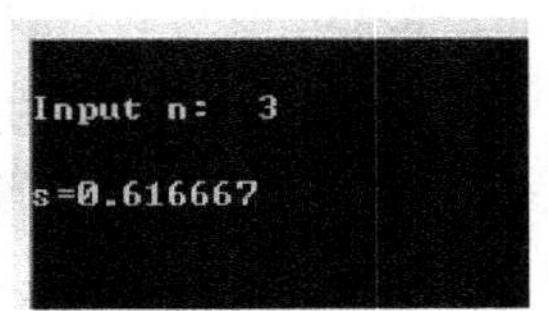

图 5-4　多项式求值问题的程序运行结果

在这个例子中，定义了 fun 函数，fun 函数的作用是求多项式的值，多项式的项数通过参数传递。因为函数值类型不是默认的 int 型，fun 函数的定义没有写在 fun 函数的调用语句之前，所以在调用前必须先声明，主调函数中的语句 double fun(int)就是一条声明语句。注意，函数的“声明”和“定义”不是一回事。声明是通知编译系统，该主调函数将要调用的函数名、函数类型，以及形参个数、顺序、每个形参的类型信息等。而定义则是对该函数功能的设计，除函数名、函数类型以及形参个数、顺序、每个形参的类型等函数头信息外，还包括函数体。可见，声明只是将定义时函数头的基本信息通知编译系统。

其实，在函数声明中可以只写形参的类型，而不用书写形参名。例如，例 5.2 中的函数声明：

```
double fun(int);
```

在 C 语言中，以上的函数声明称为函数原型。它的作用是利用它在程序的编译阶段对调用函数的合法性进行全面检查。

C 语言中又规定，在以下几种情况可以省去主调函数中对被调函数的函数声明。

① 如果被调函数的返回值是整型或字符型，可以不对被调函数进行声明而直接调用，这时系统将自动将被调函数的返回值按整型处理。但在这种情况下，系统编译时无法对参数类型进行检查，若出现参数使用不当，编译时将无法发现问题，建议在编程时，最好加上相应的声明。

② 当被调函数的函数定义出现在主调函数之前时，在主调函数中也可以不对被调函数再进行声明而直接调用。例如，例 5.2 中，若函数 fun 的定义放在 main 函数之前，可在 main 函数中省去对 fun 函数的函数声明语句 double fun(int)。

③ 如果在所有函数定义之前，在函数外预先声明了各个函数的类型，则在以后的各主调函数中，可不再对被调函数进行声明。例如：

```
char str(int a);
float f(float b);
main()
{
 …
}
char str(int a)
{
 …
}
float f(float b)
{
 …
}
```

其中第一、二行对 str 函数和 f 函数预先进行了声明，因此在以后各函数中无须对 str 和 f 函数再进行声明就可直接调用。

2. C 语言编程实现

下面通过实例来说明如何定义和调用函数，以实现问题的分解和分工合作，进行学习小组的最高分问题求解。

在前文的例子中，学习委员计算某门成绩最高分的规则即为 max 函数的定义。而函数的调用可以视为，老师提供 3 名学生的某门成绩给学习委员，学习委员计算出该门成绩的最高分 max，返回给老师。老师提供的成绩即为函数调用的实参，提供的实参不同，函数的调用不同，得到的相应结果也不同。

学习小组的最高分问题求解，即统计学习小组中 3 名学生的 4 门课程成绩，并对每门课程找出最高分，其处理流程可以用如下所示 C 语言编程实现。

```
/*p5_3.c*/
#include<stdio.h>
float max(float x, float y, float z)
{
     float t=0;
     if(x>t)
          t=x;
     if(y>t)
          t=y;
     if(z>t)
          t=z;
     return t;
}
```

```
int main()
{
    /*第一步：定义变量*/
    float x1,x2,x3,x4,y1,y2,y3,y4,z1,z2,z3,z4, max1,max2,max3,max4;
    /*第二步：用键盘输入学生的成绩*/
    printf("请输入第 1 名学生的 4 门成绩：");
    scanf("%f%f%f%f",&x1,&x2,&x3,&x4);
    printf("请输入第 2 名学生的 4 门成绩：");
    scanf("%f%f%f%f",&y1,&y2,&y3,&y4);
    printf("请输入第 3 名学生的 4 门成绩：");
    scanf("%f%f%f%f",&z1,&z2,&z3,&z4);
    /*第三步：调用函数求各门课程的最高分*/
    max1=max(x1,y1,z1);
    max2=max(x2,y2,z2);
    max3=max(x3,y3,z3);
    max4=max(x4,y4,z4);
    /*第四步：输出平均成绩*/
    printf("第 1 门课程最高分是：%.1f\n",max1);
    printf("第 2 门课程最高分是：%.1f \n",max2);
    printf("第 3 门课程最高分是：%.1f \n",max3);
    printf("第 4 门课程最高分是：%.1f \n",max4);
    getch( ) ;
    return 0;
}
```

运行结果如图 5-5 所示。

```
请输入第 1 名学生的 4 门成绩：66 76 86 91
请输入第 2 名学生的 4 门成绩：65 76 85 86
请输入第 3 名学生的 4 门成绩：67 77 85 89
第 1 门课程最高分是：67.0
第 2 门课程最高分是：77.0
第 3 门课程最高分是：86.0
第 4 门课程最高分是：91.0
```

图 5-5　学习小组的最高分问题求解程序的运行结果

5.2　班级成绩的最高分问题求解

5.2.1　问题阐述

在 5.1 节的例子中，通过定义和调用函数，能够将复杂的问题进行分解，并采取分工合作降低难度。学习委员计算某门成绩最高分的规则即为函数的定义；老师提供 3 名学生的某一门成绩给学习委员，学习委员计算出该门成绩的最高分返回给老师，即为函数的调用。通过函数的定义和调用，我们能够以较为简洁的流程处理“记录某学习小组成员（共有 3 名学生）的所有课程（共有 4 门课程）成绩，再对每门课程找出其中的最高分”这一任务。

但是分析上述例子可以发现，这个问题的规模比较小，即假设学习小组中只有 3 名学生。随着问题规模的增大，比如假设求解的是班上所有学生（假设班级共有 10 名学生或者更多学生）的最高分，那么即使利用问题分解和分工合作，每一个子问题仍然很复杂。

比如，当学生人数增长到 10 名时，类似地得到学习委员计算 10 名学生某门成绩的最高分的规则如下所示。

首先，函数输入参数为学习委员从老师处得到的信息——10 名学生的某一门成绩（记为 score1、score2、score3、score4、score5、score6、score7、score8、score9、score10）。

其次，学习委员根据给定的成绩计算某一门成绩最高分的步骤如下。

① 令该门成绩的最高分（记为 t）等于 0。

② 如果 score1>=t，则令最高分 t 等于 score1。

③ 如果 score2>=t，则令最高分 t 等于 score2。

④ 如果 score3>=t，则令最高分 t 等于 score3。

⑤ 如果 score4>=t，则令最高分 t 等于 score4。

⑥ 如果 score5>=t，则令最高分 t 等于 score5。

⑦ 如果 score6>=t，则令最高分 t 等于 score6。

⑧ 如果 score7>=t，则令最高分 t 等于 score7。

⑨ 如果 score8>=t，则令最高分 t 等于 score8。

⑩ 如果 score9>=t，则令最高分 t 等于 score9。

⑪ 如果 score10>=t，则令最高分 t 等于 score10。

⑫ 将计算得到的结果——该门成绩的最高分 t 返回给老师。

不难发现，随着学生的进一步增多，学习委员计算某门成绩的最高分这一任务的处理流程也将随之变得更加复杂。

5.2.2　算法分析

通过分析发现，在上述分工的任务（即函数）中，其处理流程仍然很复杂。

究其原因，主要是其中存在大量类似的重复操作，例如步骤②到步骤⑪。由前文的知识可知，要处理大量类似的重复操作，可以通过循环来实现。与此同时，该问题中还存在大量类似的数据，比如分别表示 10 名学生成绩的 score1、score2、score3、score4、score5、score6、score7、score8、score9、score10。由前文的知识可知，要处理大量类似的数据，可以采用数组来实现。

通过在分工的任务（即函数）中引入循环和数组，上述学习委员计算 10 名学生某门成绩的最高分的规则这一分工的任务（即函数）变为如下所示。

首先，学习委员从老师处得到信息——10 名学生的某门成绩（存于 all_score[10]）。

其次，学习委员根据给定的成绩计算得到某一门成绩最高分，步骤如下。

① 令该门成绩的最高分（记为 t）等于 0，i=0。

② 如果 all_score [i]>=t，则令最高分 t 等于 all_score [i]。

③ i=i+1。

④ 如果 i>=10，结束；否则执行步骤②。

通过对比可知，对于处理流程复杂尤其是有很多重复步骤的任务（函数），通过引入循环和数组，能够使问题处理的流程有极大的简化。

使用循环和数组后，函数求某门课程最高分的流程如图 5-6 所示。

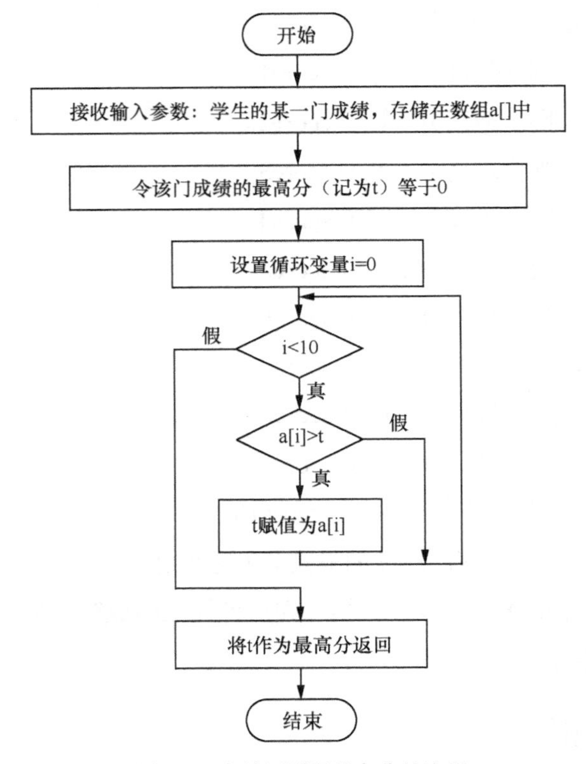

图 5-6　求某门课程最高分的流程

5.2.3　算法实现

本小节将阐述在函数中使用数组的相关知识。

1. 程序设计相关知识

（1）数组元素作为函数参数

一个变量可以作为函数的实参，那么我们可以将数组中的每一个元素看成一个变量。如果将数组元素作为函数的参数，是将数组元素作为函数的实参传递给形参，是值的单向传递，那么它的使用规则与变量作为函数参数的规则是一样的。

（2）数组名作为函数参数

数组名作为函数参数，代表的是以整个数组作为函数参数，此时实参与形参都应用数组名，而且类型应该一致。整个数组作为函数参数，传递的是数组的首地址，将实参数组的首地址传递给形参数组，形参数组与实参数组共享存储空间，此时实现数据的双向传递。在函数中若改变了形参数组的值，实参数组将同时改变。

一维数组名作为函数参数的语法格式如下：

```
void datain(int a[10])
{ …
}
```

一维数组名作为函数参数的语法格式也可以如下：

```
void datain(int a[ ])
 { …
}
```

以下为主函数 main 向 datain 函数传递一维数组的语法：

```
main ()
{
    int sco[10];
     …
    datain(sco);
     …
}
```

二维数组名作为函数参数的语法格式如下：

```
void datain(int a[3][4])
 {   …
    }
```

或定义为：

```
void datain(int a[ ][4])                /* 可以省略数组第一个下标长度*/
 {   …
    }
```

但不能定义为：

```
void datain(int a[ ][ ])                /* 不能省略数组第二个下标长度*/
 {   …
    }
```

【例 5.3】　以下是医院对某病人心率监测的一组数据：75、76、80、72、78、74、69、75、70、73，求其平均值。

```
/*p5_4.c*/
# include<stdio.h>
float f();
int main()
{
      float avg;
      float x[10]={ 75,76,80,72,78,74,69,75,70,73};
      avg=f(x);
```

```
    printf("The average is %4.1f\n",avg);
    getch();
    return 0;
}
float f(float a[10])
{
    int i;
    float sum=0.0;
    for (i=0;i<10;i++)
        sum=sum+a[i];
    return (sum/10);
}
```

运行结果如图 5-7 所示。

```
The average is 74.2
```

图 5-7　病人心率监测数据求平均值问题的程序运行结果

说明如下。

① 实参中的数组必须是已经定义过的，而形参中的数组定义只说明这个形参是用来接收实参值的。注意，这时的形参并没有产生一个新的数组。

② 实参数组与形参数组的类型应一致。如果不一致，则将按形参定义数组的方式来解释实参数组。

③ 在将数组名作为函数参数传递时，传递的只是实参数组的首地址，并不是将所有的数组元素全部复制到形参数组中。结果是实参数组与形参数组占同一块内存单元。

④ 由于数组名作为函数的参数只是传递数组的首地址，所以在形参定义时可以不定义数组的大小。这样定义好的函数就可以处理同类型的任何长度的数组了。

【例 5.4】 对两个长度不等的数组分别求其平均值。

```
/*p5_5.c*/
#include<stdio.h>
float f(float a[], int n)        /*形参数组不指定长度，以适应任意长度数组*/
{
    int i;float sum=0;
    for(i=0;i<n;i++)
        sum=sum+a[i];
    return(sum/n);
}
int main()
{
    float x[10]={1.2,3.6,4.5,5.1,6.9,7,8,9,10.5,11.3};
    float y[5]={7,8,9,10.5,11.3};
    float avg;
    avg=f(x,10);                 /*函数调用时，实参 x 为数组名，10 为数组长度*/
    printf("The array x average is %5.2f\n",avg);
    avg=f(y,5);
    printf("The array y average is %5.2f\n",avg);
    getch();
    return 0;
}
```

运行结果如图 5-8 所示。

这个程序的f函数的形参a在定义时没有指定其数组的长度，而是通过另一个参数 n 来确定传递来的数组长度。这样这个 f 函数就可以处理所有实型数组的平均值问题。为什么要传一个n进来呢？因为在f函数中a只能确定数组的起始地址，不能表示出这个数组的长度。在这种情况下，在f函数中使用这样的表达式（a[100]=0），系统是不会报错的，但这实际上已经超出了实参数组的长度，结果是向一个可能有其他用途的内存单元存放了一个值，这样很容易导致系统“死机”。所以在这种情况下，要加一个参数来表示实参数组的长度（实际上是通过人工的方式来保证对数组的使用不会越界）。

```
The array x average is  6.71
The array y average is  9.16
```

图 5-8　对两个长度不等的数组分别求其平均值问题的程序运行结果

我们将这种传递地址的函数参数方式叫作地址传递。它有一个好处，可以在被调函数中对主调函数中的数组进行修改；而不像值传递，无论在被调函数中怎么改变形参的值，都绝不会影响实参的值。

2. C 语言编程实现

下面通过实例来说明如何使用数组名作为函数参数，进行班级成绩的最高分问题求解。具体实现如下所示。

```
/*p5_6.c*/
#include<stdio.h>
#define M 10            /*M 代表学生人数*/
float max (float a[])
{
     float t=0;
     int i;
     for(i=0;i<M;i++)
          if (a[i]>t)
               t=a[i];
     return t;
}
float input_Scroes (float a[])
{
     int i;
     for(i=0;i<M;i++)
          scanf("%f", &a[i]);
}
int main()
{
     float score_Math[M],score_Chinese[M],score_English[M],score_physics[M];

     printf("请输入所有%d 个学生的数学成绩: ",M);
     input_Scroes(score_Math);
     printf("请输入所有%d 个学生的语文成绩: ",M);
     input_Scroes(score_Chinese);
     printf("请输入所有%d 个学生的英语成绩: ",M);
     input_Scroes(score_English);
     printf("请输入所有%d 个学生的物理成绩: ",M);
     input_Scroes(score_physics);
```

```
    printf("数学成绩的最高分是：%.1f\n", max(score_Math) );
    printf("语文成绩的最高分是：%.1f\n",max(score_Chinese) );
    printf("英语成绩的最高分是：%.1f\n",max(score_English) );
    printf("物理成绩的最高分是：%.1f\n",max(score_physics) );
    getch();
    return 0;
}
```

运行结果如图 5-9 所示。

```
请输入所有10个学生的数学成绩：65.5 67 72 73 86 92 88 76 80 81
请输入所有10个学生的语文成绩：65 77 87 92 71 65 66.5 87 88 76
请输入所有10个学生的英语成绩：75 66 85 93 85 76.5 77 87 82 75
请输入所有10个学生的物理成绩：67 77 78 79 65 75 89 89.5 81 74
数学成绩的最高分是：92.0
语文成绩的最高分是：92.0
英语成绩的最高分是：93.0
物理成绩的最高分是：89.5
```

图 5-9 求班级成绩最高分的程序运行结果

在函数 float max (float a[])的定义中，函数的形参为数组 float a[]。在 main 函数中调用 max 函数时，直接使用数组名作为函数参数，如“max(score_Math);”，此时，实参的数组 score_Math 和形参的数组 a 在内存中对应的是同一段内存地址，因此，使用数组名作为函数参数可以实现大量数据从主调函数到被调函数的传递。

不仅如此，分析上例中，当 main 函数开始执行时，score_Math 数组就已经产生，假设其首地址为 1000。当进行 input_Scroes(score_Math)函数调用时，会将 score_Math 数组的首地址传递给形参 a，此时 a 的值也为地址 1000，实参 score_Math 数组和形参的 a 数组在内存中对应的是同一段内存地址。这就意味着，当在 input_Scroes 函数中对数组 a 进行操作时，main 函数中的 score_Math 数组也会受到完全相同的影响。

5.3 阶乘求和问题求解

5.3.1 问题阐述

对于大多数任务，可能进行一次任务分解和分工，就能够顺利地完成。比如，对一个求 1 到任意整数 n 之和的任务，那么算法只需要分解成 3 步：输入整数 n；将求和作为一个子任务，也就是定义和调用求和函数对于 1 到 n 进行求和；输出结果。

但是在实际应用中，还存在某些任务，其处理流程过于复杂，进行一次任务分解和分工之后，得到的子任务仍然很复杂，这时候，就可能需要按照实际需求，对第一次分工得到的某些子任务再次进行分解和分工。

比如，对于某个求阶乘的和问题，即求 1 的阶乘到任意整数 n 的阶乘的和。和上面分析类似，这也是一个求和的任务，但是要求的是 1 的阶乘到任意整数 n 的阶乘的和。此时，如果按照原先的思路，仍然分成输入、求和、输出这样 3 个步骤，那么所划分的子任务——求和函数功能将会非常复杂。

5.3.2 算法分析

为解决上述问题，能够想到的一个方法就是，将复杂的子任务进行分解，分解为求阶乘、求各阶乘之和。这样，可以达到进一步简化任务分工的效果。在 C 语言中，子任务的进一步分解和分工，可采用函数的嵌套调用来实现。

5.3.3 算法实现

本小节将阐述函数嵌套调用的相关知识。

1. 程序设计相关知识

C 语言允许在一个函数的定义中出现对另一个函数的调用，这样就出现了函数的嵌套调用。函数嵌套调用是指在执行被调函数时，被调函数又调用了其他函数。

比如，为了解决 1 的阶乘到 n 的阶乘求和的问题，可以定义一个 main 函数，在 main 函数中调用 sum1 函数，sum1 函数的功能定义为求 1 的阶乘到 n 的阶乘之和；因为 sum1 函数的功能比较复杂，所以 sum1 函数又可以对自己的任务进行分工，表现为在 sum1 函数的定义中调用 factorial 函数；而 factorial 函数则定义为使用循环语句求给定整数 n 的阶乘。

这样，main 函数与 sum1 函数、factorial 函数之间，就构成了嵌套调用的关系。其关系如图 5-10 所示。

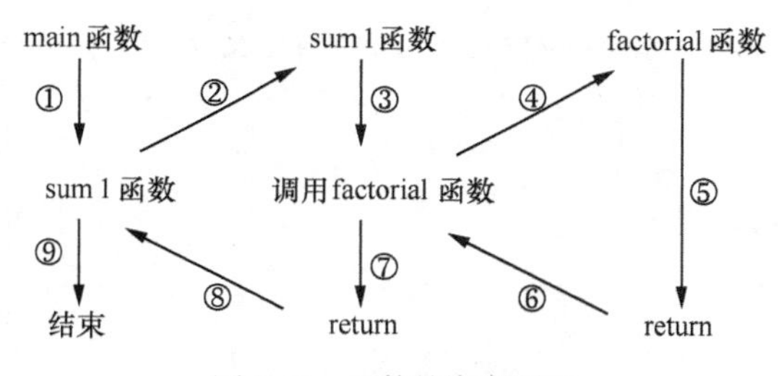

图 5-10　函数的嵌套调用

图 5-10 所示为两层嵌套，具体执行过程如下。

① 执行 main 函数的开头部分。

② 调用 sum1 函数语句，程序流程转向执行 sum1 函数。

③ 执行 sum1 函数的开头部分。

④ 遇到调用 factorial 函数语句，程序流程转向执行 factorial 函数。

⑤ 执行 factorial 函数的全部操作。

⑥ 遇到 return 语句，程序流程返回到 sum1 函数中调用 factorial 函数处。

⑦ 继续执行 sum1 函数中尚未执行的部分。

⑧ 遇到 return 语句，程序流程返回到 main 函数中调用 sum1 函数处。

⑨ 继续执行 main 函数中尚未执行的部分，直到程序结束。

2. C 语言编程实现

下面通过实例来说明如何使用函数的嵌套调用，解决 1 的阶乘到 n 的阶乘求和问题，即 $S=1+2!+3!+\cdots+n!$，要求用键盘输入一个 n 值，运用嵌套调用计算 S 的值。具体实现如下所示。

```
/*p5_7.c*/
#include<stdio.h>
int main()
{
    long s,sum1(int);           /*sum1 函数声明*/
    int n;
    printf("n=");
    scanf("%d",&n);
    s=sum1(n);                  /*sum1 函数调用*/
    printf("s=%ld\n",s);
    getch();
    return 0;
}
long sum1(int x)                /*sum1 函数定义*/
{
    long s=0,factorial(int);    /*factorial 函数声明*/
    int i;
    for(i=1;i<=x;i++)
        s=s+factorial(i);       /*factorial 函数调用*/
    return s;
}
long factorial(int y)           /*factorial 函数定义*/
{
    long t=1;
    int j;
    for(j=1;j<=y;j++)
        t=t*j;
    return t;
}
```

运行结果如图 5-11 所示。

图 5-11　求 1 的阶乘到 n 的阶乘和的程序运行结果

5.4　用递归函数求阶乘问题求解

5.4.1　问题阐述

在实际生活中，人们解决问题的思路可能是多种多样的。比如，同样是整数 n 的阶乘，如果用循环的思路，就是设置一个循环，在每一轮循环中反复地计算循环变量 i 乘以 p。但如果不采用循环，而是采用递归函数的解决思路，则可以将任务分解成与自身相似的子任务，再进行求解。

5.4.2　算法分析

如果不采用循环，而是用任务分解的思路，如何解决求整数 n 的阶乘问题呢？比如假设班上有 n 名学生，老师请学号为 n 的学生计算 n 的阶乘。此时，学号为 n 的学生可能会提出，工作量太大，需要请学号为 n−1 的学生帮忙，计算（n−1）的阶乘，学号为 n 的学生再将 n−1 的阶乘乘以 n，得到 n 的阶乘返回给老师。类似地，学号为 n−1 的学生也提出，需要请学号为 n−2 的学生帮忙，计算（n−2）的阶乘，学号为 n−1 的学生再将（n−2）的阶乘乘以（n−1），得到（n−1）的阶乘返回给学号为 n 的学生。依此类推，直到学号为 1 的学生直接得到 1 的阶乘并返回给学号为 2 的学生，不断返回，最终学号为 n 的学生得到 n 的阶乘的最终结果。

上述解决问题的思路就是任务分解的一个特例，即把任务分解成与自身相似的较小的子任务。在程序设计语言中，这种解决问题的方法一般由递归函数来实现。

5.4.3　算法实现

本小节将阐述递归函数的相关知识。

1．程序设计相关知识

在一个函数的执行过程中直接或间接调用该函数本身，称为函数的递归调用，这种函数称为递归函数。C 语言允许函数的递归调用。

递归调用有两种情形。一种情形，主调函数又是被调函数。执行递归函数将反复调用自身，每调用一次就进入新的一层，这又叫直接递归。递归还有另一种情形，就是第一个函数调用第二个函数，而第二个函数又反过来调用第一个函数。这种调用情形叫间接递归。

本书只讲述直接递归。

如果一个问题想用递归函数来解决，需要满足以下 3 个条件。

（1）可以把要求解的问题转化为一个新的问题，这个新的问题的解决方法与原来的解决方法相同，只是所处理问题的参数值有规律地递增或递减。

（2）可以应用这个转化过程使问题得到解决。

（3）必须有一个明确的结束递归的条件。也就是在递归调用过程中，必须有一个条件使得调用结束，有时也称为递归的出口。

递归函数设计的难点是建立问题的数学模型，一旦建立了正确的递归数学模型，就可以很容易地编写出递归函数。

以求阶乘问题为例，说明如何建立递归数学模型。阶乘的计算可以用递归方程定义如下。

$$\begin{cases} \text{fun}(n)=1 & (n=0,1) \\ \text{fun}(n)=n\times(n-1)! & (n>1) \end{cases}$$

从上面的定义可以看出，阶乘的计算符合递归函数的 3 个条件。当 $n>0$ 时，求 $n!$ 可以转化为求 $n\times(n-1)!$，而求 $n\times(n-1)!$ 的方法与求 $n!$ 的方法相同，只是求阶乘的参数由 n 变成了 $(n-1)$，参数值变小。而求 $(n-1)!$ 又可转化为求 $(n-1)\times(n-2)!$，以此类推，每一次的转化使得参数值有规律地减 1，直到参数值为 1 或 0。此时，函数调用结束，递归结束。

2. C 语言编程实现

下面通过实例来说明如何使用递归函数，解决求整数 n 的阶乘问题。要求用键盘输入一个整数 n，运用递归函数求 n 的阶乘。具体实现如下所示。

```
/*p5_8.c*/
#include<stdio.h>
int main()
{
     int n;
     long y, fun(int);
     printf("请输入一个整数：");
     scanf("%d",&n);
     y=fun(n);
     printf("%d!=%ld\n",n,y);
     getch();
     return 0;
}
long fun(int n)
{
     long f;
     if(n<0)
           printf("n<0,输入错误！");
     else
          if(n==0||n==1)
               f=1;
          else
               f=fun(n-1)*n;
     return(f);
}
```

运行结果如图 5-12 所示。

```
请输入一个整数: 5
5!=120
```

图 5-12　运用递归函数求 *n* 的阶乘问题运行结果

5.5　家人储蓄记账问题求解

5.5.1　问题阐述

当使用函数来解决实际问题时，默认地采用了分工合作的思想；而针对不同的任务分工，即不同的函数，其中的数据一般也是相互独立的。但是在某些特定的情况下，人们可能希望不同任务之间也能共享一些特定的数据。

比如，假设我们希望为家人开发一个储蓄记账的小程序，这个小程序支持两种操作：“爸爸存钱”和“妈妈存钱”。爸爸每次存 5 元，妈妈每次存 3 元。不管爸爸存钱或妈妈存钱中的哪一种操作发生，需要访问和修改的数据都是相同的，即家人共同的储蓄数目。

5.5.2　算法分析

因为希望开发的储蓄记账小程序能够不间断地提供储蓄记账功能，所以在主函数中可以使用循环来支持反复的储蓄记账操作。

主函数的流程如图 5-13 所示。

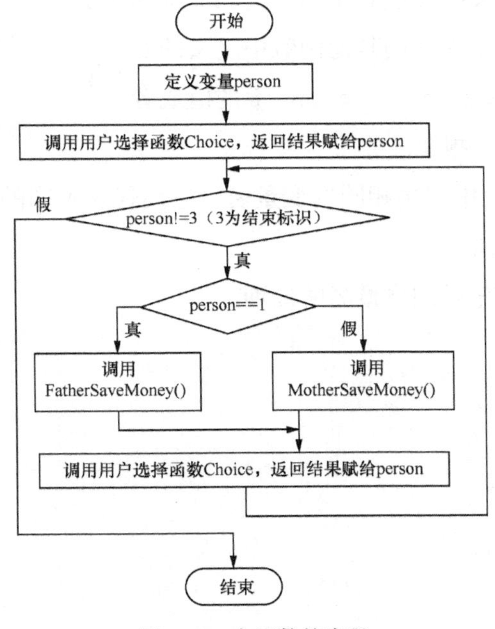

图 5-13　主函数的流程

在主函数之外，可以定义一个全局变量 money，用来保存家人共同的储蓄数目。当爸爸存钱的 FatherSaveMoney 函数运行时，可以修改全局变量 money；当妈妈存钱的 MotherSave Money 函数运行时，也可以修改全局变量 money；从而实现不同任务（函数）之间对特定公共数据的共享。

5.5.3 算法实现

由于在某些应用需求下，不同任务（函数）之间需要访问和修改共同的数据，因此本小节将阐述局部变量和全局变量的相关知识。

1. 程序设计相关知识

在函数中，形参只在被调用期间才分配内存单元，调用结束立即释放。这表明形参只有在函数内才是有效的，离开该函数就不能再使用了。这种变量有效性的范围称变量的作用域。在 C 语言中所有的变量都有自己的作用域。变量说明的方式不同，其作用域也不同。C 语言中的变量，按作用域可分为两种，即局部变量和全局变量。

（1）局部变量

局部变量也被称为内部变量。它是在函数内定义的，它只存在于这个函数内，也就是说在这个函数内可以使用它们，离开该函数后再使用这种变量是非法的。局部变量的作用域如图 5-14 所示。

```
int fun1(int x)              /*fun1函数 */
{
        int m, n;            } x、m、n的作用域
        ...
}
float fun2(float a)          /*fun2函数 */
{
        float b, c;          } a、b、c的作用域
        ...
}
main()                       /*main函数 */
{
        int i, j;            } i、j的作用域
        ...
}
```

图 5-14　局部变量的作用域

说明如下。

① 主函数 main 中定义的变量 i、j，只能在 main 函数中有效，而且主函数也不能使用其他函数中定义的变量。如果在 main 函数中取 a、b、c、x、m、n 的值或者对这些变量赋值，系统都会报错。

② 允许在不同的函数中使用相同的变量名，它们代表不同的对象，分配不同的单元，互不干扰，也不会发生混淆。

【例 5.5】　不同函数中相同变量名的处理。

```
/*p5_9.c*/
int main()
{
     void fun();
     int x=5;
     printf("%d\n",x);
     fun();
     printf("%d\n",x);
     getch();
     return 0;
}
```

```
void fun()
{
    int x=10;
    printf("%d\n",x);
}
```

运行结果如图 5-15 所示。

图 5-15　不同函数中相同变量名的处理程序运行结果

③ 形参也是局部变量，其他函数是不能调用的。

④ 在一个函数内部，可以在复合语句中定义变量，这些变量只能在复合语句中有效，而离开复合语句这些变量就无效了。这种复合语句也叫作分程序或程序段。

【例 5.6】　复合语句中相同变量名的处理。

```
/*p5_10.c*/
int main()
{
    int i=2,j=3,k;
    k=i+j;
    {
        int k=8;
        printf("%d\n",k);
    }
    printf("%d\n",k);
    getch();
    return 0;
}
```

运行结果如图 5-16 所示。

（2）全局变量

在所有函数（包括 main 函数）之外定义的变量称为全局变量。它不属于任何函数，而属于一个源程序文件，可以为本源程序中其他函数所共用，其作用域是从定义的位置开始到源程序文件结束，并且默认初始值为 0 或 Null。全局变量的作用域示意如图 5-17 所示。

图 5-16　复合语句中相同变量名的处理程序运行结果

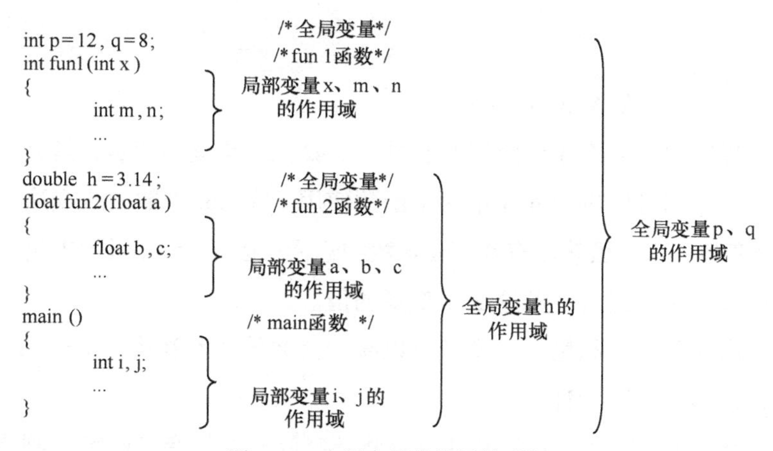

图 5-17　全局变量的作用域示意

上面的 p、q、h 均为全局变量，但它们的作用范围不同，在 fun2 函数和 main 函数中，3 个全局变量均可用，但在 fun1 函数中 h 就不可用。

全局变量在使用过程有如下几点需要注意。

① 设置全局变量可以增加函数间数据联系的渠道。由于在同一个源程序中，该全局变量定义后的所有函数均可以引用该全局变量，如果其中的某一个函数改变了全局变量的值，就能影响到其他所有能引用该全局变量的函数，相当于该全局变量成为各函数间的传递通道。从另一个角度来看，该全局变量相当于一个函数的返回值，这样也可以改变函数返回值的方式。

【例 5.7】 输入正方体的长、宽、高：*l*、*w*、*h*。求体积和 3 个面 *lw*、*wh*、*lh* 的面积。

```
/*p5_11.c*/
int s1,s2,s3;
int fun( int a,int b,int c)
{
     int v;
     v=a*b*c;
     s1=a*b;
     s2=b*c;
     s3=a*c;
     return v;
}
int main()
{
     int v,l,w,h;
     printf("input length:");
     scanf("%d",&l);
     printf("input width:");
     scanf("%d",&w);
     printf("input height:");
     scanf("%d",&h);
     v=fun(l,w,h);
     printf("\nv=%d,s1=%d,s2=%d,s3=%d\n",v,s1,s2,s3);
     getch();
     return 0;
}
```

运行结果如图 5-18 所示。

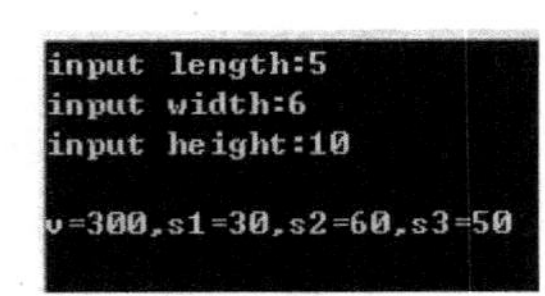

图 5-18　求正方体体积和 3 个面的面积的程序运行结果

程序中，标识 3 个面积的变量 s1、s2、s3 是全局变量，是公用的，它们可以供源程序中两个函数使用。在 fun 函数中改变这 3 个变量的值，虽然没有在 fun 函数中返回，但在 main 函数中仍然可以使用已经改变的这 3 个变量的值。

由此可见，利用全局变量可以减少函数的实参和形参的个数，从而减少存储空间和数据返回传递的时间消耗。

② 如果在同一个源程序中，全局变量与局部变量同名，则在局部变量的作用域内，全局变量被“屏蔽”。也就是说，在这种情况下，只有局部变量能起作用，而全局变量则不可用。

【例 5.8】　同名全局变量的定义。

```
/*p5_12.c*/
int m=8;
int fun()
{
    int m=5;
    return m;
}
int main()
{
    int i;
    i=fun();
    printf("%d\t%d\n",i,m);
    getch();
    return 0;
}
```

运行结果如图 5-19 所示。

图 5-19　同名全局变量的定义程序运行结果

fun 函数中定义了一个局部变量 m 与全局变量同名，在调用 fun 函数时，返回 m 的值是局部变量 m 的值 5 而不是全局变量值 8。

③ 应尽量少使用全局变量。这是因为，一方面，全局变量在程序整个执行过程中始终占用存储空间；而另一方面，全局变量减弱函数的独立性、通用性、可靠性、可移植性以及程序清晰性，容易出错。

2. C 语言编程实现

下面通过实例来说明如何使用全局变量实现在不同函数之间共享公共数据，进行家人储蓄记账问题求解。具体实现如下所示。

```
/*p5_13.c*/
int money;          /*不同函数之间共享的公共数据，设置为全局变量*/
int Choice()
{
    int pers;
    printf("please choose:  1.father save money\t");
    printf("2.mother save money\t");
    printf("3.exit\n");
    printf("please input 1,2 or 3:\n");
    scanf("%d",&pers);
    while(pers!=1 && pers!=2 && pers!=3 )
    {
        printf("incorrect input! try again:\n");
        printf("please choose:  1.father save money\t");
        printf("2.mother save money\t");
        printf("3.exit\n");
        printf("please input 1,2 or 3:\n");
        scanf("%d",&pers);
    }
    return pers;
}

FatherSaveMoney()
```

```
{
     money=money+5;          /*在程序中访问和修改全局变量*/
     printf("Father Save Money\t");
     printf("Money=%d\n\n ",money);
}

MotherSaveMoney()
{
     money=money+2;           /*在程序中访问和修改全局变量*/
     printf("Mother Save Money\t");
     printf("Money=%d\n\n ",money);
}

int main()
{
     int person;
     person=Choice();
     while(person!=3)
     {
          if(person ==1)
               FatherSaveMoney();
          else
               MotherSaveMoney();
          person=Choice();
     }
     printf("The end\n");
     getch();
     return 0;
}
```

运行结果如图 5-20 所示。

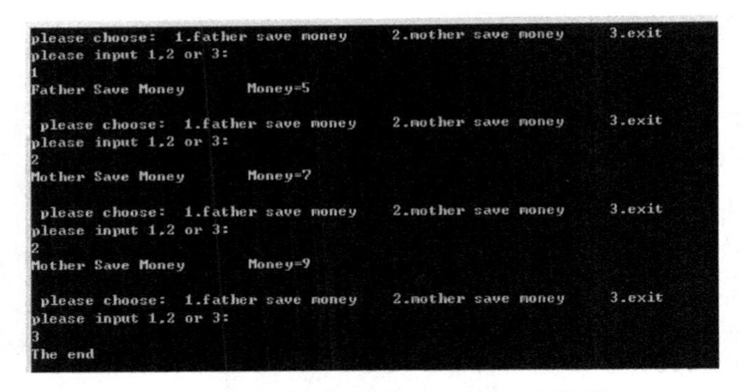

图 5-20　家人储蓄记账问题程序的运行结果

5.6　程序访问用户计数问题求解

5.6.1　问题阐述

当使用函数来解决实际问题的时候，对于函数的每一次调用，函数中的局部变量都默认是自动变量，即在函数调用开始时分配动态存储空间，函数结束时释放这些空间，自动变量的生存周期仅为函数的执行时间内。但是在某些特定的情况下，人们可能希望函数中的局部变量能够一直存在，不随着程序运行结束而消失。

比如，假设希望开发一个用户访问计数的程序，每次程序执行时能够自动记录用户访问次数，并输出欢迎语句。那么在这样的程序中，用来表示用户访问次数的局部变量就不能被定义为普通的自动变量，而是希望该局部变量的值在函数调用结束后不消失而保留原来值。也就是当函数调用结束后，原存储空间不释放，在下一次调用该函数时，上一次调用结束时该变量的值变成这一次调用的初值，从而保证计数值的连续性。此时，就需要研究和探讨变量的存储方式和生存周期。

5.6.2　算法分析

由于希望开发的用户访问计数程序能够不间断地提供用户登录和计数功能，因此在主函数中可以使用循环来支持反复的用户登录和计数操作。

主函数的流程如图 5-21 所示。

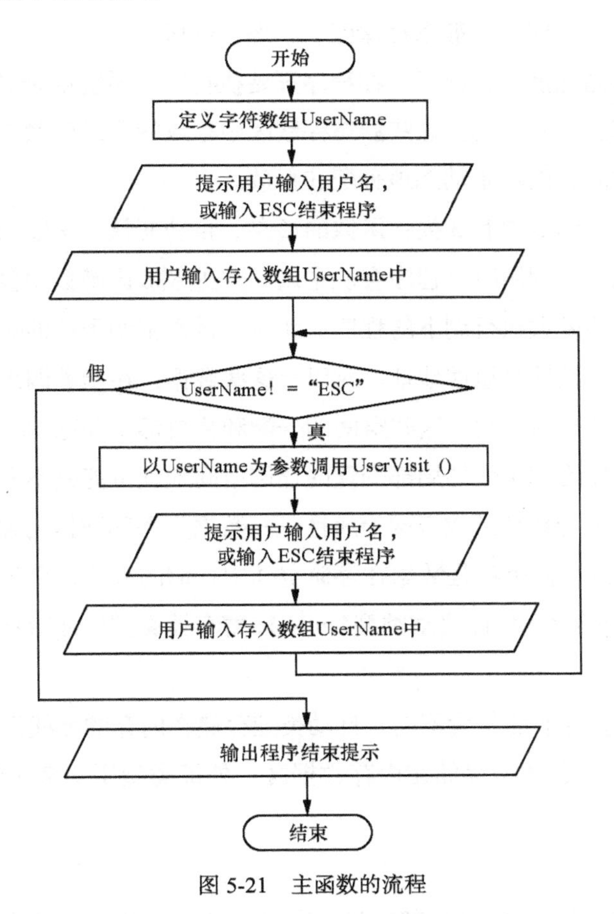

图 5-21　主函数的流程

在 UserVisit 函数中，可以定义一个静态变量 visitCount，visitCount 的初值赋为 0，每次调用 UserVisit 函数时，静态变量 visitCount 的值在原来的基础上加一，并输出对用户的欢迎语句和访问计数提示。由于 visitCount 是静态变量，因此随着 UserVisit 函数的调用，visitCount 能够正确地保存和记录程序的访问用户计数值。

5.6.3 算法实现

1. 程序设计相关知识

从作用域角度来看，变量可以分为全局变量和局部变量。从变量的存储类型来看，变量可以分为静态存储方式和动态存储方式。静态存储方式，是指在程序运行期间分配固定的存储空间的方式；而动态存储方式，是指在程序运行期间根据需要进行动态地分配存储空间的方式。

从软件工程角度来看，一个应用软件由 3 个部分组成：程序、数据和文档。程序和数据是在计算机上运行的，因此，计算机划分了不同的存储空间给用户，用来存放程序和数据。程序存放在程序区中，而数据分别存放在静态存储区和动态存储区中。由此，用户存储空间可以分为 3 个部分——程序区、静态存储区、动态存储区。

全局变量全部存储在静态存储区，在程序开始执行时，系统给全局变量分配存储空间，程序执行完毕后就释放这些空间。这些静态存储区中存放的全局变量在程序执行的整个过程中一直占据着存储空间，而不是动态地分配和释放。

动态存储区中存储的数据有 3 类：函数的形参、自动变量、函数调用时的现场保护和返回地址等。例如，在函数调用时，程序会从主调函数进入被调函数中执行。当被调函数执行完成后，又要回到主调函数执行剩下的程序。此时，返回主调函数的哪里开始执行就需要一个程序的地址，这个地址就是返回地址。对以上这些数据，在函数调用开始时分配动态存储空间，函数结束时释放这些空间。这些空间的分配和释放都是动态的，如果一个程序中多次调用同一函数，而分配给此函数的局部变量的存储空间地址可能是不同的。

在 C 语言中，每个变量和函数有两个属性——数据类型和数据的存储类型。数据类型在前文已经介绍。数据的存储类型是数据在存储空间中存储的方式，分为两大类，静态存储类和动态存储类。具体包含 4 种，即自动类型（auto）、寄存器类型（register）、静态类型（static）、外部类型（extern）。

不同的存储类型，存放的位置不同。自动类型存储在内存的堆栈区；寄存器类型存储在 CPU 的通用寄存器；静态类型存储在内存数据区；外部类型用于多个编译单位之间数据的传递。

（1）自动变量

自动（auto）变量只用于定义局部变量，存储在动态存储区。函数中的形参和在函数中定义的变量都属于此类，在调用该函数时系统会给它们分配存储空间，在函数调用结束时就自动释放这些存储空间。

自动变量定义形式如下：

```
auto  数据类型  变量名 1，变量名 1，变量名 2，…，变量名 n;
```

局部变量存储类型默认为 auto 型。

例如：

```
int  f(int x)                /*定义 f 函数，x 为形参*/
{
auto int a, b;               /*定义整型变量 a、b 为自动变量*/
float  y;                    /*定义 y，存储类型默认为自动变量*/
…
}
```

（2）静态变量

有时希望函数中的局部变量的值在函数调用结束后不消失而保留原来值，也就是当函数调用结束后，原存储空间不释放，在下一次调用该函数时，上一次调用结束时该变量的值变成这一次调用的初值。这样，该局部变量就变成了静态（static）变量。

静态变量在静态存储区分配存储空间。在程序运行期间自始至终占用被分配的存储空间。

静态变量定义形式如下：

```
static 数据类型  变量名 1，变量名 1，变量名 2，…，变量名 n;
```

说明如下。

① 静态变量是在编译时赋初值的，即只赋初值一次，以后每次调用函数时不再重新赋初值而只引用上次函数调用结束时的值。

② 若静态变量没有赋初值，编译时自动赋 0 或空字符（对字符型变量）。但对于自动变量，如果不赋初值，则它的值是一个不确定的值。

③ 虽然静态变量在函数调用结束后仍然存在，但其他函数不能引用它。

【例 5.9】 将 5.3 节中的使用嵌套函数解决 1 的阶乘到 *n* 的阶乘求和问题，改为运用静态变量来计算。

```
/*p5_14.c*/
#include<stdio.h>
int main()
{
     long s,sum1(int);
     int n;
     printf("n=");
     scanf("%d",&n);
     s=sum1(n);
     printf("s=%ld\n",s);
     getch();
     return 0;
}
```

```
long sum1(int x)
{
    long s=0,factorial(int);          /*factorial 函数声明*/
    int i;
    for(i=1;i<=x;i++)
        s=s+factorial(i);             /*factorial 函数调用*/
    return s;
}
long factorial(int y)                 /*factorial 函数定义*/
{
    static long t=1;                  /*定义静态变量 t*/
    t=t*y;                            /*只利用每一次调用的结果*/
    return t;
}
```

运行结果如图 5-22 所示。

图 5-22　运用静态变量计算 1 的阶乘到 *n* 的阶乘求和问题程序的运行结果

每一次调用结束，t 中保存的是这一次调用时形参值的阶乘结果，而且调用结束后该值仍存在，由于静态变量只被始化一次，本例题只需将 5.3 节的“1 的阶乘到 *n* 的阶乘求和问题”代码中 factorial 函数体内的一个循环体变成一个乘法运算语句就行。

静态变量在使用时能提供很多方便，以免每次调用时重新赋值。但因为存储空间不释放，始终占据内存，而且，当调用次数增多时，往往难以弄清静态变量的值，降低了程序的可读性。因此，对于静态变量，只有必须时才用，切不可多用。

（3）寄存器变量

C 语言允许将局部变量的值放在 CPU 中的寄存器中，需要时直接从寄存器中取出进行运算。由于寄存器存在于 CPU 中，对寄存器中数据进行存取，其速度远比从内存中存取数据要快，因此这样可以提高执行效率。这种变量叫寄存器（register）变量，在程序中用 register 进行声明。

寄存器变量定义形式如下：

```
register  数据类型  变量名 1, 变量名 1, 变量名 2, …, 变量名 n;
```

说明如下。

① 只有局部自动变量和形参可以定为寄存器变量，全局变量和静态变量不能定义为寄存器变量。

当寄存器变量所在函数被调用时，系统将在寄存器中“开辟”一些寄存器空间来存放寄存器变量，当调用结束时释放寄存器变量占用的寄存器空间。

② 计算机中寄存器数量是有限的，因此不能使用太多的寄存器变量。

当今的优化编译系统能够识别使用频繁的变量，从而自动地将这些变量存放在寄存器中，而不需要编程设计者指定。因此，在实际应用中，用 register 声明变量变得不再必要了。

例如，编写一个函数计算一个整数的阶乘，用寄存器变量编程如下。

```
long fac(int n)
{
    register int I,f=1;
    for(i=1;i<=n;i++)
        f=f*I;
    return f;
}
```

调用该函数时，如果 *n* 值很大，则使用寄存器变量能节约较多的执行时间。

（4）外部变量

外部变量（extern）即全局变量，是在函数的外部定义的，它的作用域为从变量定义处开始，到本程序文件的末尾。编译时将寄存器变量分配在静态存储区。

有时用 extern 来声明外部变量，以扩大外部变量的作用域。外部变量定义形式为：

```
extern  数据类型  变量名 1, 变量名 1, 变量名 2, …, 变量名 n;
```

① 在一个文件内声明外部变量

在一个文件内，如果在定义点之前的函数想引用该外部变量，则应该在引用之前用关键字 extern 对该变量进行外部变量声明，表示该变量是一个已经定义的外部变量。有了此声明，就可以从“声明”处起，合法地使用该外部变量。

【例 5.10】 用 extern 声明外部变量，扩展它在程序文件中的作用域。

```
/*p5_15.c*/
int main()
{
    extern int X,Y;
    printf("min is %d\n",min(X,Y));
    getch();
    return 0;
}
int min(int i,int j)
{
    int z;
    if(i<j)
        z=i;
    else
        z=j;
    return z;
}
int X=12,Y=15;
```

运行结果如图 5-23 所示。

```
min is 12
```

图 5-23　用 extern 声明外部变量的程序运行结果

② 在多个文件的程序中声明外部变量

如果一个程序由两个源程序文件 p5_16_1.c、p5_16_2.c 组成，并在文件 p5_16_2.c 中想引用文件 p5_16_1.c 中已定义的外部变量 X，则需要在 p5_16_2.c 文件中用 extern 对 p5_16_1.c 中的外部变量 X 进行外部变量声明。这样，系统在编译和连接时，会将 p5_16_1.c 文件中的变量 X 的作用域扩展到文件 p5_16_2.c 中，在 p5_16_2.c 中就可以合法地引用外部变量 X。

【例 5.11】 分析下列程序。

```
/*p5_16_1.c*/
int main( )
{
     extern i;                 /*定义 extern 型变量 i*/
     i++;
     printf("i=%d\n",i);
     next( );
     getch( );
     return 0;
}
int i=3;                       /*定义一个外部变量 i*/
static int next( )
{
     i++;
     printf("i=%d\n",i);
     other( );                 /*调用另一个源文件中的函数*/
}
/*p5_16_2.c*/
extern int i;                  /*对 extern 型变量 i 进行外部声明*/
int other( )
{
i++;
printf("i=%d\n",i);
}
```

程序含两个源文件 p5_16_1.c 和 p5_16_2.c，在 p5_16_1.c 中定义全局变量 i 初值为 3。执行 main 函数中 i++;语句后，i 变量值修改为 4；执行 next 函数中 i++;语句后，i 变量值修改为 5；p5_16_2.c 中对变量 i 进行外部说明，即引用 p5_16_1.c 中的变量 i，值为 5；执行 other 函数中 i++;语句后 i 值为 6。

运行结果如图 5-24 所示。

```
i=4
i=5
i=6
```

图 5-24 例 5.11 运行结果

2. C 语言编程实现

下面通过实例来说明如何使用静态变量实现连续计数功能，解决程序访问用户计数问题。具体实现如下所示。

```
/*p5_17.c*/
void UserVisit(char uname[10])
{
     static int visitCount=0;
     visitCount =visitCount+1;
     printf("欢迎用户%s 使用本程序！\t",uname);
     printf("您是第%d 位用户\n\n",visitCount);
}

int main()
{
     char UserName[10];
     printf("请输入登录的用户名（若结束程序，请输入 ESC）：\n");
```

```
    scanf("%s",UserName);
    while( strcmp(UserName,"ESC")!=0  )
    {
        UserVisit(UserName);

        printf("请输入登录的用户名（若结束程序，请输入 ESC）：\n");
        scanf("%s",UserName);
    }
    printf("程序结束！\n");
    getch();
    return 0;
}
```

运行结果如图 5-25 所示。

```
请输入登录的用户名（若结束程序，请输入ESC）：
Jim
欢迎用户Jim使用本程序！  您是第1位用户

请输入登录的用户名（若结束程序，请输入ESC）：
Lucy
欢迎用户Lucy使用本程序！         您是第2位用户

请输入登录的用户名（若结束程序，请输入ESC）：
李磊
欢迎用户李磊使用本程序！         您是第3位用户

请输入登录的用户名（若结束程序，请输入ESC）：
ESC
程序结束！
```

图 5-25　访问用户计数程序的运行结果

5.7　花坛面积计算问题求解

5.7.1　问题阐述

在实际生活中，经常会需要进行一些数学运算，有时候运算的参数可能会有变化和调整。比如，假设需要修建一个圆形的花坛，已知花坛的半径，要计算花坛的面积。按照圆的面积计算公式，根据圆的半径 r，可以求得面积 S，$S=\pi\times r^2$。其中，参数π是一个无理数常数。根据精度要求的不同，参数π可以取不同的数值。如果当精度要求发生变化时，希望能对面积计算的结果进行相应调整，就需要方便地对代码进行修改，此时，就需要使用宏定义功能。

5.7.2　算法分析

主函数的流程如图 5-26 所示。

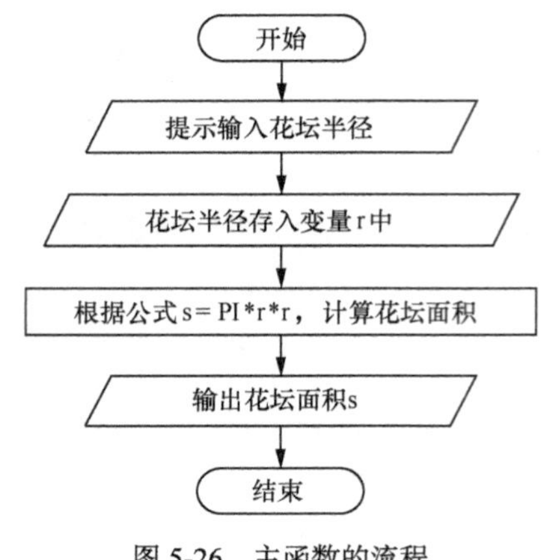

图 5-26　主函数的流程

5.7.3　算法实现

1. 程序设计相关知识

在C语言中，说明语句和可执行语句用来完成程序的功能。除此之外，还有一些编译预处理，它的作用是向编译系统发布信息或命令，告诉编译系统在对源程序进行编译之前应做些什么事。C语言提供的预处理功能主要有3种——宏定义、文件包含、条件编译。

在使用预处理命令时，注意几点使用要求：以“#”开头；不是C语句，不必以分号结束，且每一条预处理命令独占一行；通常书写在函数之外、源文件开头。

C语言中允许用一个标识符来表示一个字符串，称为宏。被定义为宏的标识符称为宏名。在编译预处理时，对程序中所有出现的宏名，都用宏定义中的字符串去替换。这一过程称为宏替换、宏代换或宏展开。

宏定义由宏定义的命令完成，而宏替换是由预处理程序自动完成的。根据宏定义时宏名后是否带有参数，可以将宏分为无参数宏和带参宏两种。

（1）无参数宏定义

其定义的一般形式如下：

```
#define  标识符  字符串
```

其中的“#”表示这是一条预处理命令，凡是以“#”开头的均为预处理命令。define为宏定义命令，标识符为所定义的宏名，字符串可以是常数、表达式、格式串等。

例如：

```
#define PI 3.1415926
```

它的作用是指定标识符PI来代替“3.1415926”。在编写源程序时，所有的“3.1415926”都可由PI代替，而对源程序进行编译时，将先由预处理程序进行宏替换，即用“3.1415926”去置换所有的宏名PI，然后再进行编译。

【例5.12】　通过宏定义设置商品的单价，输入购买商品的数量，求购买商品的总价。

```
/*p5_18.c*/
#define PRICE 52.5
int main()
{
      double TotalPrice;
      int number;
      printf("请输入购买商品数量：");
      scanf("%d",& number);
      TotalPrice =PRICE*number;
      printf("商品总价为：%lf\n", TotalPrice);
      getch();
      return 0;
}
```

运行结果如图 5-27 所示。

对于宏定义还要说明以下几点。

① 宏定义是用宏名来表示一个字符串，在宏替换时又以该字符串取代宏名，这只是一种简单的替换，字符串中可以是任何字符，可以是常数，也可以是表达式，预处理程序对它不进行任何检查。如有错误，只能在编译已被宏替换后的源程序时发现。

② 宏定义不是说明或语句，在行末不必加分号，如加上分号则连分号也一起置换。

③ 宏定义必须写在函数之外，其作用域为宏定义命令起到源程序结束。如要终止其作用域可使用# undef 命令。

④ 宏名在源程序中若用引号标注，则预处理程序不对其进行宏替换，只将其视为普通的字符串。

【例 5.13】 以实例说明：宏名在源程序中若用引号标注，则预处理程序不对其进行宏替换，只将其视为普通的字符串。

```
/*p5_19.c*/
#define PRICE 52.5
int main()
{
      printf("PRICE");
      printf("\n");
      getch();
      return 0;
}
```

运行结果如图 5-28 所示。

```
请输入购买商品数量：3
商品总价为：157.500000
Press any key to continue
```

图 5-27　求购买商品总价的程序运行结果

图 5-28　例 5.13 运行结果

⑤ 宏定义允许嵌套，在宏定义的字符串中可以使用已经定义的宏名。在宏替换时由预处理程序依次替换。

例如：

```
#define R 10.0
```

```
#define PI 3.1415926
#define S PI*R*R        /* PI 是已定义的宏名*/
```

语句：

```
printf("%f",S);
```

在宏替换后变为：

```
printf("%f",3.1415926*10.0*10.0);
```

⑥ 习惯上宏名用大写字母表示，以便于与变量区别，但也允许用小写字母表示。

⑦ 宏定义是专门用于预处理命令的一个专用名词，它与定义变量的含义不同，只进行字符替换，不分配存储空间。

⑧ 利用宏定义可以对一些常用的关键字或标识符进行替换，增强书写的方便性；或者对一些易错的关键字进行替换。比如，对常用的格式输出函数 printf 进行宏定义，将 printf 替换为 P，可以减少书写麻烦；又比如，将关系运算符“==”替换为“EQ”，可以防止习惯性地将“==”错写成“=”。但是要注意，使用这种功能带来便利的同时也具有一定的缺点，即这样会造成程序语法风格的不一致和可读性的降低。

【例 5.14】 对“printf”“==”进行宏定义。

```
/*p5_20.c*/
#define EQ ==
#define P printf
int main()
{
      int a=18;
      int b;
      P("请输入整数 b 的值：");
      scanf("%d",&b);
      if(a EQ b)
           P("a 和 b 相等\n");
      else
           P("a 不等于 b\n");
      getch();
      return 0;
}
```

运行结果如图 5-29 所示。

```
请输入整数b的值：3
a不等于b
```

图 5-29　例 5.14 运行结果

（2）带参宏定义

C 语言允许宏带有参数。在宏定义中的参数称为形参，在宏调用中的参数称为实参。带参数的宏并不是进行简单的字符串替换，还要进行参数替换。

带参宏定义的一般形式为：

```
#define  宏名(形参表)  字符串
```

如：

```
#define MAX(a,b)  ((a)>(b))?(a):(b)
…
X=MAX(5,7);
```

在程序中用了 MAX(5,7)，把 5、7 分别代替宏定义中的形参 a、b，即用(5>7)?5:7 代替 MAX(5,7)。因此赋值语句替换为：

```
X=(5>7)?5:7;
```

若字符串中含有各个形参，对带参数的宏，在调用时，不仅要宏替换，而且要用实参替换形参。

【例 5.15】　用带参数的宏求 x^3。

```
/*p5_21.c*/
#define SQR3(x) (x)*(x)*(x)
int main()
{
    int x;
    printf("x=");
    scanf("%d",&x);
    printf("%d\n",SQR3(x));
    getch();
    return 0;
}
```

运行结果如图 5-30 所示。

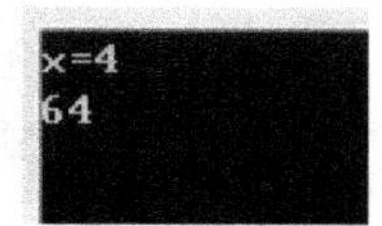

图 5-30　用带参数的宏求 x^3 的程序运行结果

说明：该程序中定义了一个带参数的宏，宏名为 SQR3(x)，宏体为(x)*(x)*(x)，x 被称为形参，替换时，按#define 命令行中指定的字符串从左到右进行替换。

为了保证当实参为一个表达式时满足运算要求，应当在定义字符串的形参时在形参的外面加一个圆括号，即如前文的定义所示，否则有可能会出现结果错误。

如例 5.15 的宏定义，如果写成：

```
#define SQR3(x) x*x*x
```

假如程序中有语句：

```
m=SQR3(a+b);
```

则经过宏替换后，上一语句变成：

```
m= a+b* a+b* a+b;
```

这与宏定义的初始要求不符。

带参数的宏在形式上与函数比较接近，但带参数的宏不是函数。它们在本质上有区别，主要的区别如下。

首先，运行机制不同。带参数的宏仅仅是表达式内容的替换，而函数则要使程序执行到函数体。

其次，函数的调用结果有确定的数据类型，而带参数的宏替换会随着参数的不同而得到不同类型的结果。如例 5.15，如果将实参改为 double 类型，则得到的结果也为 double 类型，如例 5.16 所示。

【例 5.16】　用带参数的宏求 x^3。

```
/*p5_22.c*/
#define SQR3(x) x*x*x
```

```
int main()
{
      double x;
      printf("x=");
      scanf("%lf",&x);
      printf("%lf\n",SQR3(x));
      getch();
      return 0;
}
```

运行结果如图 5-31 所示。

图 5-31　用带参数的宏求 x^3 的程序运行结果

对于带参宏定义有以下问题需要说明。

① 带参宏定义中，宏名和形参表之间不能有空格出现。

例如：

```
    #define MAX(a,b) (a>b)?a:b
```

改写为：

```
 #define MAX  (a,b)  (a>b)?a:b
```

将被认为是无参宏定义，宏名 MAX 代表字符串(a,b) (a>b)?a:b。宏替换时，宏调用语句：

```
 max=MAX(x,y);
```

将变为：

```
 max=(a,b)(a>b)?a:b(x,y);
```

这显然是错误的。

② 在带参宏定义中，形参不分配存储空间，因此不必进行类型定义。但在宏调用时实参有具体的值，因此对于实参必须进行类型说明。在实参与形参的处理上与函数中的情况不同。在函数中，形参和实参是两个不同的量，各有自己的作用域，调用时要把实参值赋予形参，进行值传递。而在带参宏中，只是符号替换，不存在值传递的问题。

③ 在宏定义中的形参是标识符，而宏调用中的实参可以是表达式。

④ 在宏定义中，字符串内的形参通常要用括号标注以避免出错。

⑤ 宏定义也可用来定义多个语句，在宏调用时，把这些语句又替换到源程序内。具体示例如下。

【例 5.17】 利用带参数的宏定义求长方体的表面积和体积。

```
/*p5_23.c*/
#define SV(s,v) s=2*((l)*(w)+(w)*(h)+(h)*(l));v=(l)*(w)*(h)
int main()
{
      int l=3,w=4,h=5,s,v;
      SV(s,v);
      printf("s=%d\n v=%d\n",s,v);
      getch();
      return 0;
}
```

运行结果如图 5-32 所示。

程序的第一行为宏定义，用宏名 SV 表示 2 个赋值语句，2 个形参分别为 2 个赋值符左部的变量。在宏调用时，把 2 个语句替换并用实参代替形参，使计算结果送入实参之中。

⑥ 宏定义可以写在程序中的任何地方，但因为其作用域从定义之处到文件末尾或 #undefine 处，所以一定要写在程序引用该宏之前，常写在一个源文件之首。

2. C 语言编程实现

下面通过实例来说明如何使用宏定义功能，解决花坛面积计算问题。具体实现如下所示。

```
/*p5_24.c*/
#define PI 3.14159
int main()
{
    float s,r;
    printf("请输入花坛半径：\n");
    scanf("%f",&r);
    s=PI*r*r;
    printf("花坛面积为：%f\n",s);
    getch();
    return 0;
}
```

运行结果如图 5-33 所示。

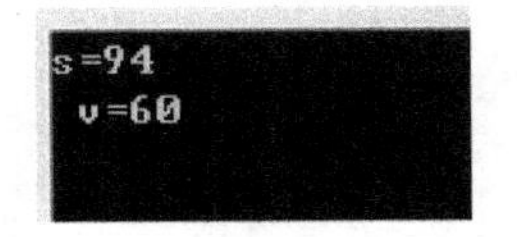

图 5-32　例 5.17 的运行结果

图 5-33　求花坛面积的程序运行结果

由于在该程序中，将π设置为宏定义的形式，因此当精度要求发生变化时，不需要对代码做过多的修改，只需要将程序开始的语句“#define PI 3.14159”进行修改即可。

5.8　两点之间距离计算问题求解

5.8.1　问题阐述

在实际生活中，经常会遇到一些复杂的运算难以在用户自定义程序中实现，此时，可以考虑借助 C 语言自带的库函数来完成，这就需要使用文件包含功能。不仅如此，当自定义函数功能过于复杂时，也可以考虑将其中一部分函数写到不同的代码文件中，再通过文件包含，使得被包含文件与当前文件，在预编译后变成同一个程序。

假设已知两点在平面坐标系上的坐标(x_1,y_1)和(x_2,y_2)，需要求这两点之间的距离。按照距离计算公式，根据两点的坐标(x_1,y_1)和(x_2,y_2)，可以求得这两点之间的距离 d，即

$d=\sqrt{(x_1-x_2)^2+(y_1-y_2)^2}$。其中，涉及求平方根，就属于典型的数学运算函数，此时，可以使用文件包含功能，借助 C 语言的数学库函数来实现。

5.8.2 算法分析

主函数的流程如图 5-34 所示。

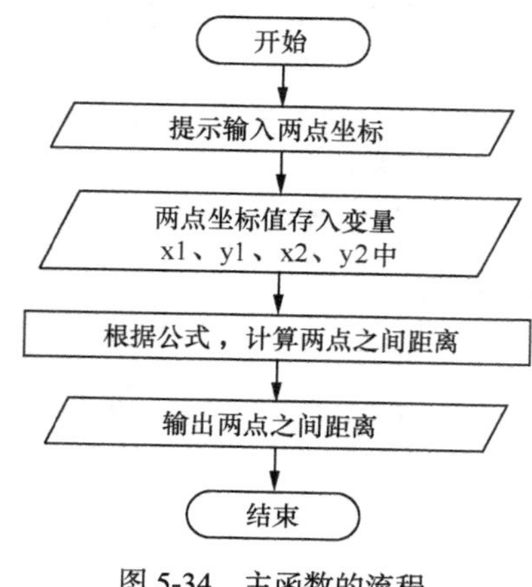

图 5-34 主函数的流程

5.8.3 算法实现

本小节将阐述文件包含的相关知识。

1. 程序设计相关知识

文件包含是指一个 C 源文件将另一个 C 源文件包含进来，即将另一个文件包含到本文件之中，C 语言是通过 include 预处理指令实现。

include 预处理指令的一般形式：

```
#include"被包含文件名"
```

或者：

```
#include<被包含文件名>
```

include 预处理指令的作用是将指定文件包含在当前文件中，插入到文件包含指令的相应位置处。使用文件包含指令，可以减少程序设计人员的重复劳动，提高程序开发效率。

说明如下。

（1）被包含的文件一般为头文件“*.h”，也可为 C 程序等文件。

（2）一个 include 指令只能指定一个被包含文件，如果要包含 n 个文件，则要用 n 条 include 指令。

（3）文件包含是在编译前进行处理的，不是在连接时进行处理。

（4）当文件名用双引号标注时，系统先在当前目录中寻找包含的文件，若找不到，再以系统指定的标准方式检索其他目录。而用尖括号时，系统直接按指定的标准方式检索。

一般系统提供的头文件，用尖括号标注；自定义的文件，用双引号标注。

（5）被包含文件与当前文件，在预编译后变成同一个文件，而非两个文件。

（6）文件包含允许嵌套，即在一个被包含的文件中又可以包含另一个文件。

【例 5.18】 将 5.3 节中的使用嵌套函数解决 1 的阶乘到 *n* 的阶乘求和问题的代码，改写为 3 个源文件，用 include 进行文件的包含。

程序要求，用键盘输入一个 *n* 值，求 *S*=1+2!+3!+⋯+*n*!。

```
/*p5_25_1.c*/
#include "p5_25_2.c "                  /*将文件p5_25_2.c包含进来*/
int main()
{
     long s;
     int n;
     printf("n=");
     scanf("%d",&n);
     s=sum1(n);                        /* p5_25_2.c中的函数sum1可以被直接调用*/
     printf("s=%ld\n",s); ;
     getch();
     return 0;
}
/* p5_25_2.c*/
#include "p5_25_3.c "                  /*将文件p5_25_3.c包含进来*/
long sum1(int x)                       /*sum1函数定义*/
{
     long s=0;
     int i;
     for(i=1;i<=x;i++)
          s=s+factorial(i);            /* p5_25_3.c中的函数factorial可以被直接调用*/
    return s;
}
/*p5_25_3.c */
long factorial(int y)                  /*factorial函数定义*/
{
     long t=1;
     int j;
     for(j=1;j<=y;j++)
          t=t*j;
     return t;
}
```

运行结果如图 5-35 所示。

图 5-35　例 5.18 的运行结果

2. C 语言编程实现

下面通过实例来说明如何使用文件包含功能，解决两点之间距离计算问题。具体实现如下所示。

```
/*p5_26.c */
#include "math.h"
```

```
int main()
{
    float x1,y1,x2,y2;
    float d;
    printf("请输入第一点的 x 坐标: \n");
    scanf("%f",&x1);
    printf("请输入第一点的 y 坐标: \n");
    scanf("%f",&y1);
    printf("请输入第二点的 x 坐标: \n");
    scanf("%f",&x2);
    printf("请输入第二点的 y 坐标: \n");
    scanf("%f",&y2);
    d=sqrt((x1-x2)*(x1-x2)+(y1-y2)*(y1-y2));
    printf("两点之间的距离为: %f\n",d);
    getch();
    return 0;
}
```

运行结果如图 5-36 所示。

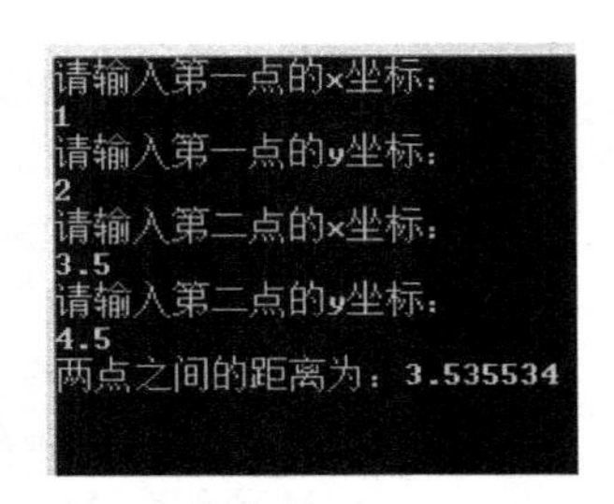

图 5-36　两点之间距离计算问题运行结果

其中，距离公式中求平方根的功能，是通过调用 C 语言的数学库函数 sqrt 来实现的。为了调用数学库函数 sqrt，在代码开始部分进行了文件包含的说明——#include "math.h"。

5.9 本 章 小 结

本章以“学习小组的最高分问题求解”为例，阐述了使用工程思维来解决复杂问题的方法。一是对复杂的问题进行分解和模块化，将复杂的原始问题拆分成多个子问题，减小问题复杂度和难度。二是在对复杂问题进行分解和模块化的基础上，引入分工合作的思想。

C 语言中，问题的模块化和任务分工的实现，是通过定义和调用函数来完成的。本章通过多个实例，阐述了函数的定义与调用、函数与数组、函数的嵌套调用、递归函数、变量的作用域、变量的存储类型、宏定义和文件包含等知识点。通过对本章的学习，读者可掌握函数相关的知识及其在具体问题中的应用。

5.10　习　题　五

一、选择题

1. C 语言中，程序的基本单位是（　　）。

A. 函数　　B. 文件　　C. 语句　　D. 程序段

2. C 程序中，若参数是普通变量，则调用函数时，下面说法正确的是（　　）。

A. 实参和形参各有一个独立的存储空间

B. 实参与形参可以共用存储空间

C. 可以由用户指定是否共用存储空间

D. 由计算机系统自动确定是否共用存储空间

3. 有如下函数调用语句：fun(rec1,rec2+rec3,(rec4,rec5));，在该函数调用语句中，含有的实参个数是________。

A. 3　　B. 4　　C. 5　　D. 有语法错误

4. 以下对 C 语言函数的有关描述中，正确的是（　　）。

A. 数组名作为函数参数时，整个数组作为函数参数传递的是数组的首地址，在函数中改变了形参数组的值，实参数组将保持不变

B. 在 C 语言中，调用形参为普通变量的函数时，只能把实参的值传送给形参，形参的值不能传递送给实参

C. 函数必须有返回值，否则不能使用函数

D. main 函数必须出现在固定位置

5. 若在 C 语言中未说明函数的类型，则系统默认该函数的数据类型是（　　）。

A. float　　B. long　　C. int　　D. double

6. C 语言中形参的默认存储类别是（　　）。

A. 自动（auto）　　B. 静态（static）

C. 寄存器（register）　　D. 外部（extern）

7. 以下程序运行后的输出结果是（　　）。

```
main()
{
    int a=2,b=7,t=0;
    int fun(int x);
    t= fun(2*a-b);
    printf("t=%d\n",t);
    getch();
}
```

```
int fun(int x)
{
     if(x<0)
          return -x;
     else
          return x;
}
```

A. −3　　B. 3　　C. 0　　D. −5

8. 以下程序的运行结果是（　　）。

```
float subtract(float a,float b)
{
     float r;
     r=a-b;
     return r;
}
main()
{
     float m=13.5,n=28.5,a=4.6;
     a= subtract(m,n);
     printf("a=%.4f\n",a);
     getch();
}
```

A. 4.6　　B. 15　　C. −15　　D. −15.0000

9. 以下程序的运行结果是（　　）。

```
int mod(int a,int b)
{
     int r;
     r=a%b;
     return r;
}
main()
{
     int x=17,y=3,z=0;
     z= mod(x,y);
     printf("z=%d\n",z);
     getch();
}
```

A. 0　　B. 5　　C. 2　　D. 3

10. 以下程序的运行结果是（　　）。

```
void show(int a)
{
     int i;
     for(i=1;i<=a;i++)
          printf("#");
     printf("!");
}
main()
{
     int x=3;
```

```
    show(x+1);
    getch();
}
```

A. ###!　　B. #!#!#!　　C. ####!　　D. #!#!#!#!

11. 以下程序的运行结果是（　　）。

```
main()
{
    int a[5]={12,4,6,8,10};
    int t=0;
    int fun(int x[],int n);
    t= fun(a,5);
    printf("t=%d\n",t);
    getch();
}
int fun(int x[],int n)
{
    int r,i;
    r=x[0];
    for(i=1;i<n;i++)
    {
        if(x[i]<r)
            r=x[i];
    }
    return r;
}
```

A. 0　　B. 12　　C. 40　　D. 4

12. 以下程序的运行结果是（　　）。

```
float f(float a[], int n)
{
    int i;
    float sum=0;
    for(i=0;i<n;i++)
        sum=sum+a[i];
    return(sum/n);
}
main()
{
    float x[5]={2.5, 3, 4, 5.5, 6};
    float avg=0;
    avg=f(x,5);
    printf("%.4f\n",avg);
    getch();
}
```

A. 4.2000　　B. 0　　C. 4　　D. 21

13. 请阅读如下图所示的函数流程，此函数的功能是（　　）。

A. 计算 1 到 n 的所有整数中能同时被 2 和 3 整除的数字之和

B. 计算 1 到 n 的所有整数中能被 2 整除或者被 3 整除的数字之和

C. 计算 1 到 n 的所有整数中能被 2 整除或者被 3 整除的数字的乘积

D. 计算 1 到 n 的所有整数之和

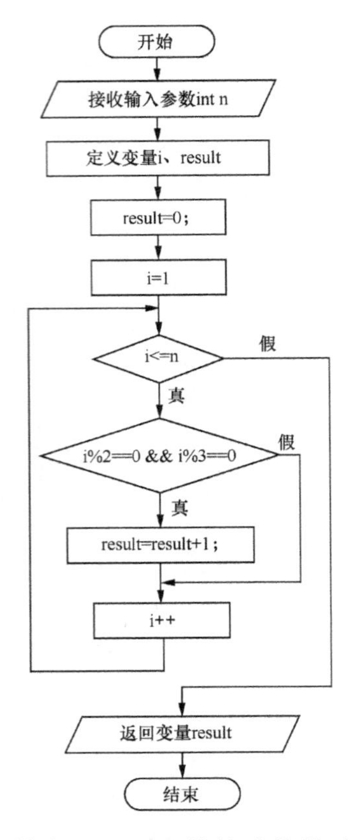

14. 请阅读如下图所示的函数流程，此函数的功能是（　　）。

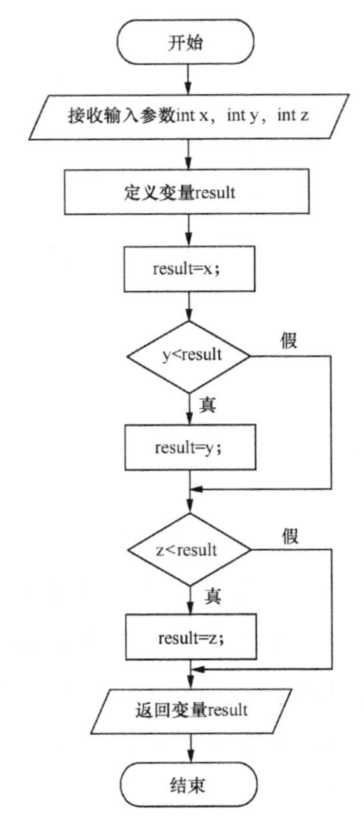

A. 计算输入参数x、y、z的最大值并返回

B. 计算输入参数x、y、z的最小值并返回

C. 计算输入参数x、y、z的平均值并返回

D. 计算输入参数y、z的最小值并返回

15. 以下程序的运行结果是（　　）。

```
fun(int a, int b)
{
     if(a>b)     return a;
     else        return b;
}
main()
{
     int x=3,y=8,z=6,r;
     r=fun(fun(x,y),2*z);
     printf("%d\n",r);
}
```

A. 3　　B. 6　　C. 8　　D. 12

16. 以下程序的运行结果是（　　）。

```
#include"stdio.h"
void fun(int a, int b,int c)
{
     a=456;
     b=567;
     c=678;
}
main()
{
     int x=10,y=20,z=30;
     fun(x,y,z);
     printf("%d,%d,%d",x,y,z);
}
```

A. 30，20，10　　B. 10，20，30

C. 20，60，120　　D. 678，567，456

17. 以下程序的运行结果是（　　）。

```
#include"stdio.h"
int fun(int u,int v);
main()
{
    int a=24,b=16,c;
    c=fun(a,b);
    printf("%d\n",c);
}
int fun(int u,int v)
{
    int w;
    while(v)
    {
         w=u%v;
         u=v;
         v=w;
```

```
    }
    return u;
}
```

A. 6　　B. 7　　C. 8　　D. 9

18. 以下程序的运行结果是（　　）。

```
#include"stdio.h"
int x,y,z;
void fun(int a, int b,int c)
{
     x=a*2;
     y=b*3;
     z=c*4;
}
main()
{
     int i=10,j=20,k=30;
     fun(i,j,k);
     printf("%d,%d,%d",x,y,z);
}
```

A. 30，20，10　　B. 10，20，30

C. 20，60，120　　D. 678，567，456

19. 以下程序运行结果是（　　）。

```
#include"stdio.h"
int func(int a,int b)
{
     static int m=5,x=2;
     x+=m+1;
     m=x+a+b;
     return(m);
}
main()
{
     int k=4,m=1,p;
     p=func(k,m);
     printf("%d",p);
     p=func(k,m);
     printf(",%d",p);
}
```

A. 13，27　　B. 8，16　　C. 8，17　　D. 13，13

20. 以下程序的运行结果是（　　）。

```
#include"stdio.h"
int fib(int n)
{
      if(n>2)
           return(fib(n-1)+fib(n-2));
      else
           return(2);
}
void main()
{
      printf("%d\n",fib(4));
}
```

A. 2　　　　B. 4　　　　C. 6　　　　D. 8

二、写出下列程序的运行结果

1. 下面程序的运行结果是________。

```
void fun(int a,int b, int c)
{
    c=a+b;
}
main()
{
    int m=10,n=20,k=30;
    fun(m,n,k);
    printf("%d,%d,%d\n",m,n,k);
}
```

2. 下面程序的运行结果是________。

```
#include <stdio.h>
int d=1;
int fun(int p)
{   static int d=5;
    d+=p;
    printf("%d ",d);
    return d;
}
main()
{   int a=3;
    printf("%d\n",fun(a+fun(d)));
}
```

3. 下面程序的运行结果是________。

```
#include<stdio.h>
int fun(int x)
{
    int p;
    if(x==0||x==1)
        return(3);
    p=x+fun(x-2);
    return p;
}
main()
{
    printf("%d\n",fun(9));
}
```

4. 下面程序的运行结果是________。

```
int abc();
main()
{
    int a=28,b=16,c;
    c=abc(a,b);
    printf("%d\n",c);
}
int abc(int x,int y)
{
    int t;
    while(y)
    {
```

```
            t=x%y;
            x=y;
            y=t;
        }
        return x;
}
```

5. 下面程序的运行结果是________。

```
#include<stdio.h>
#define MAX_COUNT 3
void func();
main()
{
        int count;
        for(count=1;count<=MAX_COUNT;count++)
            func();
}
void func()
{
        static int i;
        i+=3;
        printf("%d",i);
}
```

6. 有如下宏定义：

```
#define mod(x,y) x%y
```

执行以下程序段后的运行结果是________。

```
main()
{
        int z,a=15,b=100;
        z=mod(b,a);
        printf("%d\n",z++);
}
```

7. 有如下宏定义：

```
#define N 2
#define Y(n) ((n+1)*n)
```

则执行完以下语句后 Z 的值是________。

```
        Z=2*(N+Y(4+1));
```

三、编程题（以下各题均用函数实现）

1. 输入 3 个数，计算 3 个数中最大数与最小数的差。

2. fun 函数的功能是：将两个两位数的正整数 a、b 合并形成一个整数放在 c 中。合并的方式是：将 a 的十位和个位依次放在 c 的个位和百位上，b 的十位和个位依次放在 c 的千位和十位上。

例如，当 a = 45，b=12 时，调用该函数后，c=1524。

3. 编写 fun 函数，功能是：根据以下公式计算 s，计算结果作为返回值；n 通过形参传入。$s=1+1/(1+2)+1/(1+2+3)+\cdots+1/(1+2+3+4+\cdots+n)$。

例如，在主函数中用键盘输入 2 赋给 n，则输出为：s=1.33333。

第 6 章 怎样快速访问数据

在实际生活中，越复杂的问题，对应的数据量越大，快速访问数据是解决复杂问题的有效途径之一。如快速从上万名学生的大学校园里找到某一名学生是需要花费很多时间的。但生活经验告诉我们，如果知道这名学生的班级号、所住寝室的楼栋号及房间号，这个问题将被快速解决。那么，访问计算机中的数据是否也可以像找人一样，通过一些特殊的号码快速找到呢？答案是肯定的。

在计算机中，程序需要处理的数据都存放在内存的内存单元，每一个内存单元都有一个编码，即内存单元的地址，如同生活中的门牌号一样，通过这个地址可以快速而准确地找到存储的数据。在 C 语言中，指针变量专门用于处理内存的内存单元地址，通过指针变量可以实现数据的快速访问。

6.1 学生基本信息录入后存放问题求解

6.1.1 问题阐述

在前文多次提到的学生成绩管理系统，根据其核心功能，可以分析出如下功能需求。

① 成绩输入（原始数据）：用键盘输入不超过 50 名学生的 4 门课程成绩，并保存，以输入学号为 0 为结束。

② 成绩统计（中间数据）：根据课程号，统计该课程的最高分、平均分及不及格人数。

③ 输出统计结果（结果数据）：以表格形式在屏幕上输出并显示，且成绩保留一位小数。

那么，众多不同种类的数据存放的位置在哪里？是否可以显示这些数据的存放地址，也就是前文提到的类似于门牌号的编码，以便实现数据的快速访问呢？本节以输出 n 名学生成绩数据的内存地址为例，重点分析如何求解学生基本信息录入后的数据存放问题。

6.1.2 算法分析

在计算机中，程序需要处理的数据都存放在内存的内存单元，每一个内存单元在内存中都有一个编码，这个编码就是内存单元的地址。对于问题阐述中的 *n* 名学生成绩，通常都是利用数组进行存储，且数组的特性恰恰是数据的连续存储。读者只需要将 *n* 名学生的成绩数据存放在一维数组中，然后找到这个数组第一个元素（第一个成绩）的地址，后面所有学生成绩数据的地址就可以顺利找到。

输出学生成绩数据存放的地址步骤如下。

① 定义数组、指针变量。为方便寻找地址，通常将数组和指针变量的数据类型定义为同一类型。

② 将数据存储于数组中。

③ 将指针变量指向数组（通常指向数组首地址）。

④ 通过循环变量控制输出指针变量的值，即学生成绩数据存放的内存单元地址值。

具体流程如图 6-1 所示。

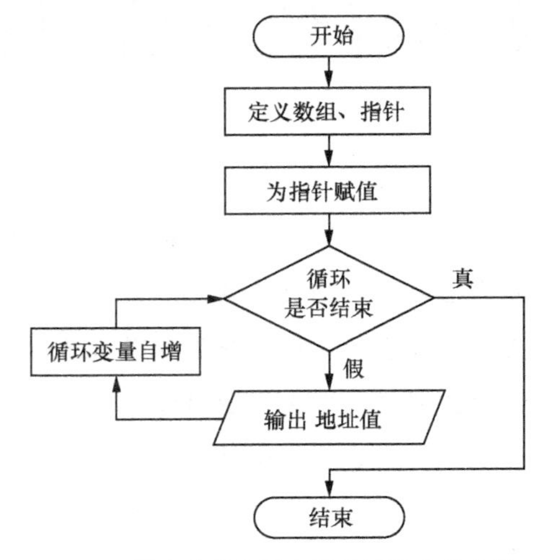

图 6-1 学生成绩数据存放地址输出的流程

6.1.3 算法实现

指针是 C 语言中广泛使用的一种数据类型，也是 C 语言的一个重要特色。使用指针，可实现各种复杂数据结构中数据的快速定位，提高数据处理效率。

1. 程序设计相关知识

（1）指针的概念

在计算机中，所有的数据都存放在内存单元，不同数据类型占用的内存单元数不同，如：整型变量占 4 个字节，字符型变量占 1 个字节。内存中的每一个字节都有一个编号，这个编号是内存单元的地址。因为内存单元地址可以准确地指向一个内存单元，所以内存单元的地址又被形象地称为“指针”。

内存单元的指针和内存单元的内容是两个不同的概念。可以用一个通俗的例子说明他们之间的关系：学生去教室上课，首先要找到自己的教室，教室编号就是上课的地址，即指针，而教室里面的学生和老师就是存储在这个地址的内容。对于一个内存单元来说，该内存单元的地址即指针，其中存放的数据才是该内存单元的内容。在 C 语言中，允许用一种变量来存放地址，这种变量称为指针变量。因此，一个指针变量的值是某个内存单元的地址或称为某个内存单元的指针。

如图 6-2 所示，设有字符型变量 C，其内容为'k'（ASCII 为十进制数 107），C 占用了

011A 号内存单元（地址用十六进数表示）。设有指针变量 P，内容为 011A，这种情况称为 P 指向变量 C，或者说 P 是指向变量 C 的指针变量。

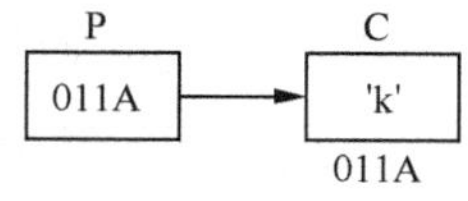

图 6-2　指针变量 P 指向字符型变量 C

指针是地址，它是一个常量。而一个指针变量可以存放不同的地址值，是变量。图 6-2 所示的 011A 是地址，是一个常量，P 是指针变量，可以存放 011A 地址，也可以存放别的地址，读者需严格区分指针和指针变量的概念。

变量的指针是变量的地址。存放变量地址的变量是指针变量。在 C 语言中，用指针变量存储变量的地址。因此，一个指针变量的值就是某个变量的地址或某变量的指针。

（2）指针变量的定义

指针类型说明，即定义变量为一个指针变量。其一般形式为：

```
类型说明符  *变量名;
```

其中，“*”表示这是一个指针变量，变量名为定义的指针变量名，类型说明符表示该指针变量所指向的变量的数据类型。

例如：

```
int *p1;
```

p1 是一个指针变量，它的值是某个整型变量的地址。或者说 p1 指向一个整型变量，至于 p1 究竟指向哪一个整型变量，应由赋给 p1 的地址来决定。

（3）指针变量的引用

指针变量同普通变量一样，使用之前必须定义说明并且初始化。未经赋值的指针变量不能使用，否则将造成系统混乱，甚至死机。指针变量的赋值只能赋予地址，决不能赋予任何其他数据，否则将引起错误。在 C 语言中，变量的地址是由编译系统分配的，对用户完全透明，用户不能直接看到变量的具体地址，但可以通过“&”运算符获得变量的地址。

下面讲述与指针有关的两个运算符。

&：取地址运算符。

*：指针运算符（或称“间接访问”运算符）。

C 语言中提供了地址运算符“&”来获取变量的地址。其一般形式为：

```
&变量名;
```

如：&a 表示变量 a 的地址，&b 表示变量 b 的地址。

设有指向整型变量的指针变量 p，如要把整型变量 a 的地址赋予 p 可以使用以下两种方法。

① 指针变量初始化方法：

```
int a;
int *p=&a;
```

② 指针变量赋值方法：

```
int a;
int *p;
```

```
p=&a;
```

为了表示指针变量和它所指向的变量之间的关系，在程序中用“*”符号表示“指向”，图 6-3 中 i_pointer 代表指针变量，而*i_pointer 是 i_pointer 所指向的变量即 i。

因此，下面两个语句作用相同：

```
i=3;
*i_pointer=3;
```

第二个语句的含义是将 3 赋给指针变量 i_pointer 所指向的变量。

例如：

```
int i=200, x;
int *ip;
```

上述程序段定义了两个整型变量 i、x，还定义了一个指向整型数的指针变量 ip。i、x 中可存放整数，而 ip 中只能存放整型变量的地址，可以把 i 的地址赋给 ip，即 ip=&i;，此时指针变量 ip 指向整型变量 i。假设变量 i 的地址为 1800，这个赋值可形象理解为图 6-4 所示的联系。

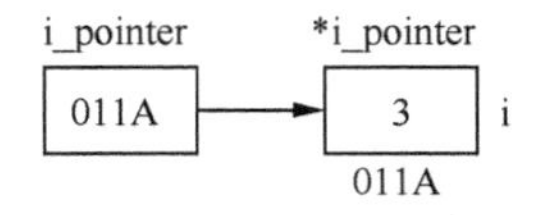

图 6-3　*i_pointer 是 i_pointer 所指向的变量

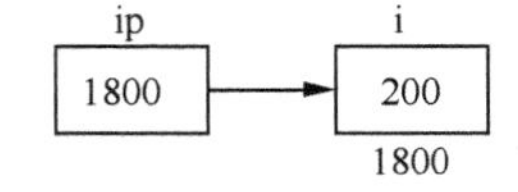

图 6-4　ip 存储变量 i 的地址

上述联系建立后，便可以通过指针变量 ip 间接访问变量 i，例如：

```
x=*ip;
```

运算符“*”访问以 ip 为地址的内存单元内容，而 ip 中存放的是变量 i 的地址，因此，*ip 访问的是地址为 1800 的内存单元，上面的赋值表达式等价于：

```
x=i;
```

指针变量和普通变量一样，存放在它们之中的值是可以改变的，即改变指针变量的指向，例如：

```
int i,j,*p1,*p2;
i='a';
j='b';
p1=&i;
p2=&j;
```

这段代码建立如图 6-5 所示的联系。

若再执行 p2=p1;语句，就会使 p2 与 p1 指向同一对象 i，此时*p2 就等价于 i，而不是 j，如图 6-6 所示。

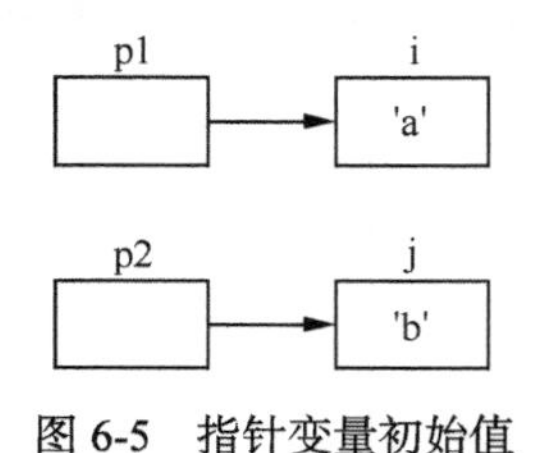

图 6-5　指针变量初始值

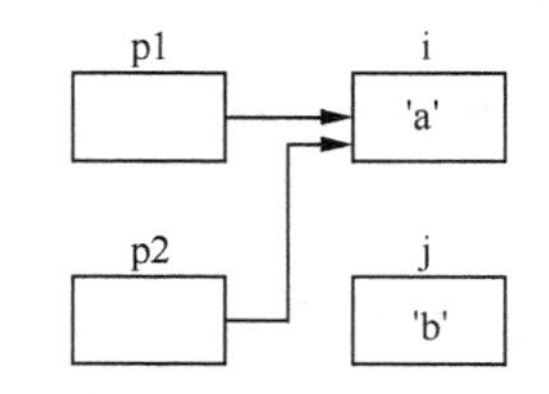

图 6-6　通过指针变量改变 p2 的值

如果执行如下语句：

```
*p2=*p1;
```

则表示把 p1 指向的内容赋给 p2 所指的区域，如图 6-7 所示。

通过指针引用普通变量的代码示例如下。

```
/* p6_1.c */
1   int main()
2   {
3       int a,b;
4       int *pointer_1, *pointer_2;
5       a=100;b=10;
6       pointer_1=&a;
7       pointer_2=&b;
8       printf("%d,%d\n",a,b);
9       printf("%d,%d\n",*pointer_1, *pointer_2);
10      return 0;
11  }
```

程序说明如下。

① 程序开始定义了两个指针变量 pointer_1 和 pointer_2，但并未指向任何一个整型变量，只是规定它们可以指向整型变量。程序第 6、7 行的作用就是使 pointer_1 指向 a，pointer_2 指向 b，如图 6-8 所示。

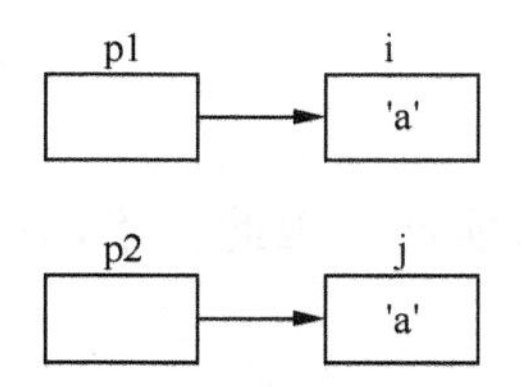

图 6-7　引用指针变量内容改变普通变量的值

图 6-8　指针变量 pointer_1 和 pointer_2 所指向的内容

② 第 9 行的*pointer_1 和*pointer_2 是指取变量 a 和 b 的值。程序中的两个 printf 函数作用是相同的。

③ 程序中有两处出现*pointer_1 和*pointer_2，请区分它们的含义。

④ 程序第 6、7 行的 pointer_1=&a 和 pointer_2=&b 不能写成*pointer_1 =&a 和*pointer_2=&b。

（4）指向数组元素的指针变量

数组由连续的内存单元组成，数组名是这块连续内存单元的首地址。一个数组是由各个数组元素（下标变量）组成的，每个数组元素按其类型不同占有不同的连续内存单元，数组的地址是指所占有的几个内存单元的首地址。

定义一个指向数组元素的指针变量的方法，与前文介绍的定义指针变量的方法相同。

例如：

```
int a[10];   /*定义 a 为包含 10 个整数的数组*/
int *p;      /*定义 p 为指向整型变量的指针*/
```

应当注意，因为数组为 int 型，所以指针变量也应为指向 int 型的指针变量。下面代码对指针变量赋值：

```
p=&a[0];
```

即把 a[0]元素的地址赋给指针变量 p。也就是说，p 指向 a 数组的第 0 号元素，如图 6-9 所示。

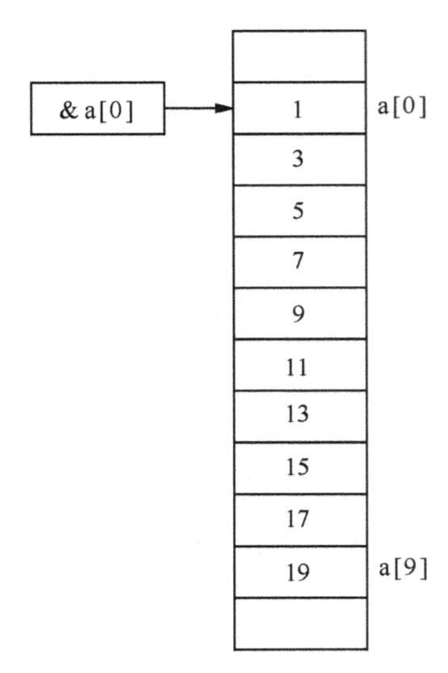

图 6-9　指针变量指向一维数组

C 语言规定，数组名代表数组的首地址，也就是 a[0]的地址。因此，下面两个语句等价：

```
p=&a[0];
p=a;
```

在定义指针变量时可以赋给初值：

```
int *p=&a[0];
```

等效于：

```
int *p;
p=&a[0];
```

当然定义时也可以写成：

```
int *p=a;
```

从图 6-9 中可以看出以下关系。

p、a、&a[0]均指向同一单元，它们是数组 a 的首地址，即 a[0]的地址。应该说明的是，p 是变量，而 a、&a[0]都是常量。

数组指针变量说明的一般形式为：

```
类型说明符　*指针变量名;
```

其中类型说明符应与所指数组的类型一致。从上述形式可以看出，指向数组的指针变量和指向普通变量的指针变量的说明是相同的。

2. C 语言编程实现

输出 N 名学生成绩数据的存放地址。

```
/* p6_2.c */
#define N 10
int main()
{
      float score[N]={75.5,85,95,65,88,78,65,56,48,75},*pcord;
      int i;
      pcord=score;
      for(i=0;i<N;i=i+1)
          printf("%d",pcord=pcord+1);
      return 0;
}
```

6.2 学生成绩排序之数据交换问题求解

6.2.1 问题阐述

成绩排序是学生成绩管理系统的重要功能之一。在第 5 章的班级成绩的最高分问题求解中，通过设置最高分标识符 t、循环读取数组中的各个成绩与 t 比较并将较大分数赋值给 t 的方式求出了最高分。在此基础上，如果设置多个标识符 t，如 t1、t2……分别表示最大分数、次最大分数……最终可由 t1、t2……体现学生成绩的由高到低排序。如果要求在记录学生成绩的原始数组中体现由高到低排序，那就需要对数组中的数据进行交换。

如学生成绩存储在数组 score 中，score[10]={75.5,85,95,65,88,78,65,56,48,75}，排序后的数组为 score[10]={95,88,85,78.5,78,75,65,65,56,48}。

无论 score 数组中的数据有多少，最终都需要数据交换，如 score[0]和其他数据交换以实现 score[0]=95……此类数据交换的次数取决于算法的优劣。那么，如何实现数据的快速交换呢？6.2.2 节将以输入的两个整数按由大到小顺序输出为例，重点分析如何实现数据的快速交换。

6.2.2 算法分析

对于问题阐述中学生成绩排序这一复杂问题，可利用工程思维的方式将问题分解为怎样排序和怎样交换数据两个部分，再进行整合。排序的算法有多种，不同的算法之间数据交换的次数不尽相同，本节重点分析如何实现数据的快速交换。

在 C 语言中，可以通过自定义函数 swap 实现两个数据的交换。swap 函数形式如下：

```
void swap(int *p1,int *p2);
```

主函数调用 swap 函数形式如下：

```
swap(pointer_1,pointer_2);
```

数据交换过程如下。

① 从键盘获取两个值，如 a、b。

② 将 a 和 b 的地址分别赋给指针变量 pointer_1 和 pointer_2，使 pointer_1 指向 a，pointer_2 指向 b，如图 6-10 所示。

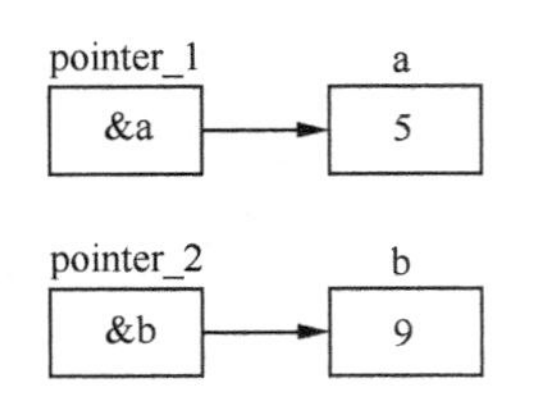

图 6-10　pointer_1 指向 a，pointer_2 指向 b

③ 调用 swap 函数。p1 的值为&a，p2 的值为&b。这时 p1 和 pointer_1 指向变量 a，p2 和 pointer_2 指向变量 b，如图 6-11 所示。

④ 执行 swap 函数。*p1 和*p2 的值互换，也就是 a 和 b 的值互换，如图 6-12、图 6-13、图 6-14 所示。

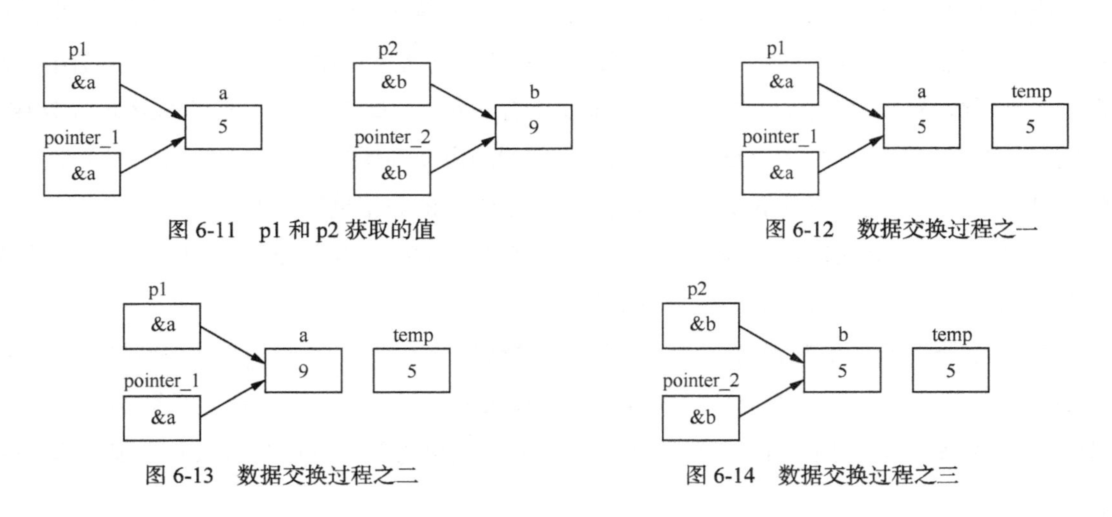

图 6-11　p1 和 p2 获取的值

图 6-12　数据交换过程之一

图 6-13　数据交换过程之二

图 6-14　数据交换过程之三

6.2.3　算法实现

为了利用 C 语言中的函数实现上述算法，需要学习 C 语言中指针变量作为函数参数的相关知识。

1. 程序设计相关知识

函数的参数不仅可以是整型、实型、字符型等数据，还可以是指针类型，指针的作用是将一个变量的地址传送到函数中，与数组名作为函数参数作用相同。数组名是数组的首地址，实参向形参传送数组名实际上是传送数组的地址，形参得到该地址后也指向同一数组。这就好像同一件物品有两个彼此不同的名称一样。

同样，指针变量的值是地址，也可作为函数的参数使用。

指针变量作为函数参数的语法格式如下。

```
void datain(int *a)
{  …
}
```

以下为主函数向 datain 函数传递指针的语法。

```
int main ()
{
    int sco,*p;
    p=&sco;
     …
    datain(p);
     …
    return 0;
}
```

通过指针结合一维数组可处理多数据问题。例如，用键盘输入 5 个数，求其平均值。

```
/* p6_3.c */
float aver(float *pa);
int main()
{
     float sco[5],*sp,av;
     int i;
     sp=sco;
     printf("\n input 5 num: \n ");
     for(i=0;i<5;i++)
         scanf("%f",&sco[i]);
     av=aver(sp)
     printf("\n average is: \n %5.2f ",av);
     return 0;
}
float aver(float *pa)
{
     int i;
     float av,s=0;
     for(i=0;i<5;i++)
         s=s+pa[i];
     av=s/5;
     return av;
}
```

2. C 语言编程实现

以下程序实现将输入的两个整数由大到小按顺序输出。

```
/* p6_4.c */
void swap(int *p1,int *p2)
{
     int temp;
     temp=*p1;
```

```
        *p1=*p2;
        *p2=temp;
    }
    int main()
    {
        int a,b;
        int *pointer_1,*pointer_2;
        scanf("%d,%d",&a,&b);
        pointer_1=&a;
        pointer_2=&b;
        if(a<b)
            swap(pointer_1,pointer_2);
        printf("\n%d,%d\n",a,b);
        rerurn 0;
    }
```

6.3 如何统计学生成绩等级问题求解

6.3.1 问题阐述

学生成绩等级认定也是学生成绩管理系统的重要功能之一，按一定标准对学生的学习成绩进行认定，是对教学效果做出价值判断的手段，也是提供教学活动反馈信息的途径之一。可根据每名学生的多次测试成绩对其最终成绩等级进行快速认定，以此衡量学生的学习效果。例如，小明进行了多次 C 语言编程测试，每次测试成绩用 A、B、C、D、E 5 个等级表示，怎样统计小明获得 A 等级的次数并以此认定其最终成绩等级。

6.3.2 算法分析

在问题阐述中，成绩等级使用字母表示，考虑到小明测试次数和测试成绩的 5 个等级，应将需要处理的数据都存放在一维字符数组中，每一个内存单元在内存中都有一个等级，通过建立字符指针变量来引用字符数组中的元素处理学生成绩中的等级认定问题。

求学生成绩中获 A 等级次数的算法设计如下。

① 定义字符数组、字符指针变量。

② 将字符指针变量指向字符数组（通常指向数组首地址）。

③ 定义存储获得 A 等级次数的循环变量。

④ 用键盘输入若干次 C 语言测试成绩等级数据，存储于字符数组中。

⑤ 通过指针变量循环比较数组中的数据并计数，直至数据比较结束。

⑥ 输出 A 等级次数。

具体流程如图 6-15 所示。

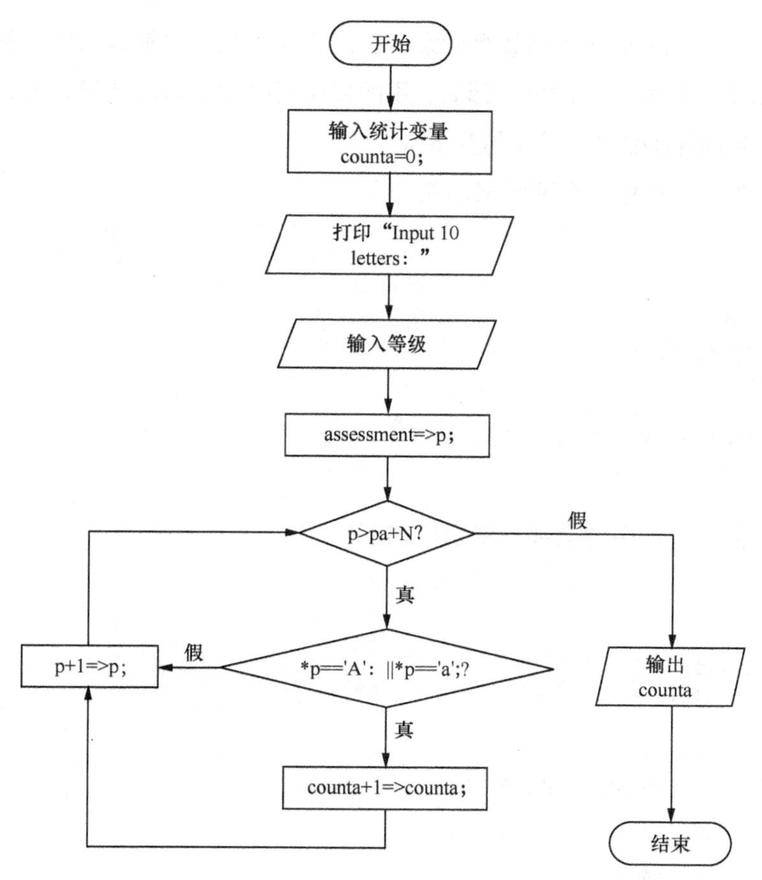

图 6-15　统计小明多次 C 语言编程测试的成绩等级流程

6.3.3　算法实现

为了利用 C 语言实现上述算法，需要学习 C 语言程序设计中引用指向数组的指针变量、指针变量的算术运算等相关知识。

1．程序设计相关知识

（1）引用指向数组的指针变量

C 语言规定：如果指针变量 p 已指向数组中的一个元素，则 p+1 指向同一数组中的下一个元素。

引入指针变量后，可用两种方法访问数组元素。

如果 p 的初值为&a[0]，则 p+i 和 a+i 是 a[i]的地址，或者说它们指向 a 数组的第 i 个元素，如图 6-16 所示。*(p+i)或*(a+i)是 p+i 或 a+i 所指向的数组元素，即 a[i]。例如，*(p+5)或*(a+5)是 a[5]。指向数组的指针变量也可以带下标，如 p[i]与*(p+i)等价。

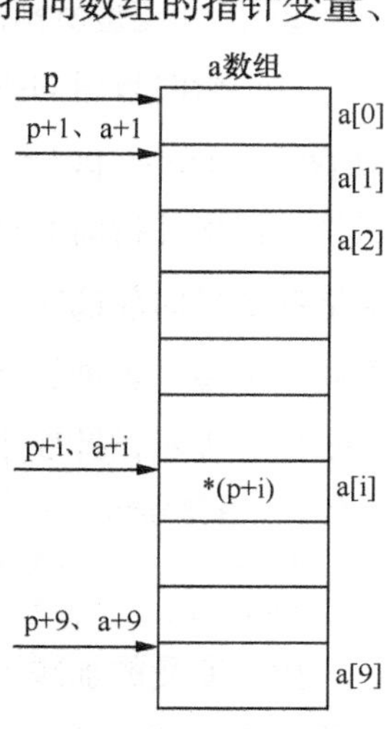

图 6-16　通过指针变量的变化引用每个数组元素

因此，引用数组元素可以用以下两种方法。

① 下标法，即用 a[i]形式访问数组元素。在前文介绍数组时都是采用这种方法。

② 指针法，即采用*(a+i)或*(p+i)形式，用间接访问的方式访问数组元素，其中 a 是数组名，p 是指向数组的指针变量，其初值为 p=a。

使用下标法输出数组中的全部元素示例如下。

```
/* p6_5.c */
int main()
{
    int a[10],i;
    for(i=0;i<10;i++)
      a[i]=i;
    for(i=0;i<5;i++)
    printf("a[%d]=%d\n",i,a[i]);
    return 0;
}
```

使用指针法输出数组中的全部元素示例如下。

```
/* p6_6.c */
int main()
{
    int a[10],i;
    for(i=0;i<10;i++)
    *(a+i)=i;
    for(i=0;i<10;i++)
    printf("a[%d]=%d\n",i,*(a+i));
    return 0;
}
```

（2）指针的算术运算

可利用指针运算符与“+”“-”“++”“--”等算术运算符进行混合运算，运算结果主要涉及以下两个方面。

① 指针变量值的变化，其结果是使指针的指向发生改变。

② 指针变量所指的内存单元的变化，其结果使指针指向的变量值发生改变。

对于指向数组的指针变量，可以加上或减去一个整数 *n*。设 pa 是指向数组 a 的指针变量，则 pa+n、pa-n、pa++、++pa、pa--、--pa 运算都是合法的。指针变量加或减一个整数 *n* 的意义是把指针指向的当前位置（指向某数组元素）向前或向后移动 *n* 个位置。应该注意，数组指针变量向前或向后移动一个位置和地址加 1 或减 1 在概念上是不同的。因为数组可以有不同的类型，各种类型的数组元素所占的字节长度是不同的。如指针变量加 1，即向后移动 1 个位置表示指针变量指向下一个数据元素的首地址。而不是在原地址基础上加 1。例如：

```
int a[5],*pa;
pa=a;          /*pa 指向数组 a，也是指向 a[0]*/
pa=pa+2;       /*pa 指向 a[2]，即 pa 的值为&pa[2]，同时 pa 下移了 2×4 个内存单元*/
```

指针变量的加减运算只能对数组指针变量生效，对指向其他类型变量的指针变量作加减运算是毫无意义的。

两个指针变量相减的结果是两个指针所指数组元素之间相差的元素个数。实际上是两个指针值（地址）相减之差再除以该数组元素的长度（字节数）。例如，pf1 和 pf2 是指向同一浮点数组的两个指针变量，设 pf1 的值为 2010H，pf2 的值为 2000H，而浮点数组每个元素占 4 个字节，所以 pf1-pf2 的结果为(2010H-2000H)/4=4，表示 pf1 和 pf2 之间相差 4 个元素。两个指针变量不能进行加法运算。例如，pf1+pf2 是什么意思呢？无实际意义。

（3）指针的关系运算

两个指针变量之间也能进行关系运算：指向同一数组的两个指针变量进行关系运算可表示它们所指数组元素之间的关系。

例如，pf1==pf2 表示 pf1 和 pf2 指向同一数组元素；pf1>pf2 表示 pf1 处于高地址位置；pf1<pf2 表示 pf2 处于低地址位置。

指针变量还可以与 0 比较。

设 p 为指针变量，则 p==0 表明 p 是空指针，它不指向任何变量；p!=0 表示 p 不是空指针。空指针是对指针变量赋予 0 值而得到的。

例如：

```
#define NULL 0
int *p=NULL;
```

对指针变量赋 0 值和不赋值是不同的。指针变量未赋值时，可以是任意值，是不能使用的，否则程序出错。而指针变量赋 0 值后，则可以使用，只是它不指向具体的变量而已。

2. C 语言编程实现

求小明多次 C 语言编程测试成绩中获“A”或“a”的次数。

```
/* p6_7.c */
#define N  10                         /*小明进行的C语言编程测试次数*/
#include<stdio.h>
int main()
{
    char assessment[N+1];             /*存储小明N次测试成绩*/
    char *pa=assessment,*p;           /*指向字符数组的指针*/
    int counta=0;                     /*存储获得A的次数*/
    printf("Input 10 letters:");
    scanf("%s",assessment);           /*获取小明N次测试的成绩等级*/
    for(p=assessment;p<pa+N;p++)
        if(*p=='A'||*p=='a')
            counta++;
    printf("count=%d\n",counta);
    return 0;
}
```

运行结果如图 6-17 所示。

```
Input 10 letters:AABAABACBA
count=6
请按任意键继续. . .
```

图 6-17　程序运行结果

6.4 本章小结

本章结合读者常见的学生成绩管理系统中的数据处理问题，详细阐述了对数据的快速访问、操作等问题的算法设计，并借助C语言实现算法。在C语言中，指针的使用需要理解3个方面的内容：指针的类型、指针指向的变量类型、指针自身的值。

6.5 习题六

一、选择题

1. 变量的指针，其含义是指该变量的（　　）。

   A. 值　　B. 地址　　C. 名　　D. 一个标志

2. 若有语句 int*point,a=4;和 point=&a;，下面均代表地址的一组选项是（　　）。

   A. a,point,*&a　　B. &*a,&a,*point

   C. *&point,*point,&a　　D. &a,&*point,point

3. 若有说明 int *p,m=5,n;，以下正确的程序段的是（　　）。

   A. p=&n;B. p=&n;　　B. scanf("%d",&p); scanf("%d",*p);

   C. scanf("%d",&n);　　D. p=&n;*p=n;*p=m;

4. 以下程序中调用 scanf 函数给变量 a 输入数值的方法是错误的，其错误原因是（　　）。

```
int main()
{
    int*p,*q,a,b;p=&a;
    printf("inputa:");
    scanf("%d",*p);
    …
}
```

   A. *p 表示的是指针变量 p 的地址

   B. *p 表示的是变量 a 的值，而不是变量 a 的地址

   C. *p 表示的是指针变量 p 的值

   D. *p 只能用来说明 p 是一个指针变量

5. 若有说明 long*p,a;，则不能通过 scanf 语句正确给输入项读入数据的程序段是（　　）。

   A. *p=&a;scanf("%ld",p);　　B. p=(long*)malloc(8);scanf("%ld",p);

   C. scanf("%ld",p=&A);　　D. scanf("%ld",&A);

6. 以下程序的运行结果是（ ）。

```
#include<stdio.h>
int main()
{
    int m=1,n=2,*p=&m,*q=&n,*r;
    r=p;p=q;q=r;
    printf("%d,%d,%d,%d\n",m,n,*p,*q);
    return 0;
}
```

A. 1,2,1,2　　B. 1,2,2,1

C. 2,1,2,1　　D. 2,1,1,2

7. 以下程序的运行结果是（ ）。

```
int main()
{
    int a=1,b=3,c=5;
    int *p1=&a,*p2=&b,*p=&c;
    *p=*p1*(*p2);
    printf("%d\n",*P);
    return 0;
}
```

A. 1　　B. 2　　C. 3　　D. 4

8. 有以下程序段：

int a[10]={1,2,3,4,5,6,7,8,9,10},*p=&a[3],b;b=p[5];，则 b 的值是（ ）。

A. 5　　B. 6　　C. 8　　D. 9

9. 若有以下定义，则对 a 数组元素的正确引用是（ ）。

```
int a[5],*p=a;
```

A. *&a[5]　　B. a+2　　C. *(p+5)　　D. *(a+2)

10. 若有以下定义，则 p+5 表示（ ）。

```
int  a[10],*p=a;
```

A. 元素 a[5]的地址　　B. 元素 a[5]的值

C. 元素 a[6]的地址　　D. 元素 a[6]的值

11. 设有定义 int a[10]={15,12,7,31,47,20,16,28,13,19},*p;，则下列语句中正确的是（ ）。

A. for(p=a;a<(p+10);a++);　　B. for(p=a;p<(a+10);p++);

C. for(p=a,a=a+10;p<a;p++);　　D. for(p=a;a<p+10;++A);

12. 若有定义 int a[]={2,4,6,8,10,12},*p=a;，则*(p+1)的值是（ ）。

A. 2　　B. 4　　C. 6　　D. 8

13. 若有定义 char a[10],*b=a;，则不能给数组 a 输入字符串的语句是（ ）。

A. gets(A)　　B. gets(a[0])　　C. gets(&a[0]);　　D. gets(B);

14. 以下程序的运行结果是（ ）。

```
void sum(int*a)
```

```
{a[0]=a[1];}
int main()
{
     int aa[10]={1,2,3,4,5,6,7,8,9,10},i;
     for(i=2;i>=0;i--)
     sum(&aa[i]);
     printf("%d\n",aa[0]);
     return 0;
}
```

A. 4　　B. 3　　C. 2　　D. 1

15. 以下程序的运行结果是（　　）。

```
void main()
{
char *p,*q;
char str[]="Hello,World\n";
q=p=str;
p++;
printf(q);
printf(p);
}
void print(char *s)
{
printf("%s",s);
}
```

A. He　　B. Hello，Worldello，World

C. Hello，WorldHello，World　　D. ello，Worldell，World

二、编程题

1. 计算字符串中子串出现的次数。要求：用一个子函数 subString 实现，参数为指向字符串和要查找的子串的指针，返回次数。

2. 加密程序：用键盘输入明文，通过加密程序转换成密文，输出并显示到屏幕上。算法：明文中的字母转换成其后的第 4 个字母，例如，A 变成 E（a 变成 e），Z 变成 D，非字母字符不变；同时在密文每两个字符之间插入一个空格。例如，China 转换成密文为 Glmre。要求：在 change 函数中完成字母转换，在 insert 函数中完成空格插入，用指针传递参数。

第7章 怎样实现复杂的数据结构

在实际生活和工作中，经常需要处理一些相互关系密切的数据，例如，学校员工信息中的姓名、部门、职位、电话、邮箱地址等，某一个中药方剂中的各种药物信息等。计算机是如何把这些不同数据类型的数据作为一个整体来进行各种处理的呢？本章将对其进行讨论。

7.1 兴趣小组成员基本信息初始化问题求解

7.1.1 问题阐述

某高校的科协活动在团委组织下开展得有声有色，今年准备组织学生成立程序设计兴趣小组，现已招募到1名成员小明，还需继续招募新的成员，成立一个3人的兴趣小组，合作编写C程序。若科协要求编写程序，输入新招募的小组成员信息，应该如何处理实现？

7.1.2 算法分析

在本程序中需要录入新招募的小组成员信息。程序设计兴趣小组共招募3名成员，现第1名成员小明的信息已经录入，还需要录入另外2人的相关信息。其中每个成员的信息都包括编号、姓名、性别、C语言成绩、籍贯。这些信息中姓名可以用字符串表示，编号和C语言成绩等可以用数值数组表示。使用5个数组存储一个兴趣小组成员的信息是非常复杂的，尤其是需要对这些数组增删元素，或输出不同项目排序的表时，就更复杂了，有没有更好的解决办法？是否可用一种数据形式表示兴趣小组中所有成员的信息，每一个元素存储的是一个成员的完整信息？为了解决以上问题，可采用一种新的数据结构，这种数据结构应当可以同时包含不同类型的数据，如数值型数据、字符型数据等。C语言为我们提供了一个构造类型——结构体，利用结构体进行兴趣小组成员基本信息录入步骤如下。

① 声明记录兴趣小组成员信息的结构体 Student，同时定义结构体变量 student1 并输入

小明的信息进行初始化。

② 定义另外两个结构体变量 student2、student3。

③ 输出结构体变量 student1 的信息。

④ 输入结构体变量 student2 和 student3 的编号、姓名、性别、C 语言成绩、籍贯信息。

⑤ 输出结构体变量 student2、student3 的信息。

上述步骤的流程如图 7-1 所示。

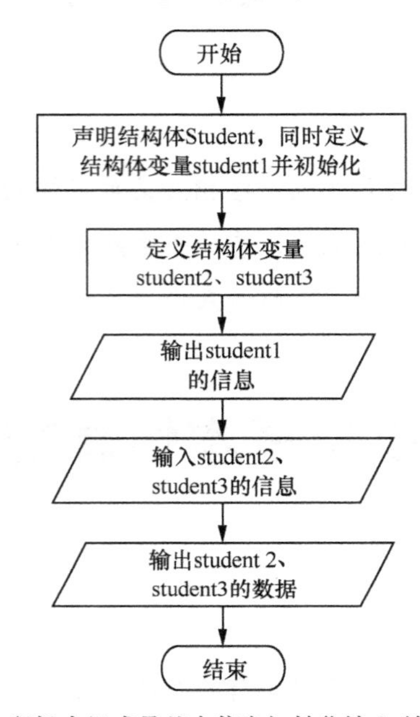

图 7-1　兴趣小组成员基本信息初始化输入/输出的流程

7.1.3　算法实现

1. 程序设计相关知识

（1）结构体的一般定义

结构体的一般定义如下：

```
struct 结构体名
{
    成员表列
};              /*花括号后必须有一个分号*/
```

按照结构体的定义，可对学生结构体进行定义，具体定义如下，其中 student 为结构体名。

```
struct  student
{
     char num[10];    /*学号*/
     char name[15];   /*姓名*/
```

```
        int chgrade;        /*语文成绩*/
        int cgrade;         /*C 语言成绩*/
        int mgrade;         /*数学成绩*/
        int egrade;         /*英语成绩*/
        int total;          /*总分*/
        float ave;          /*平均分*/
        int mingci;         /*名次*/
};
```

（2）结构体变量名定义方式

结构体类型的定义只是告诉编译器如何表示数据，并没有让系统为数据分配内存单元。当定义结构体变量时，系统才为其分配内存单元。结构体类型可以像其他类型那样定义变量，在使用结构体变量时，也必须遵循先定义后使用的原则。结构体类型定义变量的方式一般有先声明结构体类型再定义变量、在声明类型的同时定义变量、直接定义结构体类型变量三种，本小节中主要用到前两种。

① 先声明结构体类型再定义变量

一般形式为：

```
struct 结构体名
  {成员表列};
struct 结构体名  结构体变量名列表;
```

前面已经在结构体的一般定义知识点中采用此方式定义了 student 的结构体，这里就不再重复声明结构体，定义结构体变量的方式如下。

```
struct student data;  /*定义学生信息结构体变量 data */
```

② 在声明类型的同时定义变量

一般形式为：

```
struct 结构体名
{
    成员表列
} 结构体变量名列表;
```

例如，对变量 data 可定义为如下形式。

```
struct  student
{
      char num[10];      /*学号*/
      char name[15];     /*姓名*/
      int chgrade;       /*语文成绩*/
      int cgrade;        /*C 语言成绩*/
      int mgrade;        /*数学成绩*/
      int egrade;        /*英语成绩*/
      int total;         /*总分*/
      float ave;         /*平均分*/
```

```
        int mingci;       /*名次*/
    } data;
```

（3）结构体变量的引用

在C语言中只允许同类型的结构体变量相互赋值，不允许直接引用结构体变量，只能引用结构体变量成员，以成员为基本操作单位。

引用结构体变量成员的一般形式为：

```
结构体变量名.成员名
data.chgrade        /*引用结构体变量 data 中的 chgrade 值 */
```

2. C语言编程实现

综上分析，可编写程序如下。

```
/*p7_1.c*/
int main()
{
    struct Student
    {
        int num;
        char name[20];
        char sex;
        float c_score;
        char addr[30];
    }student1={101,"xiaoming",'m',97.5,"hunan changsha"};
    /*在声明结构体的时候定义变量并初始化*/
    struct Student  student2,student3;
    printf("编号%d,\t 姓名%s,\t 性别%c,\tC 语言成绩%.1f,\t 籍贯%s\n",student1.num,
student1.name,student1.sex,student1.c_score,student1.addr);/*输出小明的信息*/
    printf("请输入新成员信息\n");      /*输入新成员的信息*/
    printf("姓名拼音\n");
    scanf("%s",student2.name);
    getchar();    /*按 Enter 键，避免出错*/
    printf("性别（m/f）\n");
    scanf("%c",&student2.sex);
    getchar();    /*按 Enter 键，避免出错*/
    printf("C 语言成绩\n");
    scanf("%f",&student2.c_score);
    printf("籍贯拼音\n");
    scanf("%s",student2.addr);
    getchar();    /*按 Enter 键，避免出错*/
    printf("请输入另一新成员信息\n"); /*输入另一新成员的信息*/
    printf("姓名拼音\n");
    scanf("%s",student3.name);
    getchar();    /*按 Enter 键，避免出错*/
    printf("性别（m/f）\n");
    scanf("%c",&student3.sex);
    getchar();    /*按 Enter 键，避免出错*/
    printf("C 语言成绩\n");
    scanf("%f",&student3.c_score);
    printf("籍贯拼音\n");
```

```
        scanf("%s",student3.addr);
        getchar();                /*按 Enter 键，避免出错*/
        student2.num=102;         /*给新成员编号*/
        student3.num=103;         /*给新成员编号*/
        printf("编号%d,\t 姓名%s,\t 性别%c,\tC 语言成绩%.1f,\t 籍贯%s\n",student2.num,
student2.name,student2.sex,student2.c_score,student2.addr);/*输出成员的信息*/
        printf("编号%d,\t 姓名%s,\t 性别%c,\tC 语言成绩%.1f,\t 籍贯%s\n",student3.num,
student3.name,student3.sex,student3.c_score,student3.addr);/*输出另一成员的信息*/
        return 0;}
```

若有如下输入：

```
xiaohong  f  98  shanghai
lilei     m  92  beijing
```

则运行结果如图 7-2 所示。

图 7-2　兴趣小组成员信息初始化输入程序运行结果

7.2　新增小组成员基本信息问题求解

7.2.1　问题阐述

某高校科协下的机器人兴趣小组已经成立 3 年，今年小组中有成员要毕业离校，现需要继续招募 2 名新成员。现程序设计小组需要编写程序，记录新招募的小组成员信息，应该如何处理实现？

7.2.2　算法分析

在本程序中需要实现输入新招募的 2 名小组成员信息的问题，机器人兴趣小组每名成员的信息包括编号、姓名。通过 7.1 的实例，细心的读者会发现新增小组成员信息，如果用数组的方式存储，因数组长度（元素个数）是固定的，不能适应数据动态增减的情况。当数据增加时，可能超出原先定义的元素个数；当数据减少时，造成内存浪费。在数组中插入、删除数据项时，需要移动其他数据项。而链表这种新的数据结构不仅可以动态存储数据，适应数据动态增减情况，还方便插入、删除数据项。在这里可采用链表进行兴趣小组成员基本信息的新增，步骤如下。

① 声明链表结点 Student 结构体，同时定义结点 student1 并初始化。

② 定义结构体指针 head、p1、p2。

③ 将 student1 设为头结点，开辟新结点 p1 并输入 p1 的信息，指针 p2 指向头结点。

④ 判断 p1 编号是否为 0，当 p1 的编号不为 0 时，结点数量加 1，将新结点加入链表，将 p2 指向链表最后一个结点，再次开辟新结点 p1 并输入 p1 的信息，再次执行步骤④；当 p1 的编号为 0 时，执行步骤⑤。

⑤ 链表末尾结点指针为空，释放了输入学号为 0 的结点，p1 指向头结点。

⑥ 输出所有小组成员信息。

上述步骤的流程如图 7-3 所示。

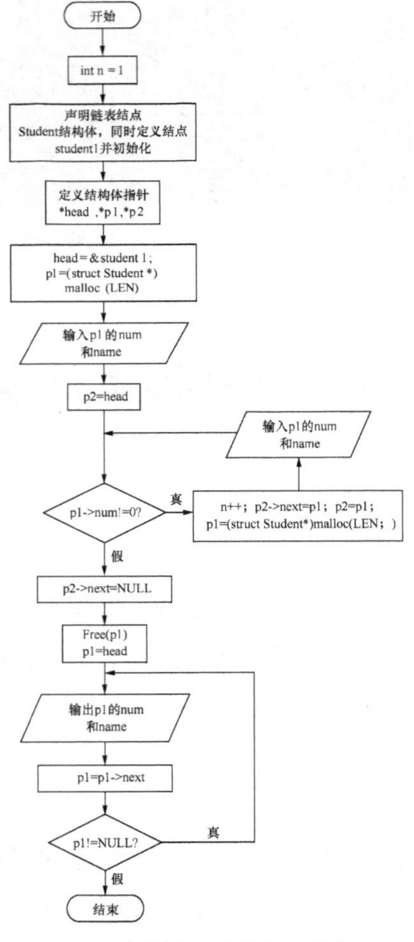

图 7-3　新增小组成员信息的流程

7.2.3　算法实现

1. 程序设计相关知识

（1）指向结构体变量的指针

① 结构体指针变量的声明。

指向结构体变量的指针成为结构体指针变量，结构体指针变量是用来存放指向的结构体变量的首地址的。声明结构体指针变量的一般形式为：

```
结构体类型 *指针名;
```

有如下定义：

```
struct  student
{
    char num[10];      /*学号*/
    char name[15];     /*姓名*/
    int chgrade;       /*语文成绩*/
    int cgrade;        /*C 语言成绩*/
    int mgrade;        /*数学成绩*/
    int egrade;        /*英语成绩*/
    int total;         /*总分*/
    float ave;         /*平均分*/
    int mingci;        /*名次*/
};
struct stud stu,*p=&stu;
```

其中，p 指向 data 的结构体，p 存储的是 data 的首地址。

② 用结构体指针变量引用结构成员。

一般形式为：

```
(*指针变量名).成员名
```

有如下引用：

```
data.chgrade=89.5;等价于(*p).chgrade=89.5;
```

用结构体指针变量引用结构成员，也可以采用指向结构体成员运算符“->”，一般形式如下：

```
指针变量名->成员名
```

则 data.chgrade=89.5；也等价于 data->chgrade=89.5;。

（2）链表概述

链表有单向链表、双向链表、环形链表等形式。链表有一个头指针变量，头指针为 Head，Head 指向链表的第一个元素（通常称为结点，结点分为两个部分，第一个部分为数据，第二个部分为地址），第一个结点又指向第二个结点……也就是说，链表中前一个结点存储着后一个结点的地址，最后一个结点的地址部分存放一个 NULL（空地址），如图 7-4 所示。

图 7-4　链表结构

基于图 7-4 所示的链表定义如下。

```
struct node
{
    struct student data;  /*数据域*/
    struct node *next;    /*指针域*/
};
```

（3）动态分配内存单元函数简介

在C语言中，可以使用函数 malloc、calloc 和 free 动态分配和释放内存单元，实现链表动态存储数据，这些函数的定义在 alloc.h 或 stdlib.h 中，使用这些函数的程序需要包含这两个头文件。

malloc 函数的用法如下。

```
void * malloc(unsign size)
```

在动态存储区分配长度为 size 的连续空间，并返回指向该空间起始地址的指针。若分配失败（系统不能提供所需内存），则返回 NULL。

free 函数的用法如下。

```
void free(void * p)
```

释放 p 指向的内存单元。p 可以是 malloc 返回的值。

2. C 语言编程实现

综上分析，可编写程序如下。

```
 /*p7_2.c*/
#include<stdio.h>
#include <stdlib.h>
#define LEN sizeof(struct Student)
int main()
{
    int n=1;
    struct Student
    {
        int num;
        char name[20];
        struct Student *next;
    }student1={101,"xiaoming",NULL};
    /*在声明结构体的时候定义变量并初始化*/
    struct Student *head,*p1,*p2;
    head=&student1;  /*小明的信息设置为头结点*/
    p1=( struct Student*) malloc(LEN);/*开辟新的结点*/
    printf("请输入新成员信息\n");          /*输入新成员的信息*/
    printf("编号\n");
    scanf("%d",&p1->num);
```

```
    printf("姓名拼音\n");
    scanf("%s",p1->name);
    getchar();               /*按 Enter 键，避免出错*/
    p2=head;                 /*p2 指向链表的最后一个结点*/
    while(p1->num!=0)        /*以输入编号 0 作为输入结束*/
    {
        n++;
        p2->next=p1;         /*将新结点接入链表*/
        p2=p1;               /*将 p2 指向链表的最后一个结点*/
        p1=(struct Student*)malloc(LEN);  /*再次开辟新结点*/
        printf("请输入新成员信息\n");       /*输入新成员的信息*/
        printf("编号\n");
        scanf("%d",&p1->num);
        printf("姓名拼音\n");
        scanf("%s",p1->name);
        getchar();           /*按 Enter 键，避免出错*/
    }
    p2->next=NULL;
    free(p1);                /*释放输入了学号 num 是 0 的结点*/
    p1=head;
    do                       /*输出链表*/
    {
        printf("%5d%20s\n",p1->num,p1->name);
        p1=p1->next;         /*使得 p1 始终指向将要打印的结点*/
    }while(p1!=NULL);
    return 0;
}
```

若有如下输入：

```
102 lilei
104 xiaohong
```

则运行结果如图 7-5 所示。

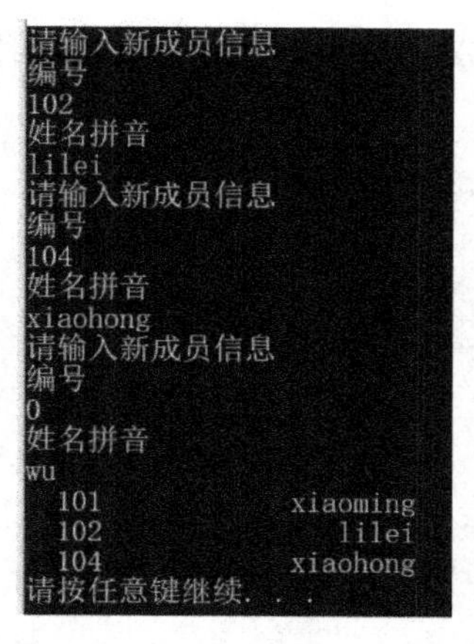

图 7-5　新增兴趣小组成员基本信息的程序运行结果

7.3 中医方剂中六君子汤的定义问题求解

7.3.1 问题阐述

在中医中，有一种方剂为补气剂，比如四君子汤方剂，由人参、白术、茯苓、炙甘草这几味药组成，而六君子汤方剂由人参、白术、茯苓、炙甘草、陈皮、半夏组成，我们可以看出中药方剂中六君子汤是四君子汤加味而来。若将这两个方剂用结构体定义，六君子汤方剂的定义是否可以借用四君子汤方剂？C 语言为我们提供了解决这类问题的方法。

7.3.2 算法实现

1. 程序设计相关知识

在结构体定义中可以定义另一个结构体类型，称为“结构体的嵌套定义”，一般形式如下：

```
struct 结构体名
{
    成员表列
    stuct 结构体名
    {
        成员表列
    }成员名;
    成员表列
};
```

2. C 语言编程实现

中药中六君子汤是四君子汤演变而来的，若将两个汤药分别定义，则可以将四君子汤定义如下：

```
struct DecoctionofFourMildDrugs
{
    int renshen;
    int baishu;
    int fuling;
    int zhigancao;
};
```

六君子汤可以嵌套定义如下：

```
struct DecoctionofSixMildDrugs
{
    struct struct DecoctionofFourMildDrugs{
    int renshen,baishu,fuling, zhigancao;} DFMD;
    int chenpi;
```

```
        int banxia;
}
```

若已经先有四君子汤的定义，六君子汤也可定义如下：

```
struct DecoctionofSixMildDrugs
{
        struct DecoctionofFourMildDrugs DFMD;
        int chenpi;
        int banxia;
}
```

读者还可以根据六君子汤的定义，写出香砂六君子汤的结构体定义。

7.4　寻找成绩不及格的学生信息问题求解

7.4.1　问题阐述

某高校第一个学期的期末考试结束了，班主任需对所在专业的所有学生的成绩做统计，要找出所有成绩不及格的学生，并输出该学生的所有信息。现假设有 n 名学生，每名学生的信息包括学号（num）、姓名（name[20]）、性别（sex）、年龄（age）、3 门课程的成绩（score[3]）。

7.4.2　算法分析

根据 7.4.1 小节的问题阐述可知，每名学生的信息都包括学号、姓名、性别、年龄、3 门课程的成绩，1 个专业会有多名学生。在前文我们已经知道可以用结构体来定义一名学生的所有信息，那多名学生的信息，我们怎么存储？C 语言为我们提供了一个办法：当每个元素都是相同的结构类型时，可以用结构体数组来解决。在这里，为简化问题，假设只有 3 名学生，寻找成绩不及格的学生信息步骤如下。

① 声明存放学生信息的结构体数组 stu[3]。

② 初始化记录学生人数的变量 i 为 0。

③ 判断记录学生人数的变量 i 是否小于 3，若小于，转到步骤④，否则转到步骤⑤。

④ 输入学生数据。

⑤ 调用寻找成绩不及格的学生的函数 fun。

⑥ 输出该学生的基本信息。

上述步骤的流程如图 7-6 所示。

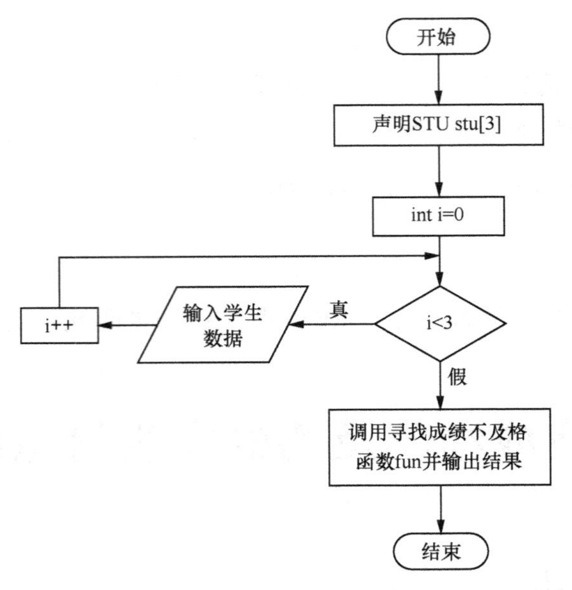

图 7-6　寻找成绩不及格的学生信息的流程

7.4.3　算法实现

1. 程序设计相关知识

（1）结构体数组的声明

```
struct student
{
    int num;
    char name[20];
    char sex;
    int age;
    float score[3];
} stu[3];
```

定义结构体类型数组和定义其他任何类型数组一样，可以在定义结构体的同时声明结构体数组，如上述程序段中，定义结构体类型同时声明了含有 3 个元素的结构体数组。

（2）结构体数组的初始化

```
struct student
{
    int num;
    char name[20];
    char sex;
    int age;
    float score[3];
} stu[3]={{201403,"张三",'m',19,90,88,70},
        {201404,"李四",'m',20,95,89,80},
        {201405,"王五",'m',19,87,90,69}};
```

上述程序段实现的是表 7-1 所示的结构体数组的初始化工作。

表 7-1　　数组 stu 的结构

	num	name	sex	age	score[0]	score[1]	score[2]
stu[0]	201403	张三	m	19	90	88	70
stu[1]	201404	李四	m	20	95	89	80
stu[2]	201405	王五	m	19	87	90	69

当然对结构体数组的初始化也可以先定义结构体，然后在声明结构体数组的同时给该数组赋初值。若所有结构体数组元素都有初值（每个数组元素的成员都有值），则一维数组的维数可以省略，上述程序段可以改为如下形式：

```
struct student
{
      int num;
      char name[20];
      char sex;
      int age;
      float score[3];
      } ;
      struct student  stu[]={{201403,"张三",'m',19,90,88,70},
                             {201404,"李四",'m',20,95,89,80},
                             {201405,"王五",'m',19,87,90,69}};
```

2. C 语言编程实现

综上分析，可编写程序如下。

```
 /*p7_3.c*/
struct student
{
      int num;
      char name[20];
      char sex;
      int age;
      float score[3];
};
#define STU struct student     /*用宏名 STU 替代结构体类型 struct student*/
#include<stdio.h>
void fun(STU a[],int n)
{
      int i,j;
      printf("num     name  sex  age score[0]  score[1]  score[2]\n");
      for(i=0;i<n;i++)
      {
      for(j=0;j<3;j++)
         if(a[i].score[j]<60)
         {
                printf("%d  %s  %c  %d  %f  %f  %f\n",\
                 a[i].num,a[i].name,a[i].sex,a[i].age,a[i].score[0],a[i].score[1],a[i].
score[2]);
                break;
         }
      }
```

```
}
int main()
 {
     STU stu[3];
     int i;
     for(i=0;i<3;i++)
     scanf("%d%s%*c%c%d%f%f%f",&stu[i].num,stu[i].name,&stu[i].sex,&stu[i].age,\
          &stu[i].score[0],&stu[i].score[1],&stu[i].score[2]);
     fun(stu,3);
     return 0;
}
```

若有如下输入：

```
201903 Mike m 19 56 78 90
201904 Lily f 20 50 60 55
201905 Kate f 19 90 87 84
```

则运行结果如图 7-7 所示。

```
201903 Mike m 19 56 78 90
201904 Lily f 20 50 60 55
201905 Kate f 19 90 87 84
num       name   sex   age score[0]   score[1]   score[2]
201903   Mike    m    19   56.000000   78.000000   90.000000
201904   Lily    f    20   50.000000   60.000000   55.000000
请按任意键继续. . .
```

图 7-7　寻找成绩不及格的学生信息的程序运行结果

7.5　挑选参赛选手问题求解

7.5.1　问题阐述

某省教育厅组织程序设计大赛，现需每个学校推荐 1 名学生参加省级程序设计大赛。某校正在组织这项推荐工作，由于之前已经在校内举办过程序设计课程的考试，现需找出程序设计课程成绩最高的学生的基本信息，推荐该名学生参加比赛。

7.5.2　算法分析

为简化问题，现假设参加校内程序设计课程考试的学生总共有 5 名，由于学生的基本信息包含学号、姓名等，因此存储学生的基本信息可选择结构体数据类型。要实现输出成绩最高学生的基本信息的功能，需用函数寻找成绩最高的学生，然后输出其基本信息，基本步骤如下。

① 声明存放学生信息的结构体数组 st[5]。

② 初始化记录学生人数的变量 i 为 0。

③ 判断记录学生人数的变量 i 是否小于 5，若小于，转到步骤④，否则转到步骤⑤。

④ 输入学生数据。

⑤ 调用 find()函数，在 5 名学生中找到程序设计课程成绩最高的学生。

⑥ 输出成绩最高学生的基本信息。

上述步骤的流程如图 7-8 所示。

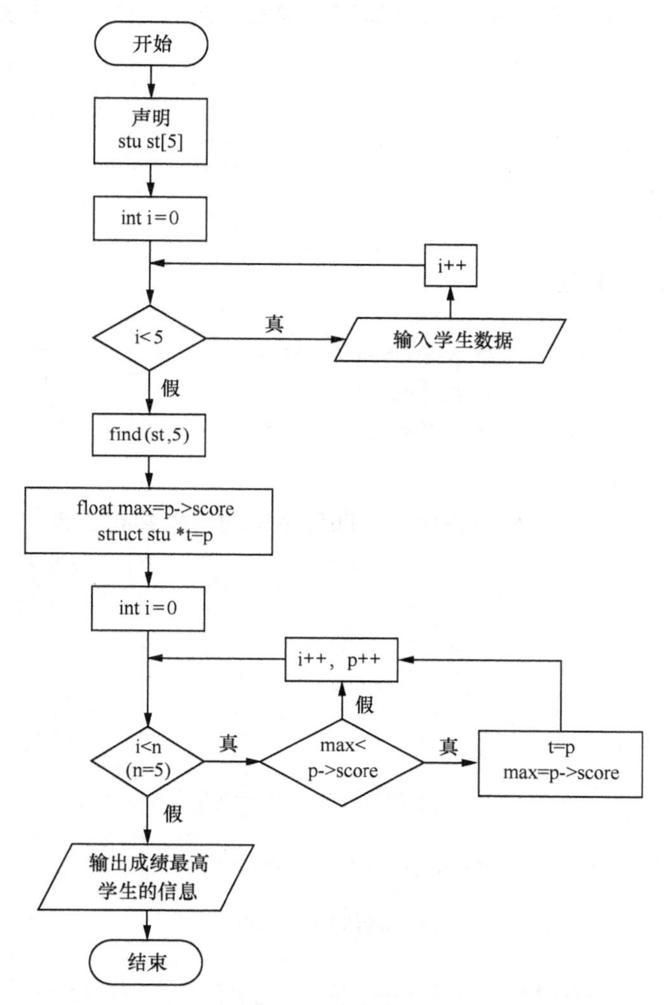

图 7-8　输出程序设计课程成绩最高的学生信息的流程

7.5.3　算法实现

1. 程序设计相关知识

由于学生的基本信息包含学号、姓名等，因此存储学生的基本信息可选择结构体数据类型，要实现找到成绩最高的学生的基本信息的功能，需用到函数，这就涉及函数的参数选择问题。在 C 语言中可直接用结构体变量的成员作函数的参数，进行值传递，但这种方式效率低，且结构体变量规模很大时，内存开销会较大。C语言提供了一种用结构体指针作函数参数的方法，此时实参是将结构体变量的地址传送给函数，形参和实参共占一组内存单元，形参值改变，实参值也会改变。这种方法的效率比较高。在学习这种方法之前，需要先学习结构体指针变量的声明、用结构体指针变量引用结构成员的知识。下面我们来了解结构体指针变量的声明方式。

指向结构体数组的指针可以进行加减运算。例如，有结构体 stud 定义如下。

```
struct stud
{
    int num;
    char  name[20];
    char  sex;
    float  score;
};
```

则可以有如下声明和运算。

```
struct stud stu[3];
struct stud *p = stu;       /* p指向stu[0] */
p++;                        /* 指向stu[1] */
p->num=200921;              /* 引用stu[1].num */
```

2. C语言编程实现

为简化问题，现假设参加校内程序设计课程考试的学生共有5名。

```
 /*p7_4.c*/
#include<stdio.h>
struct stu
{
     int num;
     char name[20];
     float score;
};
void input(struct stu *p)      /* 指向结构体的指针变量作形参 */
{
     scanf("%d %s %f", &p->num, p->name, &p->score);
}
void output(struct stu s)      /* 结构体变量作形参 */
{
     printf("No.: %d,name: %s,score: %f\n",s.num,s.name,s.score);
}
void find(struct stu *p,int n)
{
     int i;
     float max=p->score;        /* max表示最高成绩 */
     struct stu *t=p;           /* 用t指向最高成绩的学生 */
     for(i=0;i<n;i++,p++)
     if(max<p->score)
     {
          t=p;
          max=p->score;
     }
```

```
    printf("最高成绩的学生数据如下：\n");
    output(*t);                    /* 输出成绩最高学生的信息 */
}
int main()
{
    struct stu st[5];
    int i;
    printf("请输入 5 名学生的学号、姓名、成绩：\n");
    for(i=0;i<5;i++)
        input(&st[i]);
    find(st,5);
    return 0;
}
```

若有如下输入：

```
202001 Lucy 86
202002 Kevin 93
202003 John 85
202004 cici 90
202005 Jimmy 92
```

则运行结果如图 7-9 所示。

```
请输入5名学生的学号、姓名、成绩：
202001 Lucy 86
202002 Kevin 93
202003 John 85
202004 cici 90
202005 Jimmy 92
最高成绩的学生数据如下：
No.：202002,name：Kevin,score：93.000000
请按任意键继续. . .
```

图 7-9　输出程序设计课程成绩最高的学生信息的程序运行结果

7.6　师生信息统计表问题求解

7.6.1　问题阐述

某学校将派出一些师生参加国内高校的项目交流，需要向主办方提交学生和老师的信息。现需要一份师生信息统计表，将老师与学生的信息统计在一个表中，如果是学生就记录其姓名、性别、角色、编号，如果是老师就记录其姓名、性别、角色、研究方向。统计形式如下：

```
liming      m  s  101
wanggang    m  t  computer
xiaohong    f  s  102
```

7.6.2　算法分析

共用体是一种能让不同类型的数据使用一段相同的内存单元的数据类型。对共用体的一种典型应用就是表的应用，C 语言中通常用数组表示表。表存储的数据通常是一些没有规律、事先也没有排列顺序的混合数据。如存储某学校师生信息的表，角色一栏就可以分为教师和学生。对于学生来讲，编号一栏就可以用整数表示班级编号；而对于老师来讲，则可以用字符串表示研究方向。利用共用体完成师生信息统计表的步骤如下。

① 声明带共用体的结构体，定义结构体数组 person[3]。

② 循环输入师生的姓名、性别、角色。若角色为学生则继续输入学生的班级编号 person[i].dept.no；若角色为老师则继续输入老师的研究方向 person[i].dept.research。

③ 输出表头，循环输出师生信息。若角色为老师，则输出共用体中的研究方向信息；若角色为学生，则输出共用体中的班级编号信息。

上述步骤的流程如图 7-10 所示。

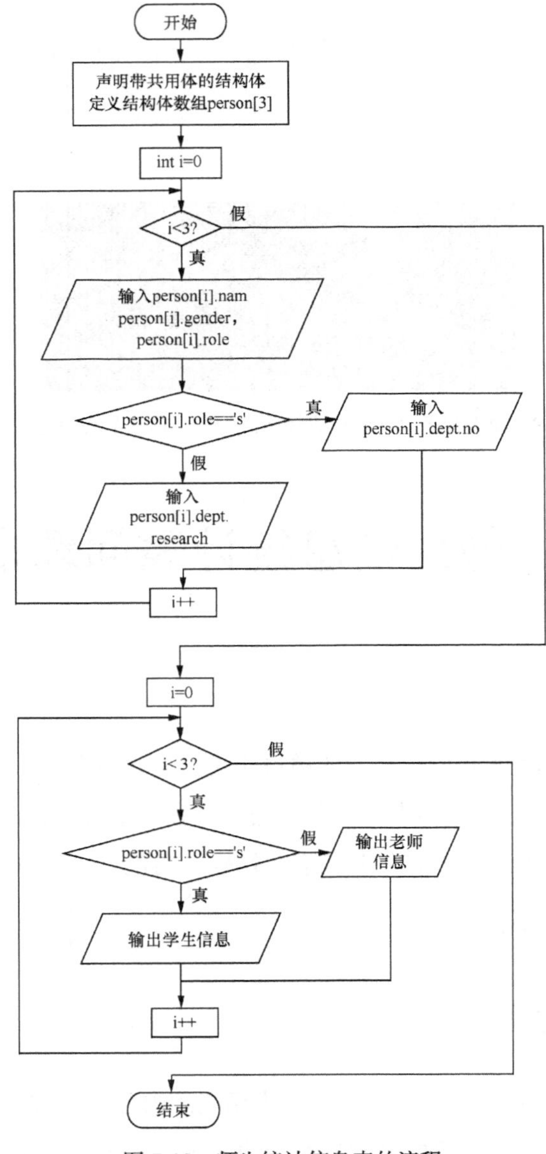

图 7-10 师生统计信息表的流程

7.6.3 算法实现

1. 程序设计相关知识

（1）共用体的定义和共用体变量的声明

共用体的定义及其变量的声明与结构体相似。共用体的定义一般形式为：

```
union 共用体名
{
     成员列表;
};
```

共用体变量的定义一般形式如下：

```
union 共用体名.变量名;
```

可以在定义共用体类型的同时定义变量，此时共用体名可以省略。

例如，有如下定义，则其内存结构描述如图 7-11 所示，i、ch、f 共占一段内存单元，所占字节数为成员中占内存字节数最多的字节数。在此定义示例中共用体变量 d 所占字节数为 4。

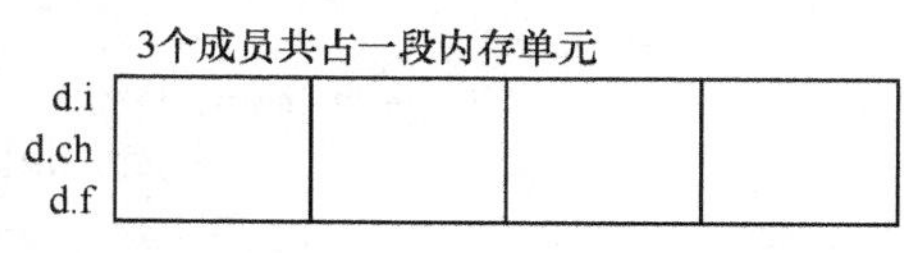

图 7-11　共用体变量 d 的成员存储结构图

```
union data
{
   int i;
   char ch;
   float f;
};
union data d;
```

共用体和结构体的区别如下。

共用体：各成员占相同的起始地址，所占内存长度等于最长的成员所占内存。

结构体：各成员占不同的地址，所占内存长度等于全部成员所占内存之和。

（2）引用共用体变量

定义共用体变量后只能引用共用体变量的成员，如：

```
union data d;
d.f=3.14159;
printf("%f",d.f); /* 输出 3.141590 */
```

共用体类型数据的特点如下。

① 共用体变量中的值是最后一次存放的成员的值，如：

```
d.i = 10;
d.ch = 'h';
d.f = 3.14;
```

完成以上 3 条赋值语句后，最后共用体变量的值是 3.14，之前存入的数据都被最后一个数据覆盖了。

② 共用体变量不能初始化，如下定义是错的：

```
union data
{
    int i;
    char ch;
    float f;
}a={10,'h', 3.14};
```

③ 不能将共用体变量作为函数参数，也不能使函数带回共用体类型的值。可以使用指向共用体变量的指针，如下所示：

```
Union data d,*p=&d;
p->i=12;
```

等价于：

```
(*p).i=12; 或 d.i=12;
```

④ 共用体和结构体可以互相嵌套定义，如：

```
union{
     int age;          /* 表示年龄 */
     struct{
          int year,mon,day;
          }birth;      /* 表示出生年月 */
};
```

2. C语言编程实现

综上分析，可编写程序如下。

```
/*p7_5.c*/
#include <stdio.h>
struct
{
     int num;
     char name[20];
     char gender;
     char role;
     union   /*定义一个共用体*/
     {
       int no;
       char research[30];
     }dept;
  }person[3];
int main()
{
   int i;
   for(i=0;i<3;i++)
   {
        printf("Please input the information of NO.%d\n",i+1);
        printf("Nanme:");
        scanf("%s",person[i].name);     /*输入姓名*/
        getchar();
        printf("Gender(f/m):");         /*输入性别*/
        scanf("%c",&person[i].gender);
        getchar();
        printf("Role(s/t):");           /*输入角色*/
        scanf("%c",&person[i].role);
        if(person[i].role=='s')         /*如果角色是学生*/
        {
```

```
                printf("No:");
                scanf("%d",&person[i].dept.no);        /*共用体中的编号*/
            }
            else /*如果角色是老师*/
            {
                printf("Research:");
                scanf("%s",&person[i].dept.research);     /*共用体中的研究方向*/
            }
        }
        printf(" Name  Gender Role Dept\n");    /*表头*/
        for(i=0;i<3;i++)   /*通过循环把所有信息输出并显示在屏幕上*/
        {
            if(person[i].role=='s')
        printf("%6s%6c%6c%10d\n",person[i].name,person[i].gender,person[i].role,person[i].
dept.no);
            else
    printf("%6s%6c%6c%10s\n",person[i].name,person[i].gender,person[i].role,person
[i].dept.research);
        }
        return 0;
    }
```

若有如下输入：

```
    liming      m   s  101
    xiaohong    f   s  102
    wanggang    m   t  computer
```

则运行结果如图 7-12 所示。

```
Please input the information of NO.1
Nanme:liming
Gender(f/m):m
Role(s/t):s
No:101
Please input the information of NO.2
Nanme:xiaohong
Gender(f/m):f
Role(s/t):s
No:102
Please input the information of NO.3
Nanme:wanggang
Gender(f/m):m
Role(s/t):t
Reserch:computer
 Name  Gender Role Dept
liming     m     s       101
xiaohong     f     s       102
wanggang     m     t  computer
请按任意键继续. . .
```

图 7-12　师生信息统计表的程序运行结果

7.7　婴儿接种疫苗时间问题求解

7.7.1　问题阐述

按照规定，婴儿出生后一般都要按时接种多种疫苗，有些疫苗还需要多次接种，譬如百白破疫苗，需接种 3 次，每次的接种需间隔 28 天（含 28 天）以上。小军首次接种百白破疫苗是在星期四，现在想知道刚好间隔 28 天时是否为工作日？

7.7.2 算法分析

想知道刚好间隔 28 天后是星期几，是否为工作日，可能有 7 种情况，那要怎么处理呢？现知道小军首次接种百白破疫苗是在星期四，一个星期有 7 天，可以用间隔的 28 天加 4 后整除 7，具体步骤如下。

① 定义变量可表示星期一到星期天，分别取值为 0～7。

② 输入间隔天数 n。

③ 将 n+4 的结果，对 7 进行整除，判断余数为几，余数是 0，就是星期一，以此类推。

④ 输出结果。

上述步骤的流程如图 7-13 所示。

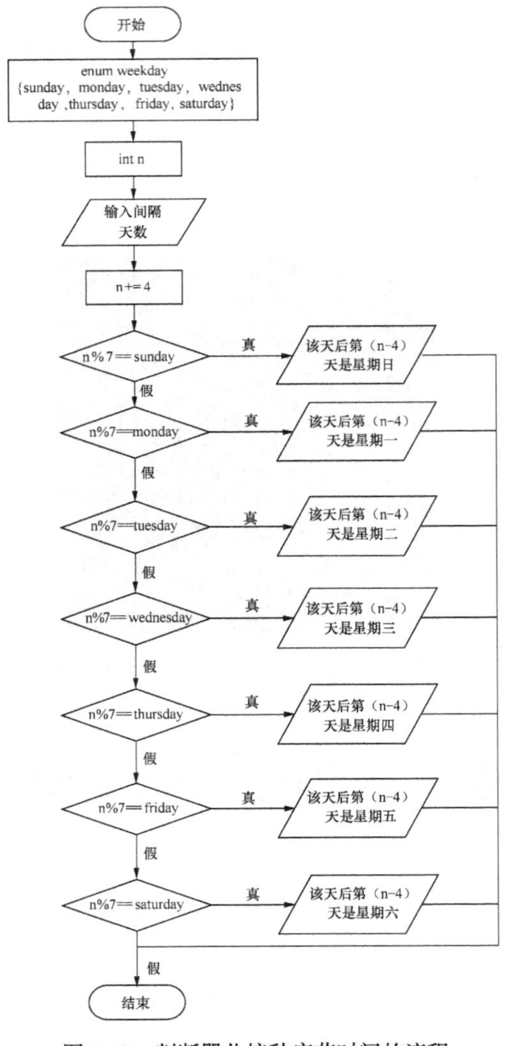

图 7-13　判断婴儿接种疫苗时间的流程

7.7.3　算法实现

1. 程序设计相关知识

如果一个变量只有几种可能的值，可以定义为枚举类型。枚举类型可以增加程序的可读性，如一个星期的每天用 mon、tue、wed 等表示比用数字 1、2、3 等具有更好的可读性。枚举的意思就是将变量可能的值一一列举出来。枚举变量的值只能取列举出来的值之一。枚举类型的定义一般形式为：

```
enum 枚举类型名{枚举常量列表};
```

例如，每个星期有 7 天，可以将星期说明为枚举类型，定义如下：

```
enum weekday{sun,mon,tue,wed,thu,fri,sat};
```

其中 sun、mon……sat 称为枚举元素或枚举常量，它们是用户定义的标识符。C 编译器按枚举元素定义的顺序给它们赋 0、1、2、3……的值。

2. C 语言编程实现

综上分析，可编写程序如下。

```
/*p7_6.c*/
#include<stdio.h>
int main()
{
  enum weekday{sunday,monday,tuesday,wednesday,thursday,friday,saturday};
  int n;
  scanf("%d",&n);
  n+=4;
  if(n%7==sunday)
        printf("该天后第%d 天是%s\n",n-4,"星期日");
  else
        if(n%7==monday)
              printf("该天后第%d 天是%s\n",n-4,"星期一");
        else
              if(n%7==tuesday)
                    printf("该天后第%d 天是%s\n",n-4,"星期二");
              else
                    if(n%7==wednesday)
                          printf("该天后第%d 天是%s\n",n-4,"星期三");
                    else
                          if(n%7==thursday)
                                printf("该天后第%d 天是%s\n",n-4,"星期四");
                          else
                                if(n%7==friday)
                                      printf("该天后第%d 天是%s\n",n-4,"星期五");
                                else
                                      if(n%7==saturday)
                                            printf("该天后第%d 天是%s\n",n-4,"星期六");
  return 0;
}
```

若有如下输入：

```
28
```

则运行结果如图 7-14 所示。

```
28
该天后第28天是星期四
请按任意键继续. . .
```

图 7-14　判断婴儿接种疫苗时间的程序运行结果

7.8　本章小结

本章首先提出兴趣小组成员基本信息记录问题，通过对该问题的分析，表明在实际生活和工作中处理有密切关系的数据可使用结构体这种数据类型；其次阐述了使用链表数据结构可灵活地对数据进行增、删、改、查的操作；最后通过大量的实例，强化了基于计算思维的程序设计思想。

7.9　习　题　七

一、选择题

1. 定义一个结构体变量，系统为它分配的内存单元是（　　）。

   A. 结构中一个成员所需的内存容量

   B. 结构中第一个成员所需的内存容量

   C. 结构体中占内存容量最大者所需的容量

   D. 结构中各成员所需内存容量之和

2. 以下对结构体类型变量的定义中，不正确的是（　　）。

   A. typedef　struct aa{int n;float m;}AA; AA td1;

   B. #define AA　struct aa

   AA{int n;float m;}td1;

   C. struct{int n;float m;}aa;

   struct aa td1;

   D. struct{int n;float m;}td1;

3. 若有如下说明：

```
typedef struct
{  int  n;  char  c;  double  x;}STD;
```

则以下选项中，能正确定义结构体数组并赋初值的语句是（　　）。

A. STD　tt[2]={{1,'A',62},{2,'B',75}};

B. STD　tt[2]={1,"A",62,2,"",75};

C. struct　tt[2]={{1,'A'},{2,'B'}};

D. struct　tt[2]={{1,"A",62.5},{2,"B",75.0}};

4. 若有如下枚举类型定义：

```
enum language {Basic=3,Assembly=6,Ada=66,COBOL,Fortran};
```

则枚举量 Fortran 的值为（　　）。

A. 4　　B. 7　　C. 67　　D. 68

二、简答题

1. 定义一个枚举类型，枚举类型名为 choice，将枚举元素 no、yes 和 maybe 值分别设为 0、1、2。

2. 《伤寒论》中桂枝汤组成为：桂枝 9g，炙甘草 6g，生姜 9g，大枣 4 枚。请用结构体定义桂枝汤，并定义一个桂枝汤药方。

三、编程题

1. 定义一个结构体表示年、月、日，给定一个日期，编写程序计算该日是该年的第几天。

2. 一个数组含有 10 个学生记录，每个学生记录都包括学号和出生年月，编写程序输出 10 个学生中年龄最大学生的记录（学号和出生年月）。

3. *N* 个人（按 1、2、3……*N* 编号）围成一圈，从 1～3 报数。凡报到 3 的人退出圈子，编写程序找出最后退出人的编号。

4. 设有 10 个产品销售记录，每个产品销售记录由产品代码 num（字符型 4 位）、产品名称 name（字符型 10 位）、单价 price（整型）、数量 amount（整型）、金额 sum（整型）5 部分组成。编写程序实现如下功能。

（1）写一函数 input，输入 10 个产品记录（用结构数组表示）的产品代码、产品名称、单价、数量。

（2）编写函数 fun，用于计算金额，计算公式为：金额=单价×数量。

（3）编写函数 SortDat，其功能要求：10 个产品按金额从大到小进行排列。

第 8 章 如何更好地管理数据

实际生活中通常要处理很多的数据，如前文讲到的学生成绩管理系统，就涉及学号、班级、姓名、学院等学生基本信息和学号、科目、成绩等成绩信息。这些数据往往成千上万，无论数据量多大，我们都希望在处理数据的时候能非常简单。如：输入学生姓名，就能查询这个学生所有的考试成绩。读者在实际生活中使用各种计算机软件、手机 App 时发现：数据处理确实都很简单。那么，数据在计算机中是如何存储和管理的呢？

在计算机中，数据通常会以某种特定的格式、采用文件的方式来存储和管理，并可通过各种计算机语言程序访问、查询、修改数据。本章将通过实例阐述采用 C 语言如何使用指定格式的文件来存储数据。例如，将一个班级的学生基本信息存储到某某班级.TXT 文件、从张三.DAT 文件中读取学生张三大学 4 年的所有成绩等。

8.1 减少数据重复输入问题求解

8.1.1 问题阐述

先看一个熟悉的程序：

```
#include<stdio.h>
int main()
{
    float score;
    printf("请输入一个成绩：");
    scanf("%f",&score);
    printf("该学生的成绩是：%6.2f\n",score);
    return 0;
}
```

前文使用了上述的数据输入/输出方式。但是，score 变量中的数据会随着程序的结束而消失，输出的数据也不可能永久显示在屏幕上，如果以后需要这个数据，就不得不重新输入。

接下来看一个实际应用场景。

在期末考试后，班主任老师需要计算全班 50 名学生 4 门课程的平均成绩，以此计算学分绩点。为节省时间，班主任老师编写了一个 C 程序计算平均成绩。同时，为确保正确，班主任老师又请同事张老师帮忙也编写了一个 C 程序计算平均成绩，以此比对计算结果。两位老师在处理数据的时候，对保持数据一致性和重复工作提出如下疑问。

全班 50 名学生 4 门课程的 200 个成绩数据，班主任老师和张老师需要各自手动输入一次，这个过程非常烦琐且不能确保两位老师输入的数据是完全一致的，怎样才能减少相同数据的重复输入且确保数据一致呢？

通过日常生活经验可以知道，减少相同数据重复输入的有效方法是从同一个介质上重复获取数据，而不是重复输入数据，就像所有考生都从考试试卷上获取考试题目一样，因为每份考试试卷都是通过唯一的母卷打印或是复印制作而成，所以每个考生得到的考试题目是一模一样的。如果班主任老师和张老师编写的 C 程序都从同一个类似于考试试卷母卷的介质上读取数据，那上面的疑问就解决了。这个类似于考试试卷母卷的介质在 C 语言程序设计中就是本章讨论的文件。因此，班主任老师将需要处理的数据手动输入一份存入文件并提供给张老师，可减少相同数据的重复输入并且确保了数据的一致性。

前文已经完成了学生成绩管理系统中成绩录入、成绩查询、成绩维护、管理统计和输出等功能的设计和程序编写，庞大的数据通过键盘反复输入，既增加操作难度又无法保证数据的一致性，这是让人无法忍受的，而从文件中读取数据可以很好地解决这一问题。

8.1.2 算法分析

为了更好地管理学生成绩管理系统中的所有数据，在设计系统框架时，为成绩录入模块设计了两种方式：从文件中读取和用键盘输入。这种设计方式，既可以实现数据的临时输入，如输入新的成绩；又可以利用文件中已经存在的数据，如存在于文本文件中学生的基本信息。这样极大地避免了数据的重复输入，提高了系统的使用效率，也能保证数据的安全。学生成绩管理系统框架如图 8-1 所示。

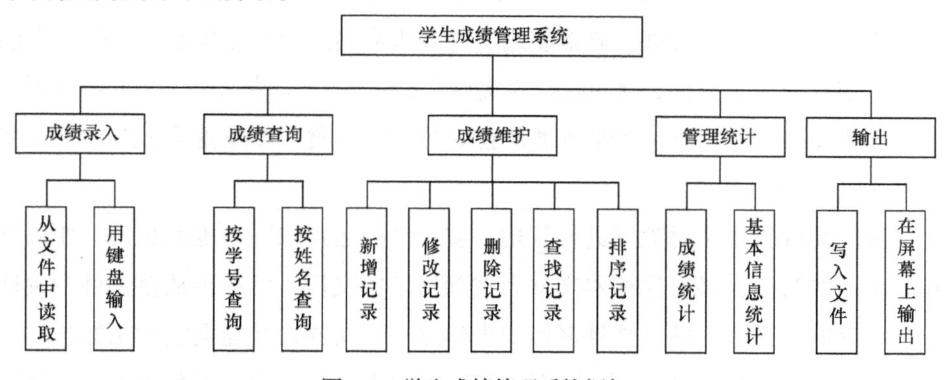

图 8-1 学生成绩管理系统框架

成绩录入模块的从文件中读取功能的设计，首先判断文件是否存在，即是否存在一个文件为系统提供数据；其次判断文件是否能正常打开，否则不能读取文件中的数据；再次，判断是否申请到内存单元临时存放从文件中读取的数据，因为系统在运行过程中所需要的数据都是从内存中获取的；最后判断数据是否读取完毕，若读取完毕则关闭文件，完成数据读取，否则继续读取数据直至读取完毕。

从文件中读取功能模块的流程如图 8-2 所示。

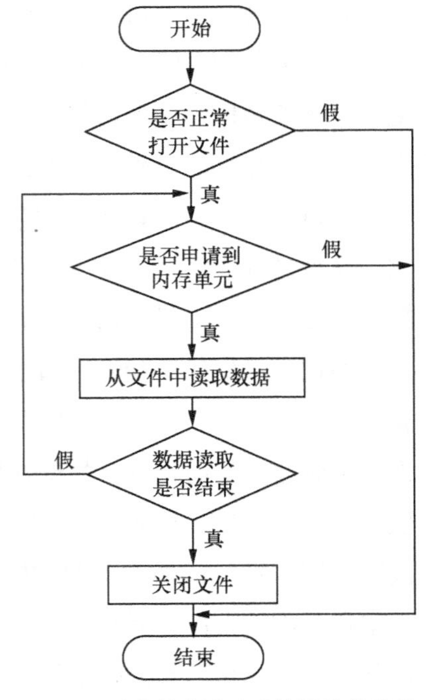

图 8-2　从文件中读取功能模块的流程

从文件中读取数据的步骤如下。

① 打开文件。

② 判断文件是否正常打开。若是，执行步骤③；若否，结束程序。

③ 判断是否申请到内存空间用以存放从文件中读取的数据。若成功产生结点内存单元，执行从文件中读取数据到内存中；否则结束程序。

④ 判断数据读取是否结束。若已经结束，关闭文件；若未结束，执行步骤③。

8.1.3　算法实现

为了利用 C 语言实现上述算法，需要学习 C 语言程序设计中文件的基本知识和相关的函数，如打开文件函数 fopen、关闭文件函数 fclose、读字符函数 fgetc、读字符串函数 fgets、格式化读函数 fscanf、数据块读函数 fread 等。

1. 程序设计相关知识

（1）文件的概念与分类

文件是 C 语言程序设计中的一个重要概念。文件是指存储在外部介质上一组相关数据的有序集合，为了方便操作和管理，通常使用文件名来命名这个有序集合。实际上在前文的各章中我们已经多次使用了文件，例如源程序文件（.c）、目标文件（.o）、可执行文件（.exe）、库文件（又称头文件，.h）等。文件通常是驻留在外部介质（如磁盘等）上的，在使用时才调入内存中来。

操作系统以文件为单位对数据进行管理，实行“按名存取”。也就是说，如果想寻找保存在外部介质上的数据，必须先按照文件名找到指定的文件，然后再从该文件中读取数据。要向外部介质存储数据也必须以文件名标识先建立一个文件，才能向它输出数据。

在 C 语言中，从不同的角度可对文件做不同的分类。从程序员的角度看，文件可分为普通文件和设备文件；从文件编码的方式看，文件可分为 ASCII 文件和二进制码文件。

普通文件是指驻留在磁盘或是其他外部介质上的一个有序数据集，也可以称为磁盘文件。按照保存的内容区分，磁盘文件可以分为程序文件和数据文件。源文件、目标文件、可执行文件都可以称作程序文件；而一组待输入处理的原始数据，或是一组输出结果可称作数据文件。程序文件的读写一般由系统完成，数据文件的读写一般由应用程序完成。

设备文件是指与主机相连的各种外部设备，如显示器、打印机、键盘等。在操作系统中，把外部设备也看作一个文件来进行管理，它们的输入、输出等同于对磁盘文件进行读和写操作。通常把显示器定义为标准输出文件，一般情况下屏幕上显示的有关信息就是标准输出文件的输出。如前文经常使用的 printf、putchar 函数就是这类输出。键盘通常被指定为标准的输入文件，用键盘输入就意味着从标准输入文件上输入数据。scanf、getchar 函数就属于这类输入。

ASCII 文件也称为文本文件。这种文件在磁盘中存放时每个字符对应一个字节，用于存放对应的 ASCII，输出时数据与字符一一对应，因而便于对字符进行逐个处理，但一般占用存储空间较多，而且要花费转换时间（二进制码与 ASCII 之间的转换）。例如，整数 3579 的存储形式为：

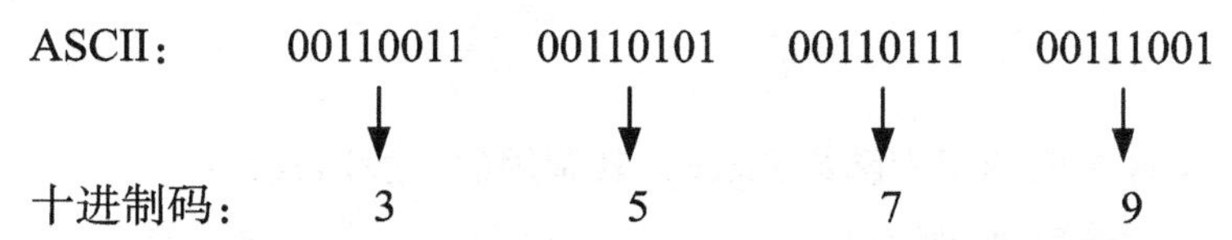

上述存储方式共占用 4 个字节。ASCII 文件可在屏幕上按字符显示，例如 C 语言源程序文件是 ASCII 文件。

二进制文件是把内存中的数据按其在内存中的存储形式原样输出到磁盘上存放的。例如，整数 3579 的存储形式为 00001101 11111011，只占两个字节。二进制文件可以节省存储空间和转换时间，但由于一个字节并不对应一个字符，故不能直接输出字符形式。

（2）文件指针

在 C 语言中，系统为文件在内存中自动开辟一个缓冲区，用于存放文件的有关信息，如文件名、文件当前位置、与文件对应的内存缓冲区地址等。这些信息保存在一个结构体变量中，命名为 FILE，该结构体类型由系统定义在 stdio.h 文件里，其形式为：

```
typedef struct
{
    int fd;                 /*文件号*/
    int cleft;              /*缓冲区中剩下的字符*/
    int mode;               /*文件操作模式*/
    char *nextc;            /*下一个字符位置*/
    char *buffer;           /*文件缓冲区位置*/
}FILE;
```

对于这个类型的各个成员，读者不必弄清楚它们的具体含义和用法，因为读者在对文件操作时不需要直接存取和处理这个类型的各个成员。

在程序中，当需要对文件进行操作时，系统就会在内存中为此文件分配一个结构体名为FILE的内存单元。有几个文件，就分配几个这样的内存单元，分别用来存放各个文件的有关信息。这些结构体变量不用变量名来标识，而是通过指向结构体类型的指针变量访问，这个指针称为文件指针。用该指针变量指向一个文件，通过文件指针就可对它所指的文件进行各种操作。定义说明文件指针的一般形式为：

```
FILE *指针变量名;
```

例如：

```
FILE *fp;
```

上述定义表示fp是指向FILE结构的指针变量，通过fp即可找到存放某个文件信息的结构体变量，然后按照结构体变量提供的信息找到该文件，实施对文件的操作。习惯上也把fp称为指向一个文件的指针。

（3）文件的打开与关闭

与其他高级语言一样，在C语言中，对文件进行操作之前，必须先打开该文件；当操作结束后，应该关闭该文件。

① fopen函数

在C语言中，打开一个文件需要调用库函数fopen，其调用的一般形式为：

```
文件指针名= fopen("文件名", "使用文件方式")
```

其中，文件指针名必须是被说明为FILE类型的指针变量（如FILE *fp;定义的fp），文件名是指需要被打开的文件的文件名。文件名可以是字符串常量、字符型数组或指向字符串的指针，需要打开的文件存放在当前目录则直接写文件名，否则需要指定路径，且必须用双引号标注。例如：

```
FILE *fp;
fp=fopen("file.txt","r");
```

上述程序段表示以只读方式打开当前目录中的文件file.txt。fopen函数返回值是指向文件file.txt的指针，赋值给文件指针变量fp后，fp就指向了文件file.txt。

当所使用的文件与程序文件在同一目录下时，文件名可以直接用字符串给出，否则必须给出文件名的绝对路径，且根目录用“\\”表示。例如：

```
FILE *fp;
fp=fopen("c:\\test\file1.txt","r");
```

上述程序段表示以只读方式打开C盘下test文件夹中的file1.txt文件，并将文件指针变量fp指向file1.txt文件。

使用文件方式是指文件的类型和操作要求，它规定了打开文件的目的，由r、w、a、t、b、+这6个字符组合而成，用双引号标注。各字符的含义如下。

r（read）：只读。

w（write）：只写。

a（append）：追加。

t（text）：文本文件，可省略不写。

b（banary）：二进制文件。

+：读/写。

在 C 语言中，常见的使用文件方式共有 12 种，如表 8-1 所示。

表 8-1　文件使用方式和意义

文件使用方式	意　义
r	以只读方式打开一个文本文件
w	以只写方式打开一个文本文件
a	以追加方式打开一个文本文件
r+	以读/写方式打开一个文本文件
w+	以读/写方式建立一个新的文件
a+	以读/写方式打开一个文本文件
rb	以只读方式打开一个二进制文件
wb	以只写方式打开或新建一个二进制文件
ab	以追加方式打开一个二进制文件
rb+	以读/写方式打开一个二进制文件
wb+	以读/写方式打开或新建一个二进制文件
ab+	以读/写方式打开一个二进制文件

对于文件使用方式有以下几点说明。

a. 用“r”打开文件时，该文件必须存在，若指定文件不存在，则出错。当文件被成功打开后，文件的位置指针指向文件的起始处，失败则返回空指针。

b. 用“w”打开文件时，若打开的文件不存在，则以指定的文件名建立文件，若打开的文件已经存在，则将该文件删除后新建一个同名文件。当文件被成功打开后，文件的位置指针指向文件的起始处。

c. 若要向一个已经存在的文件追加新的记录数据，只能用“a”方式打开文件，但此时该文件必须存在，否则将出错。当文件被成功打开后，文件的位置指针指向文件的结尾处。

d. 在打开一个文件时，如果出错，fopen 函数将返回一个空指针 NULL。在程序中可以用这一信息来判断是否完成了打开文件的工作，并做相应处理。因此，常用以下程序段打开文件：

```
    if((fp=fopen("file2","r"))==NULL)
    {
        printf("file2 failed to open! \n ");
```

```
        exit(0);
    }
```

上述程序段的意义是：如果返回的指针为空，表示不能打开 file2 文件，则输出提示信息 “file2 failed to open!”，接着执行 exit(0);退出程序。

e. 把一个文本文件读入内存时，需要将 ASCII 转换成二进制码；而把文件以文本方式写入磁盘时，需要将二进制码转换成 ASCII，因此文本文件的读写要花费较多的转换时间。对二进制文件的读写不存在这种转换。

f. 程序开始运行时，系统自动打开 3 个文件：stdin（指向标准输入）、stdout（指向标准输出）、stderr（指向标准出错输出），即标准输入文件（键盘）、标准输出文件（显示器）、标准错误文件（出错信息）是由系统打开的，程序员无须为其定义文件指针，可直接使用。

② fclose 函数

对文件操作完成后，要将该文件关闭，否则可能造成文件中的数据丢失。关闭文件是使文件指针不再指向文件，同时将尚未写入磁盘的数据（缓冲区中的数据）写入磁盘，保证数据的完整性。文件关闭后，若再想使用该文件，则必须重新打开。

在 C 语言中，关闭一个文件需要调用库函数 fclose，其调用的一般形式为：

```
fclose(文件指针变量);
```

例如：

```
FILE *fp;
fclose(fp);
```

如果文件关闭成功，fclose 函数返回值为 0；否则返回 EOF(-1)。

【例 8.1】 文件的打开与关闭操作。

算法分析如下。

① 定义文件指针变量 fp。

② 打开指定文件并判断是否正常打开。

③ 若文件打开失败，则输出失败提示信息并退出，结束程序。否则，输出成功提示信息并关闭文件。

④ 结束程序。

综上所述，可编写程序如下。

```
/* p8_1.c */
#include<stdio.h>
int main()
{
    FILE *fp;
    if((fp=fopen("mydata.txt","w"))==NULL)
    {
        printf("mydata.txt failed to open! \n");
        exit(0);
    }
    else
```

```
    {
        printf("mydata.txt opened successfully! \n ");
        fclose(fp);
    }
return 0;
}
```

（4）文件操作的错误检测

① ferror 函数

ferror 函数的功能是当系统调用输入/输出函数时，用于检测出错。函数调用格式为：

```
ferror(文件指针);
```

如果函数返回值为 0，表示未出错；否则表示出错。值得注意的是，对同一个文件，每一次调用输入/输出函数，均产生一个新的 ferror 函数值，因此，应在调用一个输入/输出函数结束后立刻检查 ferror 的值，否则信息会丢失。

② clearerr 函数

clearerr 函数的功能是将文件的错误标志和文件结束标志置 0。函数调用格式为：

```
clearerr(文件指针);
```

③ feof 函数

在文本文件中，C 编译系统定义 EOF 为文件结束标志，其值为-1。由于 ASCII 不可能取负值，所以它在文本文件中不会产生冲突。但是在二进制文件中，-1 有可能是一个有效数据。因此 C 编译系统定义了 feof 函数用做二进制文件的结束标志。函数调用格式为：

```
feof(文件指针);
```

如果文件指针处于文件结束位置，函数返回值为 1，否则为 0。

（5）文件数据的读取函数

① fgetc 函数

fgetc 为读字符函数，其功能是从文件中读取一个字符，调用结束时返回读取的字符，同时文件的位置指针将指向下一个字节的位置。函数调用格式为：

```
字符型变量=fgetc(文件指针);
```

例如：

```
FILE *fp;
char ch;
fp=fopen("file","r");
ch=fgetc(fp);
```

上述程序段表示从文件指针变量 fp 指向的文件 file 中读取一个字符赋值给 ch。如果读取字符时文件已经结束，则返回一个文件结束标志 EOF。

对于 fgetc 函数的使用有以下几点说明。

a. 在 fgetc 函数调用中，读取的文件必须是以读或写方式打开的。

b. 读取字符的结果可以不向字符型变量赋值，例如 fgetc(fp)，但是读出的字符不能保存。

c. 在文件内部有一个位置指针，用来指向文件的当前读写字节。在文件打开时，该指针总是指向文件的第一个字节，使用 fgetc 函数后，位置指针向后移动一个字节。因此可连续多次使用 fgetc 函数，读取多个字符。

小提示如下。

a. 文件指针和文件内部的位置指针不是一回事。文件指针是指向整个文件的，须在程序中定义说明，只要不重新赋值，文件指针的值是不变的。文件内部的位置指针是用来指示文件内部当前的读写位置的，每读写一次，均向后移动，它不需要在程序中定义说明，由系统自动设置。

b. 每个文件末有一个结束标志 EOF（其值在头文件"stdio.h"中被定义为-1），当文件内部的位置指针指向 EOF 时，即表示文件结束。因此，我们可以用 EOF 来判断文件是否结束。

【例 8.2】 在屏幕上显示文件 file2.txt 的内容。

算法分析如下。

① 定义文件指针变量 fp、字符型变量 ch（存放读取出的字符）。

② 打开指定文件并判断是否正常打开。

③ 若文件打开失败，则输出失败提示信息并退出，结束程序。

④ 从文件中读取一个字符赋值给 ch。

⑤ 循环判断 ch 获取的内容是否为文件结束标志，即判断文件读取是否结束。如果文件读取未结束，则循环读取字符赋值给 ch 并输出，直至 ch 获取的内容为文件结束标志，结束循环。

⑥ 关闭文件。

⑦ 结束程序。

综上分析，可编写程序如下。

```
/* p8_2.c */
#include<stdio.h>
int main()
{
    FILE *fp;
    char ch;
    if((fp=fopen("file2.txt","r"))==NULL)   /*只读方式打开文件并判断是否成功*/
    {
         printf("file2.txt failed to open!");
         exit(0);
    }
      ch=fgetc(fp);                      /*从文件中读取一个字符赋值给 ch */
    while(ch!=EOF)                       /*判断文件是否结束*/
    {
        putchar(ch);                     /*在屏幕上显示字符*/
        ch=fgetc(fp);
    }
    printf("\n");
    fclose(fp);                          /*关闭文件*/
    return 0;
}
```

上述程序的功能是从文件中逐个读取字符，在屏幕上显示。程序定义了文件指针变量 fp，以读的方式打开文件 file2.txt，并使 fp 指向该文件。如果打开文件出错，则给出提示并退出程序。如果文件打开正常，则通过 while 循环判断文件是否结束，并通过 putchar 函数逐个输出 fgetc 函数读取的字符。

由于字符的 ASCII 不可能出现-1（EOF 的值为-1），故用“ch!=EOF”作为 while 循环的判断条件是合适的。但是在二进制文件中，有可能出现某一个数据为-1，而这恰好是 EOF 的值，如果还用 EOF 来判断文件是否结束，就会出错。所幸的是系统提供了 feof 函数来判断文件是否真正结束。

② fgets 函数

fgets 为读字符串函数，其功能是从文件中读一个字符串到字符数组中。函数调用格式为：

```
fgets(字符数组名,n,文件指针);
```

例如：

```
fgets(str,n,fp);
```

其中，str 是字符数组名或字符数组指针，即字符串在内存中的地址；n 是一个整数，为读取字符的个数，表示从文件中读出的字符个数不超过 n，并在读入的最后一个字符后面加上串结束标志'\0'；fp 为要读取文件的指针变量。所以，fgets(str,n,fp)表示从 fp 指向的文件中读 n 个字符送入字符数组 str 中。

关于 fgets 函数的两点说明如下。

a. 在读出 n 个字符之前，如果遇到了换行符或 EOF，则读入结束。

b. fgets 函数也有返回值，其返回值是字符数组的首地址。

【例 8.3】 从 file2.txt 中读取 10 个字符并输出。

算法分析如下。

① 定义文件指针变量 fp、字符数组 str（存放读取出的字符）。

② 打开指定文件并判断是否正常打开。

③ 若文件打开失败，则输出失败提示信息并退出，结束程序。

④ 从文件中读取 10 个字符赋值给 str。

⑤ 输出字符数组 str 中的数据。

⑥ 关闭文件。

⑦ 结束程序。

综上分析，可编写程序如下。

```
/* p8_3.c */
#include<stdio.h>
void main()
{
    FILE *fp;
    char str[11];
```

```
    if((fp=fopen("file2.txt","r"))==NULL)
    {
        printf("file2.txt failed to open!");
        exit(0);
    }
    fgets(str,11,fp);
    printf("%s\n",str);
    fclose(fp);
}
```

③ fscanf 函数

fscanf 为格式化读函数，其功能是从文件指针指向的文件中读取数据，按格式字符串所规定的格式将数据赋给输入列表中对应的变量。函数执行成功，返回值为实际读取的数据个数，否则为 EOF 或 0。函数调用格式为：

```
fscanf(文件指针,格式字符串,输入列表);
```

例如：

```
fscanf(fp,"%s%d", s, &a);
```

【例 8.4】 在屏幕上显示"student.txt"文件的内容。student.txt 文件中数据的数据格式如下：

```
struct student
{
    char num[15];              /*学号*/
    char name[10];             /*姓名*/
    int English;               /*英语成绩*/
    int Computer;              /*计算机成绩*/
    int Maths;                 /*数学成绩*/
};
```

算法分析如下。

① 定义文件指针变量 fp、字符型变量或结构体变量（本例使用字符数组存放 student.txt 文件中结构体变量各成员的值）。

② 打开指定文件并判断是否正常打开。

③ 若文件打开失败，则输出失败提示信息并退出，结束程序。

④ 循环读取、输出文件中的数据，直至文件结束。

⑤ 关闭文件。

⑥ 结束程序。

综上分析，可编写程序如下。

```
/* p8_4.c */
#include<stdio.h>
int main()
{
    char t_num[15],t_name[10],t_English[20],t_Computer[20],t_Maths[20];
    FILE *fp;
    if((fp=fopen("student.txt","r"))==NULL)
    {
        printf("student.txt failed to open!");
```

```
            exit(0);
        }
        printf("The file is:\n");
        while(fscanf(fp,"%s\t%s\t%s\t%s\t%s\n",t_num,t_name,t_English,t_Computer,
t_Maths)!=-1)
        {
            printf("%12s\t%10s\t%10s\t%10s\t%10s\n",
    t_num,t_name,t_English,t_Computer,t_Maths);
        }
        fclose(fp);
        return 0;
    }
```

运行结果如图 8-3 所示。

图 8-3　例 8.4 运行结果

④ fread 函数

fread 为数据块读函数，其功能是从已经打开的文件中读取数据到内存缓冲区中。函数调用格式为：

```
fread(buffer,size,count,fp);
```

其中，buffer 为从文件中读取的数据在内存中存放的起始地址；size 为一次读取的字节数；count 为读取次数；fp 为文件指针变量。

例如：

```
fread(&stu[i],sizeof(struct student),1,fp);
```

该函数的功能是从文件指针所指向的文件中，读取 size*count 个字节（这里的 size 为 sizeof（struct student），count 为 1）存放到 fp 所指的内存单元中。函数执行成功时，返回值为实际读取的数据项个数，否则出错。

2. C 语言编程实现

在问题阐述中，两位老师在处理数据时对保持数据一致性和重复工作提出的疑问找到了解决办法：录入一份数据存至文件，通过各自编写的程序读取文件中的数据，减少重复工作，确保数据一致。根据算法分析，结合两位老师的数据处理方式和 C 语言文件知识，可编写如下函数实现学生成绩管理系统中数据的读取，减少数据重复输入。

函数名称：openFile( )。

函数原型：void openFile(Link stu)。

函数功能：将文件中的学生成绩记录读入链表中。

```
/* p8_5.c */
void openFile(Link stu)
{
    FILE *fp;    /*文件指针*/
```

```
    Node *p,*r;
    int count=0;            /*保存文件中的记录条数（或结点个数）*/
    fp=fopen("C:\\preformance management\\student","ab+");
    /*以追加方式打开一个二进制文件，可读可写，若此文件不存在，则创建此文件*/
    if(fp==NULL)
    {
        printf("\n    系统提示：文件打开失败!\n");
        exit(0);
    }
    r=stu;
    while(!feof(fp))
    {
        p=(Node*)malloc(sizeof(Node));
        if(!p)
        {
            printf("       系统提示：内存申请失败! \n");
            exit(0);          /*退出*/
        }
        if(fread(p,sizeof(Node),1,fp)==1)      /*一次从文件中读取一条学生成绩记录*/
        {
            p->next=NULL;
            r->next=p;
            r=p;              /*r 指针向后移一个位置*/
            count++;
        }
    }
    fclose(fp);               /*关闭文件*/
    printf("\n                系统提示：文件已成功打开，共有 %d 条录数。\n",count);
}
```

8.2　保存数据问题求解

8.2.1　问题阐述

8.1.1 小节问题阐述中的班主任老师和张老师通过从文件中读取数据，很好地解决了重复数据输入和输入数据可能存在不一致的问题，班主任老师编写了如下 C 程序计算班级每位学生的期末考试平均分。

```
/* p8_6.c */
#include<stdio.h>
int main()
{
    char t_num[20],t_name[20];
    float t_English=0,t_Computer=0,t_Maths=0,t_hx=0,avg=0;
    FILE *fp;
    if((fp=fopen("qm_score.txt","r"))==NULL)
```

```
        {
            printf("qm_score.txt failed to open!");
            exit(0);
        }
        printf("avg is:\n");
        while(fscanf(fp,"%s\t%s\t%f\t%f\t%f\t%f\n",t_num,t_name,&t_English,&t_Computer,
&t_Maths,&t_hx)!=-1)
        {
           avg= (t_English+t_Computer+t_Maths+t_hx)/4;
           printf("%12s\t%10s\t%f\n",t_num,t_name,avg);
        }
        fclose(fp);
        return 0;
    }
```

张老师编写的 C 程序与班主任编写的稍有不同，但程序算法是一样的。然而，新的疑问出现了：两位老师的计算结果都只显示在各自程序的运行结果界面，需要将两台计算机放在一起才能通过显示器上的程序输出数据进行对比，非常不方便。更为麻烦的是，在两人处理成绩的程序中，数据都是暂时存放在内存的，程序关闭则计算的平均成绩也会丢失。如果能将程序运行的结果保存为一个文件存储在硬盘等能够永久保存数据的介质上，就不用担心数据消失，也能非常方便进行数据对比等操作了。此时，两位老师想到：既然可以从指定格式的文件中读取数据，那是否也可以将程序运行的结果保存到指定格式的文件中呢？答案是肯定的。

以图 8-1 所示的学生成绩管理系统为例，老师在系统中录入学生成绩后，希望能将所有录入的学生基本信息、学生成绩以及部分通过计算得到的中间数据保存在一个固定的地方（不仅是在屏幕上显示出来），以便能随时查看并进行处理，如统计不及格人数、计算平均成绩等。通过上面的问题分析得出，将学生成绩管理系统中的所有数据（包括初始录入数据和中间数据）保存在指定格式的文件中可以解决这一问题。

8.2.2　算法分析

为了更好地保存学生成绩管理系统中的所有数据，在设计系统框架时，将输出模块设计了两种方式：写入文件和在屏幕上输出。这样的设计方式，既可以实现数据的及时显示，又可以永久保存系统中的所有数据，提高了系统的高可用性。

输出模块中写入文件功能的设计，首先应判断文件是否存在，如果不存在则创建一个新的文件存放数据；其次判断文件是否能正常打开，如果不能正常打开则提示错误信息并返回；文件正常打开后，开始写入数据；然后判断是否有新的数据写入；最后关闭文件，完成数据写入。

写入文件功能的流程如图 8-4 所示。

将数据保存至文件的步骤如下。

① 打开文件。

② 判断文件是否正常打开。若正常打开，执行第③步；若打开失败，结束程序。

③ 利用循环将数据写入文件。

④ 判断写入文件的数据记录总数是否大于 0。如果大于 0，输出记录总数；如果不大于 0，提示没有数据。

⑤ 关闭文件。

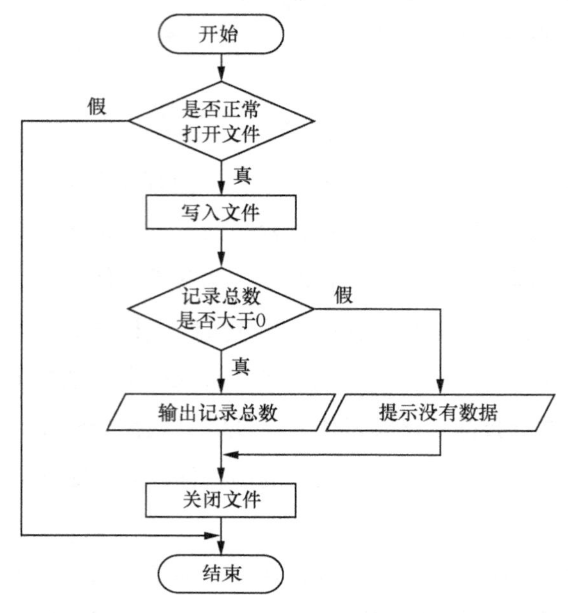

图 8-4　写入文件功能的流程

8.2.3　算法实现

为了利用 C 语言实现图 8-4 所示的流程，需要学习 C 程序设计中与文件相关的函数，如：写字符函数 fputc、写字符串函数 fputs、格式化写函数 fprintf、数据块写函数 fwrite 等。

1. 程序设计相关知识

（1）文件数据的写函数

① fputc 函数

fputc 为写字符函数，其功能是把一个字符写入文件中，同时文件的位置指针将指向下一个写入位置。函数调用格式为：

```
fputc(字符数据, 文件指针);
```

其中，字符数据可以是字符型常量或变量。如果输出成功，函数的返回值是输出的字符；如果失败，则返回文件结束标志 EOF。

例如：

```
fputc('a',fp);
```

表示将字符型常量 a 写入文件指针 fp 所指向的文件中。

fputc 函数的使用有以下几点说明。

a. 被写入的文件可以用写、读写、追加方式打开，用写或读写方式打开一个已存在的文件时将清除原有文件的内容，写入字符从文件首开始。如需保留原有文件内容，希望写入的字符从文件末开始存放，则必须以追加方式打开文件。被写入的文件若不存在，则创建该文件。

b. 每写入一个字符，文件内部位置指针向后移动一个字节。

【例 8.5】 用键盘输入连续字符，逐个写入磁盘文件，以“#”为结束写入标志。

算法分析如下。

① 定义文件指针变量 fp、字符型变量 ch。

② 打开指定文件并判断是否正常打开。

③ 若文件打开失败，则输出失败提示信息并退出，结束程序。

④ 从键盘获取一个字符赋值给 ch。

⑤ 循环判断 ch 中的内容是否为“#”。如果不是，则将 ch 中内容写入文件并在显示器输出，继续从键盘获取一个字符赋值给 ch，直至 ch 中内容为“#”，结束循环。

⑥ 关闭文件。

⑦ 结束程序。

综上分析，可编写程序如下。

```
/* p8_7.c */
#include<stdio.h>
int main()
{
    FILE *fp;
    char ch;
    if((fp=fopen("out.txt","w"))==NULL)     /*打开文件并判断是否成功*/
    {
        printf("out.txt failed to open!");
        exit(0);
    }
    printf("Please input string:");         /*输出提示信息*/
        ch=getchar();
    while(ch!='#')                          /*用"#"结束循环*/
    {
        fputc(ch,fp);                       /*将字符写入文件*/
        putchar(ch);                        /*将字符输出到显示器*/
        ch=getchar();
    }
    printf("\n");
    fclose(fp);                             /*关闭文件*/
    return 0;
}
```

② fputs 函数

fputs 为写字符串函数，其功能是向文件写入一个字符串，字符串结束符'\0'自动舍去，不写入文件中。函数调用格式为：

```
fputs(字符串,文件指针);
```

例如：

```
fputs(str,fp);
```

其中，str 为要写入的字符串，可以是字符数组名或是指向字符串的指针变量，也可以是字符串常量；fp 是文件指针变量。该函数的功能是将 str 指向的字符串或字符串常量写入 fp 指向的文本文件中。如果调用成功，返回值为 0，否则为 EOF。

【例 8.6】 将字符串“Programming language：BASIC Python C++ PHP Java”写入文件 file.txt。

算法分析如下。

① 定义文件指针变量 fp、二维字符数组 a(初始为字符串 BASIC Python C++ PHP Java)、整型变量 k（数组 a 的第一个维度，当 k=0 时，a[k]表示“BASIC”，依此类推）。

② 打开指定文件并判断是否正常打开。

③ 若文件打开失败，则输出失败提示信息并退出，结束程序。

④ 将字符串“Programming language：”写入文件。

⑤ 利用循环将二维字符数组 a 中的字符写入文件。

⑥ 关闭文件。

⑦ 结束程序。

综上分析，可编写程序如下。

```
/* p8_8.c */
#include<stdio.h>
int main()
{
    FILE *fp;
    char a[5][8]={"BASIC ","Python ","C++ ","PHP ","Java"};
    int k;
    if((fp=fopen("file.txt","w"))==NULL)
    {
        printf("file.txt failed to open!");
        exit(0);
    }
    fputs("Programming language: êo",fp);
    for(k=0;k<5;k++)
        fputs(a[k],fp);
    fclose(fp);
    return 0;
}
```

在程序中，用“w”方式打开文件 file.txt，首先将字符串常量“Programming language:”写入文件，然后通过 for 循环将字符型二维数组 a 中的字符串写入文件。值得注意的是，写入时按照字符串中字符的实际个数写入，而不是按照数组定义的大小写入，且不写入字符串结束符。

③ fprintf 函数

fprintf 为格式化写函数，其功能是将输出列表中的数据按照格式字符串所规定的格式写入文件指针所指向的文件中。函数执行成功，返回值为实际写入的字符数，否则为负数。函数调用格式为：

```
fprintf(文件指针,格式字符串,输出列表);
```

例如：

```
fprintf(fp,"%d%c",j,k);
```

【例 8.7】 将某班学生的信息（包括学号、姓名及 3 科成绩）写入"student.txt"。

算法分析如下。

① 定义学生信息（学号、姓名及 3 科成绩）结构体，并定义该结构体变量。

② 定义文件指针变量 fp。

③ 打开指定文件并判断是否正常打开。

④ 若文件打开失败，则输出失败提示信息并退出，结束程序。

⑤ 从键盘获取学生数量 n。

⑥ 循环用键盘输入学生信息并写入文件，直至获取到 n 名学生信息，结束循环。

⑦ 关闭文件。

⑧ 结束程序。

综上分析，可编写程序如下。

```
/* p8_9.c */
#include<stdio.h>
#include<stdlib.h>
struct student                  /*定义结构体*/
{
    char num[15];               /*学号*/
    char name[10];              /*姓名*/
    int English;                /*英语成绩*/
    int Computer;               /*计算机成绩*/
    int Maths;                  /*数学成绩*/
};
int main()
{
    struct student stu[50];     /*定义结构体变量*/
    FILE *fp;
    int i,n;
    if((fp=fopen("student.txt","w"))==NULL)
    {
        printf("student.txt failed to open!");
        exit(0);
    }
    printf("Input the num of students:");         /*输出提示信息*/
    scanf("%d",&n);
    fprintf(fp,"%s\t%s\t%s\t%s\t%s\t","Number","Name","English","Computer","Maths");
```

```
        fputs("\n",fp);
        printf("Input the student information:\n");
        for(i=0;i<n;i++)
        {
            printf("No.=");
            scanf("%s",&stu[i].num);
            printf("Name=");
            scanf("%s",&stu[i].name);
            printf("English=");
            scanf("%d",&stu[i].English);
            printf("Computer=");
            scanf("%d",&stu[i].Computer);
            printf("Maths=");
            scanf("%d",&stu[i].Maths);
            fprintf(fp,"%s\t%s\t%d\t%d\t%d\t",
            stu[i].num,stu[i].name,stu[i].English,stu[i].Computer,stu[i].Maths);
            /*将数据按格式写入文件*/
            fputs("\n",fp);
        }
        fclose(fp);         /*关闭文件*/
        return 0;
    }
```

运行结果如图 8-5、图 8-6 所示。

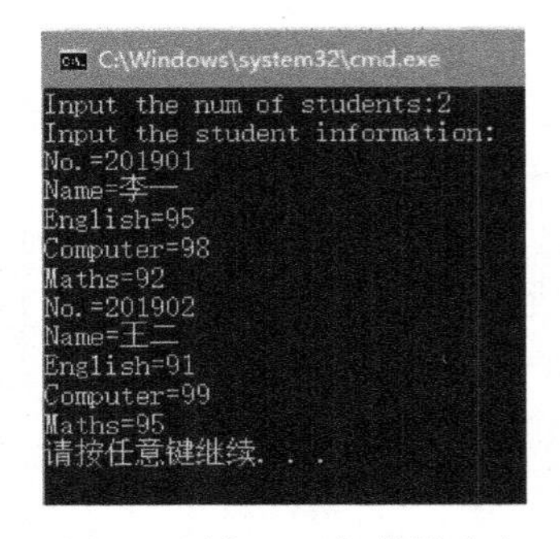

图 8-5　例 8.7 运行结果（a）

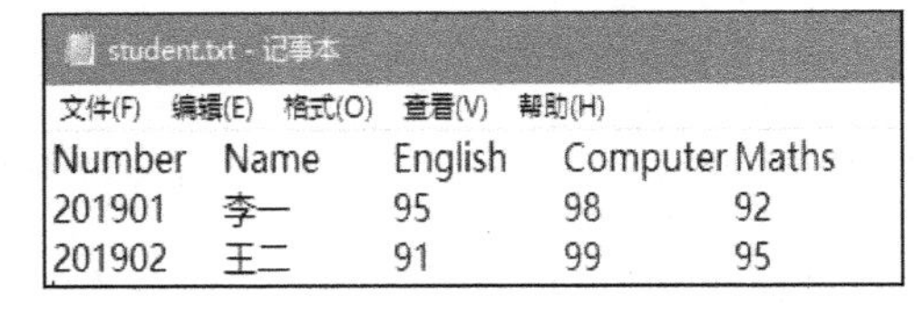

图 8-6　例 8.7 运行结果（b）

④ fwrite 函数

fwrite 为数据块写函数，其功能是将内存缓冲区中的数据写入文件指针指向的文件中。函数调用格式为：

```
fwrite(buffer, size, count, fp);
```

例如：

```
fwrite(&s[i],sizeof(struct student),1,fp);
```

其中，buffer 是一个指针，表示存放输出数据的首地址，可以是数组名或是指向数组的指针；size 为一次要写入的字节数；count 为写入次数；fp 为文件指针变量。

fwrite 函数的功能是从 buffer 指向的内存中取出 count 个数据项写入 fp 指向的文件中，每个数据项的长度为 size，即总共写入 size * count 个字节数据。函数执行成功时，返回值为实际写入的数据项个数，否则出错。

【例 8.8】　用键盘输入以下 2 个方剂数据，将数据输出至显示器并转存到磁盘文件中。

方剂 1：

【方源】太平惠民和剂局方

【方名】四君子汤

【功用】益气健脾

【组成】人参去芦　白术　茯苓去皮（各 9g）　甘草炙（6g），各等分

【现代用法】水煎服

方剂 2：

【方源】内外伤辨惑论

【方名】当归补血汤

【功用】补气生血

【组成】黄芪一两（30g）　当归酒洗，二钱（6g）

【现代用法】水煎服

（注：以上方剂数据来源于李冀、连建伟主编的《方剂学》。为便于读者理解，方剂“用法”部分只体现“现代用法”）

算法分析如下。

本例数据量较大且结构清晰，适用于使用结构体变量存放数据。同时，既要将数据输出至显示器，又要转存到磁盘文件中，此两种不同类型的输出方式可分别定义两个函数实现其功能，提高程序的可读性。

① 定义方剂结构体，并定义该结构体变量（由于有两个方剂，故该结构体变量定义为数组形式）。

② 分别定义保存函数 save 和显示函数 display，实现模块化编程。

③ 用键盘输入方剂数据（为便于显示与存储，各味药材之间用句号分隔）。

④ 调用保存函数 save 将数据转存到磁盘文件，调用显示函数 display 将数据输出至显示器。

⑤ 结束程序。

综上分析，可编写程序如下。

```
/* p8_10.c */
#include<stdio.h>
#define SIZE 2
struct recipe
{
     char source[30];              /*方源*/
     char name[20];                /*方名*/
     char effect[20];              /*功用*/
     char comprise[100];           /*组成*/
     char direction[20];           /*现代用法*/
```

```
    char a;                              /*定义一个字符型变量存放回车符*/
}g_rec[SIZE];                            /*定义结构体变量*/
void save()                              /*存数据（函数）：将键盘输入的信息写入文件*/
{
    FILE *fp;
    int i;
    if((fp=fopen("gm_recipe.txt","w"))==NULL)  /*打开文件并判断是否成功*/
    {
        printf("gm_recipe.txt failed to open!");
        exit(0);
    }
    for(i=0;i<SIZE;i++)
        if(fwrite(&g_rec[i],sizeof(struct  recipe),1,fp)!=1)
           /*将一个结构体变量的所有数据写入文件*/
            printf("write error!\n");
    fclose(fp);         /*关闭文件*/
}
void display()          /*读数据（函数）：从文件中读取数据并输出到显示器*/
{
    FILE *fp;
    int i;
    if((fp=fopen("gm_recipe.txt","r"))==NULL)     /*打开文件并判断是否成功*/
    {
        printf("gm_recipe.txt failed to open!");
        exit(0);
    }
    for(i=0;i<SIZE;i++)
    {
        fread(&g_rec[i],sizeof(struct recipe),1,fp); /*读取一个结构体变量的所有数据*/
        printf("%s\n%s\n%s\n%s\n%s\n",g_rec[i].source,
        g_rec[i].name,g_rec[i].effect,g_rec[i].comprise,g_rec[i].direction);
        printf("\n");
    }
    fclose(fp);         /*关闭文件*/
}
int main()              /*主函数*/
{
    int i;
    for(i=0;i<SIZE;i++)
    {
        printf("input the recipe of no.%d \n",i+1);
        printf("方源: ");
        scanf("%s",g_rec[i].source);
        printf("方名: ");
        scanf("%s",g_rec[i].name);
        printf("功用: ");
        scanf("%s",g_rec[i].effect);
        printf("组成: ");
        scanf("%s",g_rec[i].comprise);
        printf("现代用法: ");
        scanf("%s",g_rec[i].direction);
        g_rec[i].a='\n';
    }
    save();             /*调用存数据函数*/
```

```
        display();          /*调用读数据函数*/
        getchar();
        return 0;
    }
```

程序运行结果如图 8-7、图 8-8 所示。

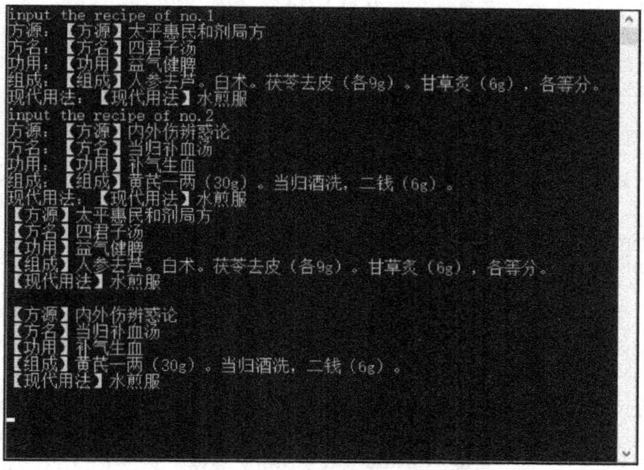

图 8-7　例 8.8 程序运行结果之一

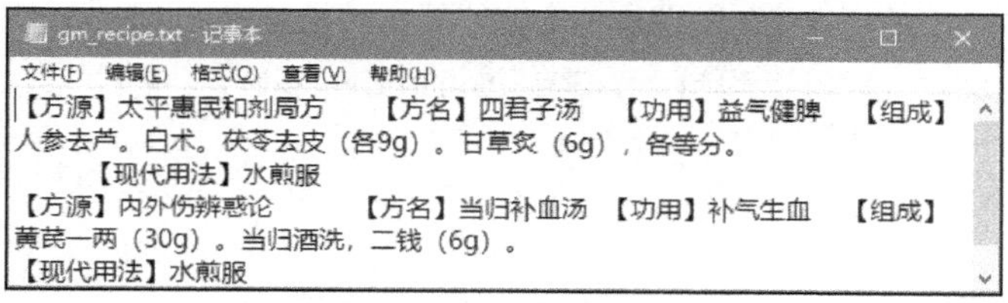

图 8-8　例 8.8 程序运行结果之二

该程序用结构体中的数组元素分别定义方剂中的方源、方名、功用、组成和现代用法，通过 fwrite 函数将每个结构体变量中的所有数据以块的方式写入文件，同时利用 fread 函数读出每个结构体变量中的全部数据。

2. C 语言编程实现

在问题阐述中，两位老师想到了将程序运行结果保存到指定格式的文件中，以此解决数据消失、操作麻烦等问题。根据算法分析，在对学生成绩管理系统中学生数据进行处理后，可直接选择保存功能将处理后的成绩保存至指定的文件，或在退出系统时保存已处理过的学生成绩。结合 C 语言文件的相关知识，可编写如下函数实现学生成绩管理系统中数据的永久保存。

函数名称：Save ( )。

函数原型：void Save(Link stu)。

函数功能：将链表中的学生成绩记录保存至文件。

```
/* p8_11.c */
void Save(Link stu)
{
    FILE* fp;
    Node *p;
```

```
    int count=0;
    fp=fopen("C:\\preformance management\\student","wb");
    /*以只写方式打开二进制文件*/
    if(fp==NULL)          /*打开文件失败*/
    {
        printf("\n        系统提示：数据文件打开错误!\n");
        exit(0);
    }
    p=stu->next;
    while(p)
    {
        if(fwrite(p,sizeof(Node),1,fp)==1)     /*每次写一条记录或一个结点信息至文件*/
        {
            p=p->next;
            count++;
        }
        else
            break;
    }
    if(count>0)
    {
        printf("        系统提示：文件保存完成,保存记录总数:%d\n",count);
        saveflag=0;
    }
    else
        printf("        系统提示：没有要保存的记录!\n");
    fclose(fp);  /*关闭文件*/
}
```

8.3 本 章 小 结

在实际应用中，为提高数据的处理效率，减少已有数据的重复输入，增强数据的可管理性，计算机通常将键盘输入的各种数据和程序运行的结果数据以一种特定的格式存储在指定格式的文件中，永久保存。程序员可以利用文件方便、快捷地处理各种类型的数据，完美地实现程序代码与数据的分离，提升数据的可移动性和安全性。

本章采用常见的学生成绩管理系统中数据处理实际问题，详细阐述了使用文件解决系统中数据的存储、读取等问题，读者可以很清晰地了解如何解决减少数据重复输入、数据永久保存等问题。

本章使用 C 语言中的文件实现了减少数据重复输入、数据永久保存两个问题的算法。在 C 语言中，对磁盘文件的操作必须先打开、再读写、最后关闭，常用的函数有：文件打开函数 fopen、文件关闭函数 fclose、字符读写函数 fgetc（getc）和 fputc（putc）、字符串读写函数 fgets 和 fputs、格式化读写函数 fscanf 和 fprintf、数据块读写函数 fread 和 fwrite。文件的位置指针指出了文件当前的读写位置，每读写一次后，位置指针自动指向下一个新的位置。实际问题中，我们常常需要进行随机读写，这时需要通过移动文件的位置指针来定位读写位置。常用的随机读写函数有：重返文件头函数 rewind，指针位置移动函数 fseek，取指针当前位置函数 ftell。常用的出错检测函数有：ferror、clearerr、feof。

8.4 习题八

一、选择题

1. C 语言中，可以处理的文件类型是（　　）。

A. 文本文件和数据文件　　B. 文本文件和二进制文件

C. 数据文件和二进制文件　　D. 数据代码文件

2. C 语言中文件的存取方式（　　）。

A. 只能顺序存取　　B. 只能随机存取

C. 可以顺序存取，也可以随机存取　　D. 只能从文件的开头存取

3. 若要打开 D 盘上 kk 子目录下名为 stu.txt 的文本文件进行读、写操作，下面函数调用正确的是（　　）。

A. fopen("D:\ kk\stu.txt", "r")　　B. fopen("D:\\ kk\\stu.txt", "r+")

C. fopen("D:\ kk\stu.txt", "rb")　　D. fopen("D:\\ kk\\stu.txt", "w")

4. 以下程序的运行结果是（　　）。

```
#include<stdio.h>
int main()
{
    FILE *fp;
    int i,t=0,m=0;
    fp=fopen("k.dat","w");
    for(i=0;i<4;i++)fprintf(fp,"%d",i);
    fclose(fp);
    fp=fopen("k.dat","r");
    fscanf(fp,"%d%d",&t,&m);
    printf("%d,%d\n",t,m);
    fclose(fp);
    return 0;
}
```

A. 0，0　　B. 0123，0　　C. 123，0　　D. 0，1

5. 将以下各项内容组合成解决某一实际问题的算法分析，其中最为合理的是（　　）。

a. 打开指定文件并判断是否正常打开。

b. 定义文件指针变量 fp、字符型变量 t（存放读取出的字符）。

c. 从文件中读取一个字符赋值给 t。

d. 循环判断 t 获取的内容是否为文件结束标志并输出，直至结束循环。

e. 关闭文件。

f. 若文件打开失败，则输出失败提示信息并退出，结束程序。

A. abfcde　　B. bafcde　　C. abdcef　　D. abcdef

二、填空题

1. 以下程序用键盘输入一个文件名，然后把用键盘输入的后续字符依次存放到该文件中，以“*”作为结束输入的标志。

```
#include<stdio.h>
int main()
{
    FILE *fp;
    char ch,file_name[25];
    printf("Input name of file\n");
    gets(file_name);
    if((fp= ______________)==NULL)
    {
        printf("Cannot open file\n");
        exit(0);
    }
    printf("Input Data: \n");
        while((ch=getchar())!='______')
        fputc( ________________,fp);
    fclose(fp);
    return 0;
}
```

2. 以下程序用来统计 Data.txt 文件中字符的个数。说明：Data.txt 文件中字符个数大于 1。

```
#include<stdio.h>
int main()
{
    FILE *fp;
    long n=0;
    if((fp=fopen("Data.txt","r"))==NULL)
    {
        printf("Cannot open file\n");
        exit(0);
    }
    while(____________)
    {
        fgetc(fp);
        n++;
    }
    printf("num=%d\n",_______);
    _______;
    return 0;
}
```

三、编程题

1. 编写程序：求 200 以内的素数，分别将它们输出到 s_num.txt 文件中，并显示到屏幕，要求每行 5 个数。

2. 编写程序：读出上题中 s_num.txt 中的数据，将它们以每行 5 个数输出并显示到屏幕，计算并输出它们的和。

附录 结构化程序的算法描述

早期的非结构化语言允许程序从一个地方直接跳转到另一个地方。这样做的好处是程序设计十分方便灵活，减小了编写程序的复杂度。但其缺点也十分突出，即一大堆跳转语句使得程序的流程十分复杂、混乱，难以看懂也难以验证程序的正确性，如果有错，查错更是十分困难。

为了提高算法的质量，使算法的设计和阅读方便，人们提出了结构化程序设计的思想，规定了 3 种基本结构。

1. 结构化程序的 3 种基本结构

（1）顺序结构

顺序结构中，程序的各个模块是按照它们出现的先后顺序被执行的。顺序结构是最简单的一种结构。

（2）选择结构

选择结构中，先对选择条件进行判断，根据判断的结果，确定执行其中的某一个模块。

（3）循环结构

循环结构中，在满足循环条件的情况下，重复执行循环体所包含的程序段，直到不满足循环条件才终止循环。循环结构一般分为当型循环和直到型循环。当型循环是指先对循环条件进行判断，循环条件为真则重复执行循环体；直到型循环是指先执行循环体，再对循环条件进行判断，若条件为假则继续执行循环体，直到循环条件为真则结束循环。

1966 年，科拉多·伯姆（Corrado Böhm）和朱塞佩·亚科皮尼（Giuseppe Jacopini）提出了这 3 种基本结构，他们证明了“任何程序逻辑都可用顺序结构、选择结构、循环结构 3 种基本结构来表示”。事实上，在解决实际问题时，通常要同时用到这 3 种结构。

这 3 种基本控制结构的共同特点是有一个入口和一个出口，结构内每条语句都会有机会被执行到，结构内部不存在无终止的循环（死循环）。

结构化程序设计强调程序结构的规范化，它采用自顶向下、逐步细化和模块化的分析方法，可以使复杂的程序分成许多模块。结构化程序的结构清晰，易于编制和维护，其设计核心是分层结构和模块结构。

结构化程序的算法描述形式有自然语言、流程图、伪代码、N-S 图、PAD 图等，下面主要介绍使用自然语言、流程图、伪代码描述结构化程序算法的方法。

2. 自然语言

自然语言是指人们日常使用的语言，如汉语、法语、英语等。例 1.1 中介绍的算法是用自然语言描述的。虽然用自然语言描述算法通俗易懂，但是有以下几个缺点。

（1）比较烦琐冗长：往往要用一段冗长的文字才能说清楚所要进行的操作。

（2）容易出现歧义：往往要根据上下文才能正确地判断自然语言的含义，不太严格。例如，“张三要李四把他的笔记本拿来”，究竟指的是谁的笔记本，就有歧义。

（3）虽然自然语言描述顺序执行的步骤易懂，但是如果算法中包含判断和转移，用自然语言就不那么直观清晰了。

因此，除了很简单的问题之外，一般不用自然语言表示算法。

3. 流程图

程序流程图是用规定的图形、指向线和文字说明来表示算法的一种图形。程序流程图的基本符号如下。

▭：终端框表示算法的开始与结束。

□：处理框表示算法的各种处理功能。

◇：判断框表示算法的条件转移操作。

▱：输入/输出框表示算法的输入/输出操作。

○：连接点表示流程图的延续。

→：流程线指引流程的方向。

-[：注释框，用于在流程图中作批注。

流程图可以非常清晰地描述 3 种基本结构，掌握 3 种基本结构的画法就可以画出算法的流程图了。

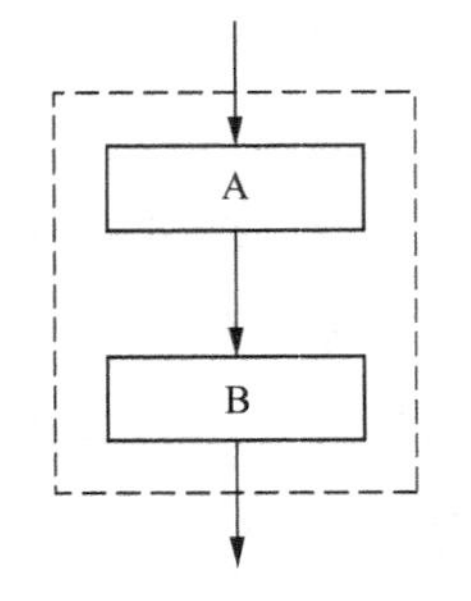

附图 1　顺序结构流程

（1）顺序结构

顺序结构是指程序中的各个模块是按照它们出现的先后顺序执行的。顺序结构是最简单的一种结构。顺序结构流程如附图 1 所示，A 和 B 按流程线的方向执行。

（2）选择结构

选择结构先对选择条件进行判断，根据判断的结果，确定执行其中的某一个模块。选择结构如附图 2 和附图 3 所示，前者表示当条件为真时执行 A，当条件为假时直接执行分支结构之后的语句；后者表示当条件为真时执行 A，条件为假时执行 B。

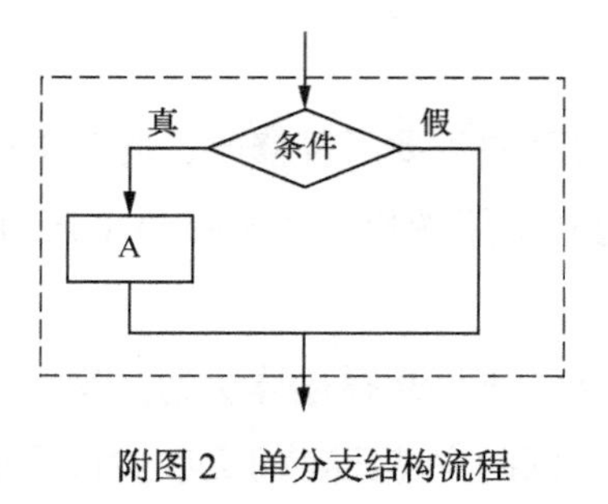

附图 2　单分支结构流程

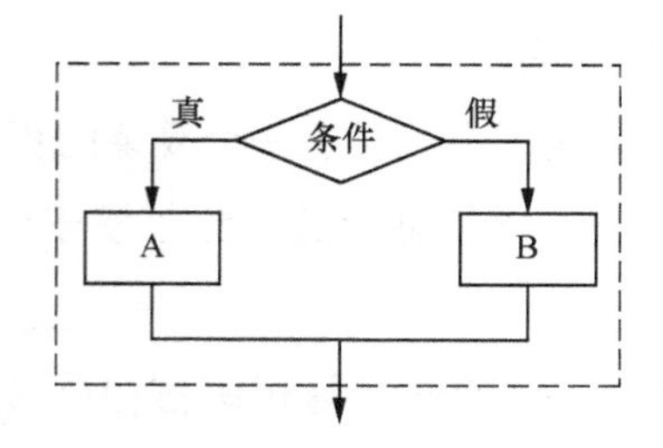

附图 3　双分支结构流程

（3）循环结构

采用流程图描述循环结构如附图 4 和附图 5 所示，附图 4 所示为当型循环，当条件为真时执行循环体 A，然后转而判断条件是否为真，若仍为真，继续执行循环体 A，当条件为假时循环结束。当型循环对应于 C 语言的控制语句是“while(条件) 循环体;”。附图 5 表示直到型循环，直到型循环是先执行循环体，然后再对条件进行判断，若为真则继续执行循环体，直到条件为假时循环才结束。其对应于 C 的控制语句是“do 循环体; while(条件);”。

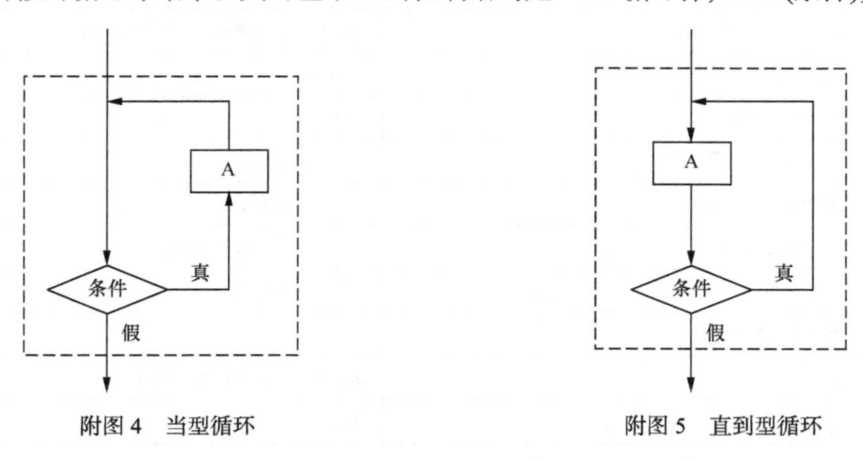

附图 4　当型循环　　　　附图 5　直到型循环

【附例 1】　判断任意整数是否为偶数，用流程图表示算法如附图 6 所示。

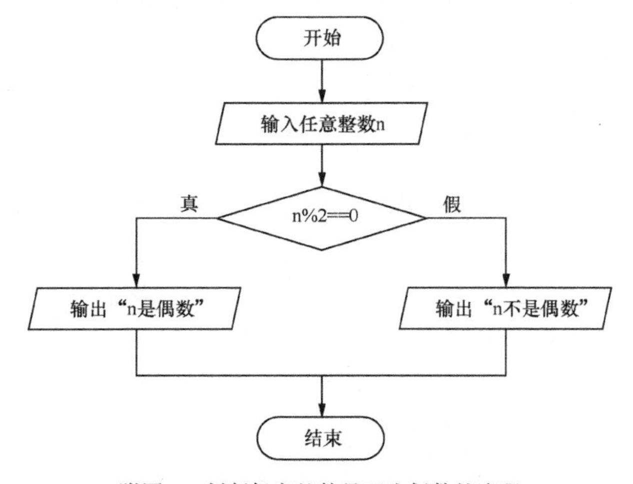

附图 6　判断任意整数是否为偶数的流程

4. 伪代码

在实际应用中，对于一个复杂的程序，设计算法过程中需要反复修改，此时采用流程图来描述算法是比较麻烦的。为了便于设计和修改，通常采用伪代码（pseudo code）来描述算法。

伪代码是用介于计算机语言和自然语言之间的文字、符号来描述算法的。每一行表示一种操作，采用自上而下的设计方法。伪代码可以采用不同的自然语言的文字或符号来描述算法，它没有固定的、严格的语法规则，只要写出的算法描述正确、清晰易懂就可以。

【附例 2】 用伪代码表示求任意 5 个数中的最大数。

用汉语和英语两种语言的伪代码描述算法如附表 1 所示。

附表 1　　用汉语和英语的伪代码描述算法

汉语描述形式如下	英语描述形式如下
开始	Begin
输入任意一个整数到 max	input to max(输入一个数给 max)
置 i 的初值为 1	1 ⇒ i
当 i<5，执行以下操作：	while i<5
输入一个整数到 x	{input to x
如果 max<x，则	if max<x
使 max=x	x ⇒ max
使 i=i+1	i+1 ⇒ i
（循环体结束）	}
输出 max	output max（输出 max）
结束	End